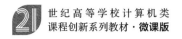
世纪高等学校计算机类
课程创新系列教材·微课版

MySQL数据库应用项目化教程

微课视频版

陈秀玲　王德选　徐小辉 / 主　编

唐　艳　杨　菁　王　哲　赵　珊 / 副主编

清华大学出版社

北京

内 容 简 介

本书为项目化教程，每个项目都由多个任务、实训巩固、知识拓展和课后习题构成，每个任务都有任务描述、任务要求、相关知识和任务实现。本书以学生信息管理为主线，全面、系统地介绍了 MySQL 数据库的相关知识，并附有图书管理系统数据库的综合设计应用增强巩固。本书共 13 个项目，内容包括认识数据库、数据库设计、部署 MySQL 环境、创建和管理数据库、MySQL 的常用数据类型和函数、创建和管理表、MySQL 的运算符、简单信息查询、高级信息查询、查询优化、存储过程和存储函数、触发器和综合案例——图书管理系统数据库设计和实现等。书中提供了与任务配套的大量例题、实训巩固，并附有全部实现脚本，有助于读者在学习知识的同时理解并掌握知识、运用知识。本书配有微课视频、程序源码、教学课件（PPT）、教学日历、电子教案、课程标准、安装软件和习题答案等资源。

本书可作为高等学校计算机、大数据、人工智能、智能控制、工业机器人及相关专业"数据库应用"课程的教材，也可作为从事数据库开发与应用相关人员的参考用书，是一本适合广大 IT 技术人员和数据库爱好者的读物。

图书在版编目（CIP）数据

MySQL 数据库应用项目化教程：微课视频版/陈秀玲，王德选，徐小辉主编.—北京：清华大学出版社，2024.2

21 世纪高等学校计算机类课程创新系列教材：微课版

ISBN 978-7-302-65529-9

Ⅰ.①M… Ⅱ.①陈… ②王… ③徐… Ⅲ.①SQL 语言－数据库管理系统－高等学校－教材 Ⅳ.①TP311.132.3

中国国家版本馆 CIP 数据核字（2024）第 042475 号

责任编辑：陈景辉　张爱华
封面设计：刘　键
责任校对：徐俊伟
责任印制：沈　露

出版发行：清华大学出版社
　　　　　网　　　址：https://www.tup.com.cn，https://www.wqxuetang.com
　　　　　地　　　址：北京清华大学学研大厦 A 座　　　邮　　　编：100084
　　　　　社　总　机：010-83470000　　　　　　　　　邮　　　购：010-62786544
　　　　　投稿与读者服务：010-62776969，c-service@tup.tsinghua.edu.cn
　　　　　质量反馈：010-62772015，zhiliang@tup.tsinghua.edu.cn
　　　　　课件下载：https://www.tup.com.cn，010-83470236
印　装　者：三河市人民印务有限公司
经　　　销：全国新华书店
开　　　本：185mm×260mm　　　印　　张：17.5　　　　　字　　　数：426 千字
版　　　次：2024 年 3 月第 1 版　　　　　　　　　　　　印　　　次：2024 年 3 月第 1 次印刷
印　　　数：1～1500
定　　　价：59.90 元

产品编号：100338-01

前　言

　　当前是人工智能、大数据引领的科技时代,数据的存储和智能化处理已经渗透到各个应用领域。数据库技术起源于 20 世纪 60 年代后期,目前历经了近 70 年的发展,依然在各个应用领域发挥着越来越重要的作用。数据库技术是一种基础且重要的数据处理手段。数据库的操作、设计与开发能力已成为 IT 人员必备的基本素质,"数据库"课程几乎成了所有专业的必修课程。数据库技术及数据库的应用正以日新月异的速度发展,因此学习和掌握数据库知识几乎成了每个 IT 管理者和 IT 从业者的必修课。

　　MySQL 是最流行的关系数据库管理系统之一,是开源数据库中的杰出代表。由于其体积小、速度快、总体拥有成本低,且是开放源码,因此广泛应用于互联网行业的数据存储。一般中小型网站的开发都选择 MySQL 作为后台数据库。

本书主要内容

　　本书可视为一本以任务驱动、问题导向的书籍,非常适合零基础的读者学习 MySQL 数据库。本书共有 13 个项目、33 个任务。

　　项目 1 认识数据库,包含 2 个任务。以数据库的发展概况和关系数据库为切入点,主要阐述数据库的发展历程、数据库系统的基本概念、数据库管理系统及功能、数据模型、数据库的需求分析、关系数据库的基本概念、专门的关系运算、关系的完整性以及关系模型的规范化等基础理论。

　　项目 2 数据库设计,分为 2 个任务。以概念结构设计、逻辑结构设计 2 个任务引领贯穿,着重介绍 E-R 图的基本概念以及 E-R 图向关系模型的转换等。

　　项目 3 部署 MySQL 环境,分为 3 个任务。以准备安装软件、安装及配置 MySQL 和 MySQL 图形化管理工具为载体,主要阐述了在 Windows 平台下载 MSI 和 ZIP 两个不同版本的 MySQL 并实现具体的安装操作以及常用的 MySQL 的图形化工具 SQLyog 的下载和安装。

　　项目 4 创建和管理数据库,分为 2 个任务。以创建数据库、管理和维护数据库为抓手,主要阐述了 MySQL 数据库的分类、用两种方法创建数据库以及查看、选择当前数据库和删除数据库等。

　　项目 5 MySQL 的常用数据类型和函数,分为 2 个任务。以介绍 MySQL 的数据类型、常用函数入手,主要介绍 MySQL 各种不同的数据类型、查看数据范围以及常用的聚合函数、数值型函数、字符串型函数、日期时间函数和流程控制函数等。

　　项目 6 创建和管理表,分为 4 个任务。以创建表、查看表、修改表和数据完整性为切入点,主要阐述了借助不同的方法实现创建和管理表以及数据完整性的实现等。

　　项目 7 MySQL 的运算符,分为 4 个任务。以算术运算符、比较运算符、逻辑运算符和位运算符为纲领,详细阐述了 4 种不同的运算符及应用。

项目 8 简单信息查询，分为 2 个任务。包括单表查询和分组统计查询，具体阐述了各种不同的查询子句、分组统计查询及具体的实践应用。

项目 9 高级信息查询，分为 2 个任务。以多表查询、嵌套查询为导向，详细阐述了实现内连接、左外连接、右外连接和全外连接的多表查询与查询中套查询（嵌套查询）的综合实现等。

项目 10 查询优化，分为 4 个任务。以创建和使用视图、维护视图、创建索引以及查看和维护索引为核心，详细阐述了视图的基本概念、作用，创建及使用视图的方法；索引的分类、作用及创建和维护索引的实践应用等。

项目 11 存储过程和存储函数，分为 4 个任务。以存储过程和存储函数基本概念、创建和执行存储过程与存储函数、存储过程的流程控制语句、存储过程和游标为引领，详细阐述了存储过程和存储函数的概念、创建存储过程以及三种不同的参数应用、流程控制语句和游标的使用步骤。

项目 12 触发器，分为 2 个任务。以介绍创建触发器和维护触发器为纲领，详细阐述了触发器的基本概念、创建触发器、修改结束符以及删除触发器等。

项目 13 综合案例——图书管理系统数据库设计和实现。通过对图书管理数据库的需求分析，E-R 图转换为表间的关联关系，创建、管理和维护数据库、数据表，对表信息的增、删、改和维护等详细地介绍了整个设计和实现过程。

本书特色

（1）项目化，企业化。

以学生信息管理为主线并配有图书管理系统数据库的综合应用增强巩固。邀请企业导师加入教材的编写，对接行业需求，促进高校三教改革。

（2）构思精巧，体系规整。

每个项目都由多个任务、实训巩固、知识拓展和课后习题构成，便于读者阶段性学习检验和拓宽专业知识面。

（3）简明易懂，授课育人。

语言简单明了、脉络清晰易懂，由浅入深、循序渐进地阐述 MySQL 知识，并融入匠人匠心模块，做到全课程育人。

配套资源

为便于教与学，本书配有微课视频、源代码、教学课件、教学大纲、教案、教学日历、软件安装包、习题答案、期末试卷及答案。

（1）获取微课视频方式：先刮开并用手机版微信 App 扫描本书封底的文泉云盘防盗码，授权后再扫描书中相应的视频二维码，观看教学视频。

（2）获取源代码和软件安装包方式：先刮开并用手机版微信 App 扫描本书封底的文泉云盘防盗码，授权后再扫描下方二维码，即可获取。

源代码

软件安装包

（3）其他配套资源可以扫描本书封底的"书圈"二维码，关注后回复本书书号，即可下载。

读者对象

本书可作为高等学校计算机、大数据、人工智能、智能控制、工业机器人及相关专业"数据库应用"课程的教材，也可作为从事数据库开发与应用相关人员的参考用书，是一本适合广大 IT 技术人员和数据库爱好者的读物。

本书由重庆化工职业学院的陈秀玲、王德选，重庆工程职业技术学院的徐小辉担任主编，重庆化工职业学院的唐艳、杨菁、王哲和重庆市风筑科技有限公司的赵珊担任副主编。其中陈秀玲编写项目 1、项目 6；王德选编写项目 3、项目 5、项目 9 和项目 10；徐小辉编写项目 8；唐艳编写项目 11；杨菁编写项目 2 和项目 7；王哲编写项目 12 和项目 13；赵珊编写项目 4。全书由陈秀玲统稿。

在本书的编写过程中，作者参考了诸多相关资料，在此对相关资料的作者表示衷心的感谢。

限于作者水平和时间仓促，书中难免存在疏漏之处，欢迎广大读者批评指正。

作　者

2023 年 11 月

目　录

项目 1

认识数据库

学习目标

（1）了解数据库的发展概况。

（2）熟悉数据库的基本概念。

（3）掌握关系数据库基础理论。

匠人匠心

（1）学习数据库的发展历程，培养学生要随着时代的进步不断充电学习、谋划未来发展方向。

（2）熟悉数据库的基本概念、数据库系统的构成，使学生懂得理论是实践的基础，实践是理论的来源，万丈高楼平地起，打牢基础是关键。

（3）学习并掌握关系数据库的基础理论，鼓励学生结合生活实际实践应用，促进其不断拓展知识范畴。

任务 1 数据库的发展概况

视频讲解

【任务描述】

早在 20 世纪 60 年代就出现了现代意义的数据库一词。数据库的出现，标志着对数据的管理出现了划时代的变革。数据管理就是对数据进行有效的分类、组织、编码、存储、检索和维护的过程。

【任务要求】

具体操作要求如下：为 stuimfo 数据库做规范化数据库设计，做具体的数据库需求分析。

【相关知识】

1. 数据库的发展历程

数据库管理技术的发展大致经过了三个阶段，分别是人工管理阶段、文件系统阶段和数据库系统阶段。

（1）人工管理阶段。20 世纪 50 年代以前，计算机主要用于数值计算。从当时的硬件看,外存只有纸带、卡片、磁带,没有直接存取设备;从软件看(实际上,当时还未形成软件的整体概念),没有操作系统以及管理数据的软件;从数据看,数据量小,数据无结构,由用户直接管理,并且数据间缺乏逻辑组织,数据依赖于特定的应用程序,缺乏独立性。人工管理阶段的特点主要体现在三方面:①使用的数据不被保存。只是在计算某一具体问题时将数据进行输入,运行结果后得到输出结果;输入、输出和中间结果均不被保存。②数据不共享。一组数据只对应一个应用程序,即使多个应用程序使用相同的数据,也要各自定义,不能共享,导致冗余度大。③数据缺乏独立性。数据和程序需要紧密结合在一起使用,数据的逻辑结构、物理结构和存储方式都是由程序规定的,没有文件的概念,数据的组织形式完全由程序员决定。

（2）文件系统阶段。20世纪50年代后期到60年代中期,出现了磁鼓、磁盘等数据存储设备,以及操作系统和专门的数据管理软件组成的文件系统。其中,数据管理软件是把计算机中的数据组织成相互独立的数据文件,可以按照文件的名称对其进行访问,实现了"按文件访问、按记录进行读取"。文件系统实现了记录内的结构化,即给出了记录内各种数据间的关系,可以对文件进行修改、插入、删除等操作。但是,文件从整体来看却是无结构的,其数据面向特定的应用程序。因此,数据共享性、独立性差,并且冗余度大,管理和维护的代价也很大。

（3）数据库系统阶段。20世纪60年代后期开始,计算机数据管理技术进入了数据管理技术阶段。硬件方面有了大容量的磁盘,软件方面出现了系统软件。处理方式上,联机实时处理要求增多,并提出了分布式处理的概念。数据库中的数据不再只针对某一特定应用,而是面向全组织,具有整体的结构性、共享性高、冗余度小并且具有一定的程序和数据间的独立性,而且实现了对数据进行统一的控制和管理。

和文件系统不同的是,数据库系统是面向数据的而不是面向程序的。各个处理功能通过数据库管理软件从数据库中获取所需要的数据和存储处理结果。它克服了文件系统的缺点,为用户提供了一种更为方便、简洁并且功能强大的数据库管理方法。

2. 数据库系统的基本概念

（1）数据。数据是指原始(未经过加工的信息)具有特定的价值,既可以用数字表示(如身高、体重、大小等数值型数据),又可以用非数字形式表示(如字符、文字、图表、图形、图像、声音等非数值型数据)。换句话说,数据是描述数据的符号,代表真实世界的客观事物。

（2）信息。信息则是经过加工后的数据,也就是有用的数据,是客观事物的特征通过一定物质载体形式的反映;也可以理解为经过整理并通过分析、比较得出的推断或结论,能够反映客观事物的状态,和形式无关。

🔔 **微课课堂**

数据和信息:

数据和信息紧密联系又有区别,数据是具体的符号,内容泛泛,而信息是数据中某一特定条件的具体内容。

（3）数据库。数据库(Database,DB)是以一定的组织方式将相关数据组织在一起,存储在外部存储介质上所形成的、能为多个用户共享,和应用程序相互独立的相关数据集合的文件。在信息系统中,数据库是数据和数据库对象(如表、视图、存储过程等)的集合。

（4）数据库管理系统。数据库管理系统（Database Management System，DBMS）是管理数据库的软件工具，是帮助用户创建、维护和使用数据库的软件系统。它建立在操作系统的基础上，实现对数据库的统一管理和操作，满足用户对数据库进行访问的各种需要。目前广泛运用的大型数据库管理系统软件有 Oracle、Sybase、DB2 等，而在 PC 上广泛应用的则有 MySQL、SQL Server、Visual Foxpro、Access 等。

（5）数据库管理员。数据库管理员（Database Administrator，DBA）负责全面管理和控制数据库系统。数据库管理员是支持数据库系统的专业技术人员。其任务主要是决定数据库的内容，对数据库中的数据进行修改、维护，对数据库的运行状况进行监督，并且管理账号，备份和还原数据，以及提高数据库的运行效率。

（6）数据库系统。数据库系统（Database System，DBS）泛指引入数据库技术后的系统。数据库系统是一个由硬件、软件（操作系统、数据库管理系统和编译系统等）、数据库和用户构成的完整计算机应用系统。数据库系统的含义已经不单单是一个对数据进行管理的软件，更不是一个简单的数据库。数据库系统是一个实际运行的，按照数据库方式存储、维护和向应用系统提供数据支持的系统。

其整体之间的关系如图 1-1 所示。

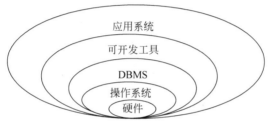

图 1-1　数据库系统

3. 数据库管理系统

数据库管理系统是以统一的方式管理、维护数据库中数据的一系列软件的集合。数据库管理系统在操作系统的支持和控制下运行。用户一般不能直接加工和使用数据库中的数据，而必须通过数据库管理系统。数据库管理系统的主要功能是维护数据库系统的正常活动，接受并响应用户对数据库的一切访问要求，包括建立及删除数据库文件，检索、统计、修改和组织数据库中的数据以及为用户提供对数据库的维护手段等。通过使用数据库管理系统，用户可以直接处理数据，而不必关心这些数据在计算机中的存放方式以及计算机处理数据的过程，把一切处理数据的具体而繁杂的工作交给数据库管理系统去完成。

数据库管理系统的功能归结起来，主要有以下 4 方面：

（1）数据库定义（描述）功能。数据库管理系统提供数据描述语言（DDL）实现对数据库逻辑结构的定义以及数据之间联系的描述。

（2）数据库操纵功能。数据库管理系统提供数据操纵语言（DML）实现对数据库检索、插入、修改和删除等基本操作。DML 通常分为两类：一类是嵌入在语言中（如嵌入 C、VC++ 等高级语言中），这类 DML 一般不能独立使用，称为宿主型语言；另一类是交互命令语言，它语法简洁，可以独立使用，称为自含型语言。目前，数据库管理系统广泛采用的就是可以独立使用的自含型语言，为用户或应用程序员提供操纵和使用数据库的语言工具。

（3）数据库管理功能。数据库管理系统提供了对数据库的建立、更新、维护以及恢复等管理功能。它是数据库管理系统运行的核心,所有数据库的操作都要在其统一管理下进行,以保证操作的正确执行和有效。

（4）通信功能。数据库管理系统提供了数据库和操作系统的联机处理接口以及用户和数据库的接口,即通信功能。借助用户和数据库的接口,用户可以采取交互式和应用程序方式使用数据库。交互式直接明了,使用简单,通常借助 DML,对数据库中的数据进行操作;应用程序方式则是用户或应用程序员通过文本编辑器编写应用程序,实现对数据库中的数据进行各种操作。

4. 数据库系统的特点

数据库系统的特点主要有 5 方面。

（1）数据共享。数据共享是指多个用户可以同时存取数据而不相互影响。具体体现在:所有用户可以同时存取数据;数据库不仅可以为当前用户服务,也可以为将来的新用户服务;可以使用多种语言完成和数据库的接口。

（2）数据的独立性。数据的独立性是指数据和应用程序之间彼此独立,不存在相互依赖的关系,应用程序不必随数据存储结构的改变而改变。

（3）可控冗余度。数据冗余就是数据重复。数据冗余既浪费存储空间,又容易产生数据的不一致。在数据库系统中,由于数据集中管理使用,从理论上说可以消除冗余,但实际上出于提高检索速度等方面的考虑,常常允许部分冗余存在。这种冗余是可以由设计者控制的,故称为"可控冗余"。

（4）数据的一致性。数据的一致性是指数据的不矛盾性。如果数据有冗余,就容易引起数据的不一致。由于数据库能减少数据的冗余,同时提供对数据的各种检查和控制,因此保证在更新数据时能同时更新所有副本,维护了数据的一致性。

（5）数据的安全性、完整性和正确性。数据库中加入了安全保密机制,可以防止对数据的非法存取。数据库系统实行集中控制,有效地控制了数据的完整性。数据库系统采取了并发访问控制,保证了数据的正确性。

5. 数据模型

数据库中的数据是按照一定的逻辑结构存放的,这种结构用数据模型来表示。任何一种数据库管理系统都是基于某种数据模型。目前普遍使用的数据模型有 3 种,分别是层次模型、网状模型和关系模型。

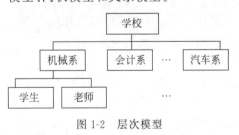

图 1-2　层次模型

（1）层次模型。层次模型犹如一棵倒置的树,因此,称为树状结构。用树状结构来表示数据以及数据之间的联系。数据对象之间存在着一对一或一对多的联系。层次模型如图 1-2 所示。

层次模型的优点是:结构简单、层次清晰并且易于实现,适用于描述类似于目录结构、行政编制和家族关系等信息载体的数据结构。但层次模型不能直接表示多对多的联系,因而难以实现对复杂数据关系的描述。

（2）网状模型。在网状模型中,各个实体之间建立的往往是一种层次不清的一对一、一对多或多对多的联系,用来表示数据之间复杂的逻辑关系。网状模型使用网状结构表示数据以及数据之间的联系。

网状模型的优点主要体现在表示数据之间的多对多联系时具有很大的灵活性。网状模型如图1-3所示。

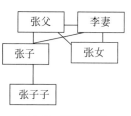

图1-3　网状模型

（3）关系模型。关系模型是一种理论最成熟、应用最广泛的数据模型。在关系模型中,数据存放在一种称为二维表格的逻辑单元中,整个数据库又由若干相互关联的二维表组成,用若干行和若干列构成的表格来描述数据集合以及它们之间的联系。关系模型如图1-4所示。

t_id	t_name	t_sex	t_age	t_zhicheng	t_kemu
20180101	陈平平	女	42	教授	Python
20180105	徐伟	男	45	教授	建筑基础
20180106	张保	男	30	讲师	MySQL
20180107	杨彦飞	男	30	讲师	岩土工程
20180109	崔小奇	女	36	讲师	英语
20180110	赵桂香	女	46	教授	大数据会计
20180111	陈超越	女	42	副教授	会计电算化
20190101	王小波	男	40	副教授	C语言
20190102	张伟	男	44	教授	高等数学
20190103	徐建斌	男	42	教授	MySQL
20190108	田甜	女	34	讲师	绘画基础
20190109	唐爽	女	43	高级工程师	岩土工程
20200102	赵旭	女	30	讲师	大数据基础
20200103	赵磊	男	36	工程师	3DMax

图1-4　关系模型

对于一张符合关系模型的二维表格,通常将表格中的每一行称为一条记录,而将每一列数据称为字段。一张二维表格如果能构成一个关系模型的数据集合,通常需要具备以下5个条件:

① 表中没有组合的列,也就是说每一列都是不可再分的。

② 表中不允许有重复的字段。

③ 表中每一列数据的类型都必须相同。

④ 在含有主关键字或唯一关键字字段的表中,不应该有内容完全相同的记录。

⑤ 在表中,行或列的顺序不影响表中各数据项之间的关系。

关系模型和层次模型、网状模型的主要区别体现在两方面:①它保证数据的一致性,把每一数据子集都分别按照同一方法描述为一个关系,并且让子集之间彼此独立,而不影响后续记录和字段的改变。②在使用时,通过选择、筛选和投影等关系运算可以使数据之间或子集之间按照某种关系进行操作。因此,关系数据库具有数据管理功能强大、数据表示能力较强、易于理解、使用更为方便等优点。

6. 数据库的设计

数据库设计是数据库应用系统设计和开发的关键性工作,是根据用户需求设计数据库结构的过程,具体来说是指对于给定的应用环境构造最优的数据库模式、创建数据库并建立其应用系统,使之能有效地存储数据、满足用户的信息要求和处理要求。

按照规范设计可以将数据库设计分为6个阶段,即需求分析、概念结构设计、逻辑结构设计、数据库物理设计、数据库实施、数据库的运行和维护。

7. 数据库的需求分析

数据库的需求分析是数据库设计的基础,是收集用户对数据和信息的要求以及处理的要求的过程。

一般来说,需求分析阶段要完成下面4个步骤:

(1) 调查分析用户需求,明确用户和用户需求。

(2) 收集和分析需求数据,确定系统边界。

(3) 明确数据的功能分析。

(4) 编写系统分析报告。

【任务实现】

【例 1-1】 stuimfo 数据库的需求分析。

stuimfo 数据库的需求分析具体如下:

(1) 明确用户和用户需求。

① 需要创建一个包含默认字符集和排序规则的数据库。

② 数据库中需要创建 5 个表,分别是 student、score、teacher、kecheng 和 select_kecheng 表。

(2) 收集和分析需求数据。确定 stuimfo 数据库中包含的 5 个表的用途,并且需要确定各个表的字段名和对应的备注信息。

① student 表。用来存储学号、姓名、性别、出生日期、入学日期、家庭住址、所在学院和所在班级等信息,并且需要明确 student 表的字段名和对应的备注信息。例如,学号的字段名为 stu_id,备注信息为"学生学号";姓名的字段名为 stu_name,备注信息为"学生姓名",具体可以参见项目 6 任务 1。

② score 表。用来存储学生学号、课程编号和课程成绩信息。同理,需要明确 score 表的字段名和对应的备注信息。例如,课程编号的字段名为 ke_id,备注信息为"课程编号";课程成绩的字段名为 chengji,备注信息为"成绩"。具体可以参见项目 6 任务 1 各个表的字段名和对应的备注信息,以下不再赘述。

③ teacher 表。用来存储教师的编号、姓名、性别、年龄、职称和所教科目。

④ kecheng 表。用来存储课程的编号、课程名称、所占学分和教该门课程的教师编号信息。

⑤ select_kecheng 表。用来存储选课编号、学生学号和课程编号信息等。

(3) 明确数据的功能分析。

① student 表的 stu_id 字段由 7 位数字字符构成,并且前 2 位数字代表入学年份(如 21 代表 21 级入学),第 3 位数字代表学生所在的学院编号(如 1 代表大数据学院,2 代表建筑工程学院,3 代表财经学院……),第 4 位数字代表该学生所学的专业编号(如 1 代表大数据技术,2 代表人工智能……),第 5~7 位数字代表该学生所在专业、班级的顺序编号。

② teacher 表的 t_id 字段由 8 位数字字符构成,其中前 4 位代表入职年份,后 4 位代表部门编号。

③ kecheng 表的 k_id 字段由 6 位数字字符构成,并且第 1 位数字代表开设课程的所在学院(如"1081001",第 1 位数字 1 代表大数据学院)。

④ 数据库中 5 个表之间的关联关系如图 1-5 所示。

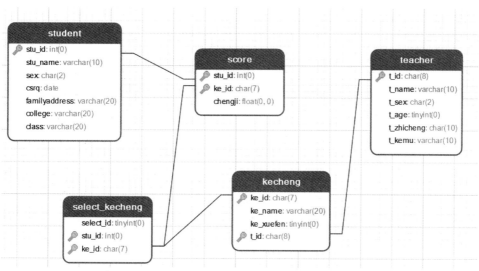

图 1-5　stuimfo 数据库中表的关联关系

任务 2　关系数据库

视频讲解

【任务描述】

所谓关系数据库是指以关系数据模型为基础的数据库系统。对数据库实现关系运算需要学习关系数据库的基本概念、关系运算符、关系的完整性和关系模型的规范化等知识。

【任务要求】

具体操作要求如下：已知存在有 student 和 score 表，其中 student 表的记录信息如图 1-6 所示；score 表的记录信息如图 1-7 所示。并且两个表间存在着以 stu_id 字段建立的一对多的关联关系。

stu_id	stu_name	sex	csrq	familyaddress	college	class
2111001	张小天	男	2002-05-06	重庆市北碚区	大数据学院	大数据技术
2111002	陈冠	女	2003-08-09	四川省成都市	大数据学院	大数据技术
2111003	王福贵	男	2001-11-09	贵州省贵阳市	大数据学院	大数据技术
2111004	张乐	女	2003-05-06	重庆市九龙坡区	大数据学院	大数据技术
2111005	李天旺	男	2002-06-07	重庆市长寿区	大数据学院	大数据技术
2112001	刘军礼	男	2002-11-08	重庆市永川区	大数据学院	人工智能
2112002	杨曼曼	女	2003-06-06	重庆市沙坪坝区	大数据学院	人工智能
2112003	陈师斌	男	2002-08-06	四川省绵阳市	大数据学院	人工智能
2112004	梁爽	女	2002-06-07	重庆市丰都县	大数据学院	人工智能
2112005	赵小丽	女	2002-03-06	贵州省遵义市	大数据学院	人工智能
2121001	王芳芳	女	2002-05-08	重庆市长寿区	连筑工程学院	土木工程
2121002	贾增福	男	2002-08-05	重庆市永川区	建筑工程学院	土木工程

图 1-6　student 表的记录信息

stu_id	stu_name	sex	csrq	familyaddress	college	class
2121003	曾月明	男	2002-08-03	四川省成都市	建筑工程学院	土木工程
2122001	吴辉	男	2001-05-04	湖北省武汉市	建筑工程学院	给排水工程
2122002	王刚	男	2002-04-05	重庆市武隆区	建筑工程学院	给排水工程
2131001	杨丽丽	女	2003-06-03	湖北省黄石市	财经学院	大数据会计
2131002	张笑笑	女	2002-11-12	重庆市大渡口区	财经学院	大数据会计

图 1-6 （续）

stu_id	ke_id	chengji
2111001	1081001	80
2111001	1081002	78
2112001	1081005	90
2112001	1091002	75
2112001	5071004	88
2111001	5071005	78
2111002	1081001	77
2111002	1081002	88
2112002	1081005	95
2112002	1091002	85
2112002	5071004	90
2111003	1081001	60
2111003	1081002	88
2111003	1081005	84
2111003	1091002	90
2111003	5071004	81
2111004	1081001	77
2112004	1081002	96
2112004	1081005	94
2112004	1091002	66
2111004	5071004	84

图 1-7 score 表的记录信息

根据以下要求对数据表实现关系计算：

（1）对 student 表选择出 sex 为男的学生的信息。

（2）对 student 表利用投影运算查询出学生的 stu_id、stu_name 和 familyaddress 的信息。

（3）对 score 表投影运算查询出 chengji 在 90 分以上学生的 stu_id、chengji 的字段信息。

（4）对 student、score 表实现根据 stu_id 字段等值连接查询出学生信息。

（5）对 student、score 表实现自然连接查询出学生信息。

【相关知识】

关系数据库中的一个关系就是一张二维表，每一列是一个相同属性的数据项，即字段；每一行是一组属性的信息集合，即记录。每个关系都有一个关系名。

1．字段

字段是关系数据库文件中最基本的、不可分割的数据单位。它用来描述某个对象的属性(在现实世界中,一个事物常常取若干特性来描述,这些特性称为属性),相当于二维表中的一列。

2．记录

记录是描述某一个体的数据集合,它由若干字段组成,相当于二维表中的一行。

3．域

每个属性都有各自的取值范围,取值范围对应一个值的集合,称为该属性的域。

4．关键字

在一个关系中有一个或多个字段的组合,其值能唯一辨别表格中的记录,称为关键字。关键字又分为主关键字和外部关键字两种。主关键字是用来唯一标识关系中记录的字段或字段组合;外部关键字是用于连接另一个关系,并且在另一个关系中为主关键字的字段。

5．关系的特点

在关系模型中,每一个关系都必须满足一定的条件,即关系必须规范化。一个规范化的关系必须具备以下 4 个特点:

(1)关系中的每个属性必须是不可分割的数据单元(即表中不能再包含表)。

(2)关系中的每一列元素必须是类型相同的数据。

(3)同一个关系中不能有相同的字段(属性),也不能有相同的记录。

(4)关系的行、列次序可以任意交换,不影响其信息内容。

6．关系的运算

把数据存入数据库是为了方便地使用这些数据。关系数据库管理系统为了便于用户使用,向用户提供了可以直接对数据库进行操作的查询语句。这种查询语句可以通过对关系(即二维表)的一系列运算来实现。

关系数据库至少应当支持三种专门的关系运算,即选择、投影和连接运算。关系数据库的具体关系运算符和功能及描述如表 1-1 所示。

表 1-1　关系数据库的具体关系运算符和功能及描述

关系运算符	功　　能	描　　　　述
σ	选择运算	$\sigma S(R)$
Π	投影运算	$\Pi S(R)$
θ	连接运算(一般连接)	$R \underset{A\theta B}{\bowtie} S$
$\bowtie$	连接运算(自然连接)	$R \bowtie S$

(1)选择运算。选择运算是根据某些条件对关系作水平分割,即选择符合条件的记录,它是从行的角度对关系进行的运算。

选择运算记为 $\sigma S(R)$。该运算可以包含比较运算和逻辑运算。选择运算是从关系 R 中选取使逻辑表达式 S 为真的元组,选择运算是从关系的行的角度对关系进行的运算。关系表达式可以描述为:

$$\sigma S(R) = \{t|t \in R \wedge S(t) = '真'\}$$

其中,R 代表一个关系;S 代表选择条件,是一个逻辑表达式,取值为"真"或"假",实现在关系 R 中选择满足给定条件的记录。

（2）投影运算。投影运算是从一个二维表中选出所需要的列,对关系进行垂直分割,消去某些列,并重新安排列的顺序,再去除重复记录。投影运算后不仅取消了原关系中的某些列,而且还可能取消某些记录(避免重复行)。

投影运算是从关系的列的角度对关系进行的运算,关系表达式可以描述为:

$$\Pi S(R) = \{S[A] \mid S \in R\}$$

其中,A 是 R 中的属性列,实现在关系 R 中投影出满足给定条件的字段和这些字段对应的记录。

（3）连接运算。连接运算是同时涉及两个二维表的运算,它是将两个关系在给定的属性上满足给定条件的记录连接起来而得到的一个新的关系。连接运算分为一般连接、等值连接和自然连接三种。

① 一般连接。一般连接也称为 θ 连接,一般连接的关系表达式可以描述为:

$$R \underset{A\theta B}{\bowtie} S$$

其中,θ 是比较运算符。

一般连接是指在两个二维表中属性组可以比较的计算。

② 等值连接。等值连接不要求两个关系表必须有相同的属性名,而且不将重复属性去掉。等值连接的关系表达式可以描述为:

$$R \underset{A\theta B}{\bowtie} S$$

当 θ 为"="时的连接称为等值连接。

等值连接运算是从关系 R 和 S 的笛卡儿积中选取属性组 A 和 B 相等的元组运算,其中属性组可以有相同的列,也可以没有。

③ 自然连接。自然连接是一种特殊的等值连接,要求两个关系表中进行比较的必须是相同的属性列,不需要添加连接条件,并且在结果中消除重复的属性列。自然连接的关系表达式可以描述为:

$$R \bowtie S$$

自然连接运算要求两个关系只有在同名属性上才能进行,并且从行和列的角度对关系进行的运算。自然连接可以理解为去掉重复列的等值连接。

7. 关系运算的运算符

关系运算需要有对应的运算符做相应的关系运算,具体的关系运算的运算符及其功能作用如表 1-2 所示。

表 1-2　关系运算的运算符及其功能作用

类　别	运　算　符	作　用
比较运算	＞	大于
	＜	小于
	＝	等于
	×	不等于
	≤	小于或等于
	≥	大于或等于
逻辑运算	∧	与
	∨	或
	¬	非

8. 关系的完整性

数据完整性是指数据库中的数据在逻辑上的一致性和准确性。凡是数据都要遵守一定的约束。例如,计算机语言中数据的各种不同的数据类型就是不同的约束。例如,定义为整型的变量就不能存放字符串型的数据。再者,由于数据库中的数据是需要持久和共享的,因此,对于使用这些数据的单位来说,数据的正确与否显得非常重要。

为了保证数据库的一致性和完整性,设计人员往往会设计过多的表间关联关系,尽可能地降低数据的冗余。表间关联是一种强制性措施,但建立后,对父表和子表的插入、更新、删除操作均要占用系统的资源。另外,最好不要用 IDENTIFY 属性字段作为主键和子表关联。如果数据冗余低,数据的完整性容易得到保证,但增加了表间连接查询的操作。因此,为了加快系统的响应时间,合理的数据冗余也是必要的。使用规则和约束来防止系统操作人员误输入造成数据的错误。但是,不必要的规则和约束也会占用系统的资源。因此,设计人员在设计阶段应根据系统操作的类型、频度加以均衡考虑。关系模型中有 4 类完整性约束,分别是实体完整性、域完整性、参照完整性和自定义的完整性。

(1)实体完整性。实体完整性又称为行完整性,是指将行定义为特定表的唯一实体。一个基本关系通常对应现实世界的一个实体集。要求表中有一个主键,并且其值不能为空且不允许有重复的值与之对应。实体完整性强制表的标识列或主键的完整性(通过索引、UNIQUE 约束、PRIMARY KEY 约束或 IDENTITY 属性来实现)。

(2)域完整性。域完整性又称为列完整性,是指给定列的输入有效性。强制域有效性的方法有限制类型(如数据类型)、格式(如 CHECK 约束、规则)或可能值的范围(如 FOREIGN KEY 约束、CHECK 约束、DEFAULT、NOT NULL、规则)。

(3)参照完整性。参照完整性又称为引用完整性,是指主表中的数据和从表中的数据的一致性。在输入或删除其中一个表的记录时,另一个表对应的约束应满足条件,即参照完整性保持表之间已定义的关系的完整性。在 MySQL 中,参照完整性基于外键和主键之间或外键和唯一键之间的关系(通过 FOREIGN KEY 或 CHECK 约束实现)。参照完整性确保键值在所有表中一致。这样的一致性要求不能引用不存在的值,如果键值更改了,那么在整个数据库中,对该键值的所有引用也要随之更改。

(4)自定义的完整性。实体完整性和参照性适用于任何关系数据库系统。除此之外,不同的关系数据库系统根据其应用环境的不同,往往还需要一些特殊的约束条件。自定义的完整性就是针对某一具体关系数据库的约束条件,它反映某一具体应用所涉及的数据必须满足的语义要求。

9. 关系模型的规范化

在关系数据库的规范化过程中,为不同程序的规范化设立了不同的标准,这个标准称为范式。范式主要有第一范式(1NF)、第二范式(2NF)、第三范式(3NF)、BC 范式(BCNF)、第四范式(4NF)和第五范式(5NF)。

(1)第一范式。第一范式(1NF)是其他范式的基础,是最基本的范式。它包括下列 3 项原则:

① 数据组的每个属性只可以包含一个值。

② 关系中的每个数组必须包含相同数量的值。

③ 关系中的每个数组一定不能相同。

如果关系模式 R 中的所有属性值都是不可再分解的原子值,那么就称此关系 R 是第一范式(First Normal Form,1NF)的关系模式。

(2) 第二范式。第二范式(Second Normal Form,2NF)规定关系必须在第一范式中,并且关系中的所有属性依赖于整个候选键。候选键是一个或多个唯一标识每个数据组的属性集合。

(3) 第三范式。第三范式(Third Normal Form,3NF)同 2NF 一样,依赖于关系的候选键。为了遵循 3NF 的指导原则,关系必须在 2NF 中,非键属性相互之间必须无关,并且必须依赖于键。

(4) BC 范式。BC 范式(Boyce Codd Normal Form,BCNF)又称为修正的第三范式,是由 Boyce 和 Codd 于 1974 年提出的,是在第三范式的基础上发展起来的。如果一个关系模式中的所有属性(包括主属性和非主属性)都不传递依赖于任何候选关键字,则就满足BCNF 范式。

【任务实现】

对 stuimfo 数据库中的表做关系运算。

【例 1-2】　对 student 表选择出 sex 为男的学生的信息。

具体实现步骤如下:

(1) 关系数据库中的选择运算是根据某些条件对关系做水平分割。该例子的关系运算可以描述为:

```
σsex = '男'(student)
```

(2) 选择运算后的学生记录信息如图 1-8 所示。

stu_id	stu_name	sex	csrq	familyaddress	college	class
2111001	张小天	男	2002-5-6	重庆市北碚区	大数据学院	大数据技术
2111003	王福贵	男	2001-11-9	贵州省贵阳市	大数据学院	大数据技术
2111005	李天旺	男	2002-6-7	重庆市长寿区	大数据学院	大数据技术
2112001	刘军礼	男	2002-11-8	重庆市永川区	大致据学院	人工智能
2112003	陈师斌	男	2002-8-6	四川省绵阳市	大数据学院	人工智能
2121002	贾增强	男	2002-8-5	重庆市永川区	建筑工程学院	土木工程
2121003	曾月明	男	2002-8-3	四川省成都市	建筑工程学院	土木工程
2122001	吴辉	男	2001-5-4	湖北省武汉市	建筑工程学院	给排水工程
2122002	王刚	男	2002-4-5	重庆市武隆区	建筑工程学院	给排水工程

图 1-8　例 1-2 的选择运算后的学生记录信息

【例 1-3】　对 student 表利用投影运算查询出学生的 stu_id、stu_name 和 familyaddress 的信息。

具体实现步骤如下:

(1) 关系数据库中的投影运算是根据某些条件对关系做垂直分割。该例子的关系运算可以描述为:

```
Πstu_id,stu_name,familyaddress (student)
```

（2）投影运算后的学生记录信息如图 1-9 所示。

stu_id	stu_name	familyaddress
2111001	张小天	重庆市北碚区
2111002	陈冠	四川省成都市
2111003	王福贵	贵州省贵阳市
2111004	张乐	重庆市九龙坡区
2111005	李天旺	重庆市长寿区
2112001	刘军礼	重庆市永川区
2112002	杨曼曼	重庆市沙坪坝区
2112003	陈师斌	四川省绵阳市
2112004	梁爽	重庆市丰都县
2112005	赵小丽	贵州省遵义市
2121001	王芳芳	重庆市长寿区
2121002	贾增强	重庆市永川区
2121003	曾月明	四川省成都市
2122001	吴辉	湖北省武汉市
2122002	王刚	重庆市武隆区
2131001	杨丽丽	湖北省黄石市
2131002	张笑笑	重庆市大渡口区

图 1-9　例 1-3 的投影运算后的学生记录信息

【例 1-4】　对 score 表投影运算查询出 chengji 在 90 分以上学生的 stu_id 和 chengji 字段信息。

具体实现步骤如下：

（1）关系数据库中的投影运算可以根据设定的条件对关系做垂直分割。该例子的关系运算可以描述为：

$$\Pi stu\_id, chengji(\sigma chengji > 90(student))$$

（2）投影运算后的学生记录信息如图 1-10 所示。

stu_id	ke_id	chengji
2112002	1081005	95
2112004	1081002	96
2112004	1081005	94

图 1-10　例 1-4 的投影运算后的学生记录信息

【例 1-5】　对 student、score 表实现根据 stu_id 字段等值连接查询出学生信息。

具体实现步骤如下：

（1）关系运算中的等值连接运算是将两个关系在给定的属性上满足给定条件的记录连接起来而得到的一个新的关系。该例子的关系运算可以描述为：

$$student \underset{score.\,stu\_id\,=\,student.\,stu\_id}{\bowtie} score$$

（2）等值连接运算后的学生记录信息如图 1-11 所示。

studant. stu_id	stu_name	sex	csrq	familyaddress	college	class	score. stu_id	ke_id	chengji
2111001	张小天	男	2002-5-6	重庆市北碚区	大数据学院	大数据技术	2111001	1061001	80
2111001	张小天	男	2002-5-6	重庆市北碚区	大数据学院	大数据技术	2111001	10R1002	78
2111001	张小天	男	2002-5-6	重庆市北碚区	大数据学院	大数据技术	2111001	1081005	90
2111001	张小天	男	2002-5-6	重庆市北碚区	大数据学院	大数据技术	2111001	1091002	75
2111001	张小天	男	2002-5-6	重庆市北碚区	大数据学院	大数据技术	2111001	5071004	88
2111001	张小天	男	2002-5-6	重庆市北碚区	大数据学院	大数据技术	2111001	5071005	78
2111002	陈冠	女	2003-8-9	四川省成都市	大数据学院	大数据技术	2111002	1061001	77
2111002	陈冠	女	2003-8-9	四川省成都市	大数据学院	大数据技术	2111002	1081002	88
2111002	陈冠	女	2003-8-9	四川省成都市	大数据学院	大数据技术	2111002	1061005	95
2111002	陈冠	女	2003-8-9	四川省成都市	大数据学院	大数据技术	2111002	1091002	85
2111002	陈冠	女	2003-B-9	四川省成都市	大数据学院	大数据技术	2111002	5071004	90
2111002	陈冠	女	2003-8-9	四川省成都市	大数据学院	大数据技术	2111003	10G1001	60
2111002	陈冠	女	2003-8-9	四川省成都市	大数据学院	大数据技术	2111003	1081002	88
2111002	陈冠	女	2003-B-9	四川省成都市	大数据学院	大数据技术	2111003	1061005	84
2111002	陈冠	女	2003-8-9	四川省成都市	大数据学院	大数据技术	2111003	1091002	90
2111002	陈冠	女	2003-8-9	四川省成都市	大数据学院	大数据技术	2111003	5071004	81
2111004	张乐	男	2003-5-6	重庆市九龙坡区	大数据学院	大数据技术	2111004	1061001	77
2111004	张乐	男	2003-5-6	重庆市九龙坡区	大数据学院	大数据技术	2111004	1081002	96
2111004	张乐	男	2003-5-6	重庆市九龙坡区	大数据学院	大数据技术	2111004	10G1005	94
2111004	张乐	男	2003-5-6	重庆市九龙坡区	大数据学院	大数据技术	2111004	1091002	66
2111004	张乐	男	2003-5-6	重庆市九龙坡区	大数据学院	大数据技术	2111004	5071004	84
2111005	李天旺	男	2002-6-7	重庆市长寿区	大数据学院	大数据技术	2111005	1061001	84
2111005	李天旺	男	2002-6-7	重庆市长寿区	大数据学院	大数据技术	2111005	1081002	64
2111005	李天旺	男	2002-6-7	重庆市长寿区	大数据学院	大数据技术	2111005	1081005	54

图 1-11　例 1-5 的等值连接运算后的学生记录信息

【例 1-6】　对 student、score 表实现自然连接查询出学生信息。

具体实现步骤如下：

（1）关系运算中的自然连接运算是将两个关系在给定的属性上满足给定条件的记录连接起来而得到的一个新的关系，并且去除重复的字段和重复值。该例子的关系运算可以描述为：

$$\text{student} \bowtie \text{score}$$

（2）做等值连接计算后的学生记录信息如图 1-11 所示。

（3）在等值连接的基础上，去除重复字段和重复值，自然连接运算后的学生部分记录信息如图 1-12 所示。

stu_id	stu_nae	sex	csrq	familyaddress	college	class	ke_id	chengji
2111001	张小天	男	2002-5-6	重庆市北碚区	大数据学院	大数据技术	1081001	80
2111001	张小天	男	2002-5-6	重庆市北碚区	大数据学院	大数据技术	1081002	78
2111001	张小天	男	2002-5-6	重庆市北碚区	大数据学院	大数据技术	1081005	90
2111001	张小天	男	2002-5-6	重庆市北碚区	大数据学院	大数据技术	1091002	75
2111001	张小天	男	2002-5-6	重庆市北碚区	大数据学院	大数据技术	5071004	88
2111001	张小天	男	2002-5-6	重庆市北碚区	大数据学院	大数据技术	5071005	78
2111002	陈冠	女	2003-8-9	四川省成都市	大数据学院	大数据技术	1081001	77
2111002	陈冠	女	2003-8-9	四川省成都市	大数据学院	大数据技术	1081002	88
2111002	陈冠	女	2003-8-9	四川省成都市	大数据学院	大数据技术	1081005	95
2111002	陈冠	女	2003-8-9	四川省成都市	大数据学院	大数据技术	1091002	85
2111002	陈冠	女	2003-8-9	四川省成都市	大数据学院	大数据技术	5071004	90
2111002	陈冠	女	2003-8-9	四川省成都市	大数据学院	大数据技术	1081001	60

图 1-12　例 1-6 的自然连接运算后的学生部分记录信息

stu_id	stu_nae	sex	csrq	familyaddress	college	class	ke_id	chengji
2111002	陈冠	女	2003-8-9	四川省成都市	大数据学院	大数据技术	1081002	88
2111002	陈冠	女	2003-8-9	四川省成都市	大数据学院	大数据技术	1081005	84
2111002	陈冠	女	2003-8-9	四川省成都市	大数据学院	大数据技术	1091002	90
2111002	陈冠	女	2003-8-9	四川省成都市	大数据学院	大数据技术	5071004	81
2111004	张乐	女	2003-5-6	重庆市九龙坡区	大数据学院	大数据技术	1081001	77
2111004	张乐	女	2003-5-6	重庆市九龙坡区	大数据学院	大数据技术	1081002	96
2111004	张乐	女	2003-5-6	重庆市九龙坡区	大数据学院	大数据技术	1081005	94
2111004	张乐	女	2003-5-6	重庆市九龙坡区	大数据学院	大数据技术	1091002	66
2111004	张乐	女	2003-5-6	重庆市九龙坡区	大数据学院	大数据技术	5071004	84

图 1-12 （续）

实训巩固

已知有关系 R、关系 S，其对应的二维表的结构和记录如表 1-3 和表 1-4 所示。根据需要做如下关系运算。

表 1-3 关系 R 的二维表的结构和记录

A	B	C	D
a	b	c	d
a	c	d	b
b	a	d	c
c	a	d	b
d	b	a	c

表 1-4 关系 S 的二维表的结构和记录

C	E
c	d
b	b
a	d
d	a
a	d

1. 对关系 R 做选择 C='d' 运算。

_____

_____

_____

2. 对关系 R 做投影 A、C 列运算。

_____

_____

_____

3. 对关系 R、关系 S 做等值连接 B=C 运算。

_____

_____

4. 对关系 R、关系 S 做 R. C＝S. C 的自然连接运算。

知识拓展

关系运算除了前面介绍的专门关系运算外,还有传统的关系运算。传统的关系运算包括交、差、并和笛卡儿积 4 种运算。

假设关系 R 和关系 S 具有相同的 n 个属性,并且相应的属性既有相同又有不同的域值。t 代表关系 R 或 S 中的一条元组,$t \in R$ 表示 t 是 R 的一个元组。

1. 交

关系 R 和关系 S 的交运算可以描述为:

$$R \cap S = \{t | t \in R \wedge t \in S\}$$

其结果仍然是 n 个属性,由既属于 R 又属于 S 的元组组成。

2. 差

关系 R 和关系 S 的差运算可以描述为:

$$R - S = \{t | t \in R \wedge t \notin S\}$$

其结果仍然是 n 个属性,由属于 R 但是不属于 S 的所有元组组成。

3. 并

关系 R 和关系 S 的并运算可以描述为:

$$R \cup S = \{t | t \in R \vee t \in S\}$$

其结果仍然是 n 个属性,由属于 R 或属于 S 的元组组成。

4. 笛卡儿积

笛卡儿积运算不要求关系 R 和关系 S 具有相同的属性,即关系 R 可以有 m 个属性,关系 S 有 n 个属性,则广义笛卡儿积是一个（m＋n）列的元组的集合。元组的前 m 列是关系 R 的元组,元组的后 n 列是关系 S 的元组。

如果关系 R 有 t_r 个元组,关系 S 有 t_s 个元组,则关系 R 和关系 S 的广义笛卡儿积有 $t_r \times t_s$ 个元组,可以描述为:

$$R \times S = R \times S = \{\widehat{t_r t_s} | t \in R \wedge t \in S\}$$

课后习题

一、选择题

1.（　　）是经过加工后的数据,也就是有用的数据,是客观事物的特征通过一定物质载体形式的反映。

　　A．数据　　　　　　B．信息　　　　　　C．数据库　　　　　　D．信息系统

2．（　　）是以一定的组织方式将相关数据组织在一起，存储在外部存储介质上所形成的、能为多个用户共享和应用程序相互独立的相关数据集合的文件。

　　A．数据　　　　　　B．信息　　　　　　C．数据库　　　　　　D．信息系统

3．（　　）是一个由硬件、软件（操作系统、数据库管理系统和编译系统等）、数据库和用户构成的完整计算机应用系统。

　　A．数据　　　　　　B．数据库系统　　　C．数据库　　　　　　D．数据库管理系统

4．关系数据库中的一个关系就是一张（　　）。

　　A．表格　　　　　　B．网　　　　　　　C．二维表　　　　　　D．数据库

5．（　　）是指将行定义为特定表的唯一实体。

　　A．约束　　　　　　B．实体完整性　　　C．参照完整性　　　　D．域完整性

二、填空题

1．数据库管理技术的发展经历了三个阶段，分别是人工管理阶段、文件系统阶段和_____。

2．数据模型分为层次模型、网状模型和_____。

3．关系运算的三种专门的关系运算，分别是选择、投影和_____运算。

4．_____是描述某一个体的数据集合，它由若干字段组成，相当于二维表中的一行。

5．_____是管理数据库的软件工具，是帮助用户创建、维护和使用数据库的软件系统。

三、简答题

1．简述数据和信息的区别和联系。

2．简述数据库的发展历程。

3．传统的和专门的关系运算分别都有哪些？

4．简述自然连接和等值连接的区别。

5．关系的完整性都有哪些？各自有什么特点？

项目2 数据库设计

 学习目标

(1) 了解 E-R 图的构成要素。

(2) 掌握 E-R 图的绘制方法。

(3) 掌握概念模型向逻辑模型的转换原则和方法。

 匠人匠心

(1) 当实体数量较多和实体关系比较复杂时,引导学生了解设计 E-R 图的重要意义。

(2) 科学合理的 E-R 图设计会直接减少数据库中表的冗余,增强数据库资源的有效利用,提高数据库对数据的处理速度,引导学生对知识追根溯源,不断探索。

(3) 在团队协作中,E-R 图便于让团队成员快速了解数据表之间的逻辑关系,强化学生团结协作意识,凝心聚力。

视频讲解

任务1 概念结构设计

【任务描述】

采用 E-R 图进行数据库概念设计,可以分成 3 步:首先设计局部 E-R 图;然后把各局部 E-R 图综合成一个全局的 E-R 图;最后对全局 E-R 图进行优化,得到最终的 E-R 图,即概念模式设计。

【任务要求】

设置如下实体及属性。

学生:学号、学校名称、姓名、性别、年龄、选修课名。

课程:编号、课程名、开课单位、任课教师号。

教师:教师号、姓名、性别、职称、讲授课程编号。

单位:单位名称、电话、教师号、教师姓名。

上述实体中存在如下联系:

(1) 一个学生可选多门课程,一门课程可被多个学生选修。

(2) 一个教师可讲授多门课程,一门课程可由多个教师讲授。

(3) 一个单位可有多个教师,一个教师只能属于一个单位。

具体操作要求如下：

（1）分别设计学生选课和教师任课两个局部 E-R 图。

（2）将上述设计完成的 E-R 图合并成一个全局 E-R 图。

【相关知识】

1. E-R 图

E-R 图又称为实体关系图，是一种具体描述实体、属性和联系的方法，是用来描述现实世界的概念模型。通俗点讲就是，当理解了实际问题的需求之后，需要用一种方法来表示这种需求，概念模型就用来描述这种需求。

（1）实体。实际问题中客观存在的并且可以相互区别的事物称为实体。实体是现实世界中的对象，可以具体到人、事或物。例如，学校的学生、教师、图书馆中的书籍。

（2）属性。实体所具有的某一个特性称为属性。在 E-R 图中属性用来描述实体。例如，学生可以用"姓名""院系""班级""手机号"等属性描述。

（3）实体集。具有相同属性的实体的集合称为实体集。例如，全体学生就是一个实体集，如（983573，李刚，男，2000-12-12）是学生实体集中的一个实体。

（4）键。在描述实体集的所有属性中，可以唯一标识每个实体的属性称为键。键也是属于实体的属性，作为键的属性取值必须唯一并且不能为空值。例如，不重复的学生学号就可以作为学生的"键"。

（5）实体型。具有相同的特征和性质的实体一定有相同的属性，用实体名及其属性名集合来抽象和刻画同类实体称为实体型，其表示格式为：实体名（属性1，属性2，…）。

（6）联系。世界上任何事物都不是孤立存在的，事物内部和事物之间都有联系。实体之间的联系通常有 3 种类型，分别是一对一联系、一对多联系和多对多联系。

2. 局部 E-R 图

设计局部 E-R 图时，重点在于实体和属性的正确划分，其基本步骤如下：

（1）确定实体集。确定在该系统中包含的所有实体集。

（2）确定实体集之间的联系集。判断所有实体集之间是否存在联系，确定实体集之间的联系及其类型（1∶1、1∶n 或者 $m∶n$）。

（3）确定实体集的属性。标定实体的属性和标识实体的候选关键字。

（4）确定联系集的属性。

（5）画出局部 E-R 图。

3. 全局 E-R 图

将多个局部 E-R 图合并，解决局部 E-R 图之间的冲突。修改和重构，消除不必要的冗余，就可以得到系统的全局 E-R 图。

（1）修改冲突。

① 属性冲突。属性域冲突，即属性值的类型、取值范围或取值集合不同。例如，年龄可以用整数表示，也可以用出生年月表示。属性的取值单位冲突。例如，质量可以用千克、斤、克为单位。

② 结构冲突。同一事物有不同结构。例如，一个实体可以是另一个应用中的属性。同一实体在不同应用中属性组成不同，包括个数、次序。同一联系在不同应用中有不同类型。

③ 命名冲突（实体名、属性名、联系名）。同名异义,不同意义的事物有相同的名称。同义异名,同一意义的事物有不同的名称。

（2）消除冗余。初步设计的 E-R 图可能存在冗余的数据或冗余的联系。消除冗余和冲突就能得到整体的 E-R 图。

【任务实现】

【例 2-1】 利用 Windows 系统自带的画图工具或专业画图工具绘制局部 E-R 图。

（1）学生选课局部 E-R 图如图 2-1 所示。

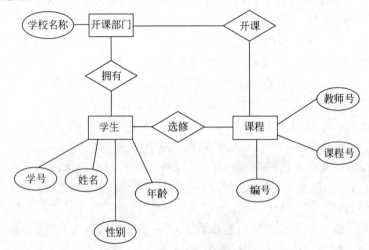

图 2-1　学生选课局部 E-R 图

（2）教师任课局部 E-R 图如图 2-2 所示。

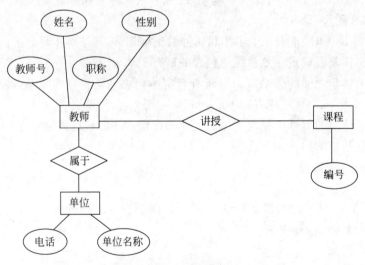

图 2-2　教师任课局部 E-R 图

（3）合并后初步的全局 E-R 图如图 2-3 所示。

（4）消除冗余。对上述初步生成的全局 E-R 图进行改进。由于"属于"和"开课"是冗余联系,它们可以通过其联系导出,消除冗余后得到的改进全局 E-R 图如图 2-4 所示。

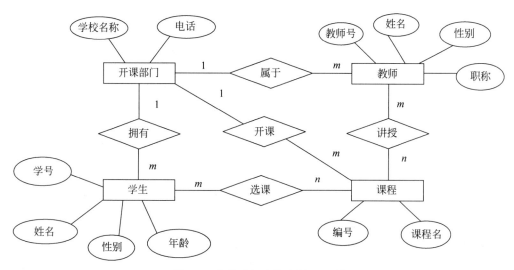

图 2-3　合并后初步的全局 E-R 图

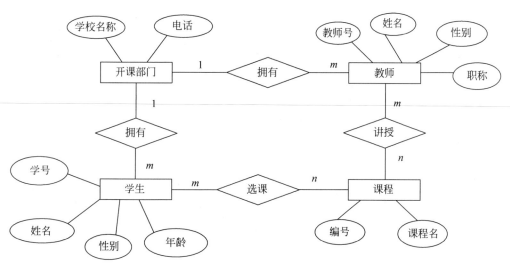

图 2-4　消除冗余后得到的改进全局 E-R 图

任务 2　逻辑结构设计

视频讲解

【任务描述】

逻辑结构设计是将 E-R 图转换为关系模型，即将 E-R 图转换为一组关系模式。

【任务要求】

将任务 1 中改进的全局 E-R 图转换为关系模型。

【相关知识】

1. 逻辑结构设计的步骤

（1）将对 E-R 图表示的概念结构转换为关系模型。

（2）优化模型。

（3）设计适合 DBMS 的关系模式。

2. E-R 图向关系模型的转换

（1）实体类型的转换。将每个实体类型转换为一个关系模式，实体的属性即为关系的属性，实体标识符即为关系的键。

（2）联系类型的转换。如果实体间的联系是 $1:1$，则可以在两个实体类型转换为两个关系模式中的任意一个关系模式的属性中，加入另一个关系模式的键和联系类型的属性。如果实体间的联系是 $1:n$，则在 n 端实体类型转换为的关系模式中加入 1 端实体类型转换为的关系模式的键和联系类型的属性。如果实体间的联系是 $m:n$，则将联系类型也转换为关系模式，其属性为两端实体类型的键加上联系类型的属性，而键是两端实体键的组合。

3. 三元联系转换（三个或三个以上实体间的联系转换）

如果实体间的联系是 $1:1:1$，则可以在三个实体类型转换为的三个关系模式中任意一个关系模式的属性中加入另两个关系模式的键（作为外键）和联系类型的属性。

如果实体间的联系是 $1:1:n$，在 n 端实体类型转换为的关系模式中加入两个 1 端实体类型的键（作为外键）和联系类型的属性。

如果实体间的联系是 $1:m:n$，将联系类型转换为关系模式，其属性为 m 端和 n 端实体类型的键（作为外键）加上联系类型的属性，而键为 m 端和 n 端实体键的组合。

$m:n:p$ 将联系类型转换为关系模式，其属性为三端实体类型的键（作为外键）加上联系类型的属性，而键为三端实体键的组合。

【任务实现】

【例 2-2】 将任务 1 中 E-R 图转换为关系模型。

（1）实体类型的转换。将实体类型转换为关系模式，实体的属性即为关系的属性，实体标识符即为关系的键，可以得出：

单位（单位名称，电话）

教师（教师号，姓名，性别，职称）

学生（学号，姓名，性别，年龄）

课程（编号，课程名）

（2）联系类型的转换。实体间的联系是 $1:n$ 则在 n 端实体类型转换为的关系模式中加入 1 端实体类型转换成的关系模式的键和联系类型的属性，可以得出：

教师（教师号，姓名，性别，职称，单位名称）

学生（学号，姓名，性别，年龄，学校名称）

如果实体间的联系是 $m:n$，则将联系类型也转换为关系模式，其属性为两端实体类型的键加上联系类型的属性，而键为两端实体键的组合，可以得出：

授课（教师号，课程编号）

选修（学号，课程编号）

在 $1:1$ 和 $1:n$ 联系中，一般都不将联系转换为一个独立的关系模式，而在 $m:n$ 联系中，必须转换为独立的关系模式。因此，"拥有"联系不需要转换为一个独立的关系模式，而"选课"和"讲授"联系需要转换为独立的关系模式。

微课课堂

物理结构和物理结构设计：

数据库在物理设备上的存储结构和存取方法称为数据库的物理结构。为已确定的逻辑数据结构选取合适应用环境的物理结构称为物理结构设计。

实训巩固

现有学生选课系统，有"学生"和"课程"2个实体。实体"学生"有属性：学号、姓名、性别和年龄。实体"课程"有属性：课程编号、课程名称和性质。

要求：一名学生可以选择多门课程，学生选课要体现选课日期信息。

1. 画出局部 E-R 图。
2. 画出全局 E-R 图。
3. 注明全局 E-R 图的属性和联系类型。
4. 将 E-R 图转换为关系模型。
5. 注明关系模型中的主键和外链信息。

知识拓展

1. 埃德加·弗兰克·科德（E. F. Codd）

埃德加·弗兰克·科德（E. F. Codd）在数据库管理系统的理论和实践方面做出了杰出贡献，于1981年获图灵奖。作为一名计算机科学家，他一生做出了很多有价值的贡献，而关系模型被认为是他最引人瞩目的成就。早期的层次模型和网状模型在编写查询语句来检索信息时要求深入了解数据本身的导航结构，因而比较复杂。为此，埃德加·弗兰克·科德经过多年的潜心研究提出了一个新的解决方案，他建议将数据独立于硬件来存储，程序员使用一个非过程语言来访问数据。该方案是将数据保存在由行和列组成的简单表中，而不是将数据保存在一个层次结构中。数据库用户或应用程序不需要了解数据结构就可以查询该数据。

2. 黄金十二定律

埃德加·弗兰克·科德在提出关系数据库的概念后，紧接着又发布了更为详细的创建关系数据库的12项原则，这些原则为日后关系数据库的发展奠定了基础，被称为"黄金十二定律"，埃德加·弗兰克·科德也因此被誉为"关系数据库之父"。

由于关系模型简单并且易于实现，一经提出，便立即引起学术界的极大重视，对数据库的理论和实践都产生了很大的影响。数据库关系模型提出后，先前主导市场的基于层次模型和网状模型的数据库产品很快走向了衰败，一大批关系数据库系统迅速占领了商业市场。

1972年，埃德加·弗兰克·科德又提出了关系代数和关系演算，定义了关系的并、交、差、投影、选择和连接等各种基本运算，为 SQL（结构化查询语言）奠定了基础。1990年，埃德加·弗兰克·科德编写并出版了专著《数据库管理的关系模型：第二版》，全面总结了他几十年的理论探索和实践研究。

课后习题

一、选择题

1. 数据库设计中概念结构设计的主要工具是（　　）。

    A. E-R图　　　　　B. 概念模型　　　　C. 数据模型　　　　D. 范式分析

2. 数据库设计人员和用户之间沟通信息的桥梁是（　　）。

    A. 程序流程图　　　B. 模块结构图　　　C. 实体联系图　　　D. 数据结构图

3. 概念结构设计阶段得到的结果是（　　）。

    A. 数据字典描述的数据需求　　　　B. E-R图表示的概念模型

    C. 某个DBMS所支持的数据结构　　D. 包括存储结构和存取方法的物理结构

4. 在关系数据库设计中，设计关系模式是（　　）的任务。

    A. 需求分析阶段　　　　　　　　　B. 概念结构设计阶段

    C. 物理结构设计阶段　　　　　　　D. 逻辑结构设计阶段

5. 绘制E-R图的3个基本要素是（　　）。

    A. 实体、属性、关键字　　　　　　B. 属性、实体、联系

    C. 属性、数据类型、实体　　　　　D. 约束、属性、实体

二、填空题

1. 逻辑结构设计是将E-R图转换为_____。

2. E-R图又称为_____。

3. 概念模型中的3种基本联系分别是_____、_____和_____。

4. 设计数据库的存储结构属于数据库设计的_____阶段。

5. 实体所具有的某一特征称为实体的_____。

三、设计题

假设图书馆借阅管理数据库具有如下功能：

（1）可以随时查询书库中现有书籍的品种、数量和存放位置。各类书籍均可以由书号唯一标识。

（2）可以随时查询书籍借还情况，包括借书人单位、姓名、借书证号、借书日期和还书日期。

（3）任何人可以借多种书，任何一种书可以为多个人所借，借书证号具有唯一性。

（4）当有新的需求时，可以通过数据库中保存的出版社的编号、电话、邮编及地址等信息向相应出版社增购有关书籍。

（5）一个出版社可以出版多种书籍，同一本书仅为一个出版社出版，出版社名具有唯一性。

根据以上情况，具体操作要求如下：

（1）构造满足需求的E-R图。

（2）转换为等价的关系模式结构。

项目3

部署MySQL环境

学习目标

(1) 了解 MySQL 数据库版本信息。

(2) 熟悉 MySQL 轻量级数据库的优势。

(3) 在 Windows 平台下熟练进行 MySQL 的安装和配置。

(4) 熟练启动和停止 MySQL 服务。

(5) 熟悉常用的 MySQL 图形化管理工具并熟练使用 SQLyog。

匠人匠心

(1) 了解 MySQL 数据库版本信息,选择适合自己的安装版本学习、使用,引导学生结合自己的专长,学会取舍。

(2) 熟练安装和配置 MySQL,培养学生懂得实践出真知的道理,切实提升其动手实践能力。

(3) 熟悉 MySQL 关系数据库的优势,引导学生在当今飞速发展的科技时代如何潜心学习、厚积薄发,将来才能术业有专攻。

(4) 使用 MySQL 前需要先启动 MySQL 服务,引导学生懂得未雨绸缪、励兵秣马的道理。

(5) 熟悉常用的 MySQL 图形化管理工具并从中选择一款适合自己的管理工具,鼓励学生努力拼搏,让自己的优秀被人看见。

任务 1　准备安装软件

视频讲解

【任务描述】

安装 MySQL 前需要先下载。MySQL 是基于客户端/服务器(Client/Server,C/S)架构的数据库。服务器负责所有数据访问和处理,数据添加、删除和更新等所有请求都由服务器完成。客户端实现与用户的交互。客户机和服务器软件可以安装在不同的计算机上。

【任务要求】

在 Windows 平台下载 MySQL,可以下载微软格式的安装包(Microsoft Installer,MSI)与数据压缩和文档存储的文件格式(Zigzag Inline Package,ZIP)两个版本。

具体操作要求如下：

（1）以 MSI 安装方式，下载 Windows 平台的社区版 MySQL 安装软件。

（2）以 ZIP 安装方式，下载 Windows 平台的社区版 MySQL 安装软件。

（3）下载集群版 MySQL 安装软件。

【相关知识】

1. MySQL 简介

MySQL 是一种关系数据库管理系统，由瑞典 MySQL AB 公司开发，属于 Oracle 旗下产品。在 Web 应用方面，MySQL 是最好的关系数据库管理系统（Relational Database Management System，RDBMS）应用软件之一。关系数据库将数据保存在不同的表中，方便用户识别和处理。

MySQL 所使用的 SQL 是用于访问数据库的最常用标准化语言。MySQL 软件采用了双授权政策，分为社区版和商业版，由于其体积小、速度快、总体拥有成本低、开放源码，一般中小型和大型网站的开发都选择 MySQL 作为网站数据库。关于世界各地数据库相关从业人员提供的数据库使用情况，DB-Engines 官方网站于 2021 年 10 月发布的数据库排名中，MySQL 排名第二，如图 3-1 所示。

Rank			DBMS	Database Model	Score		
Oct 2021	Sep 2021	Oct 2020			Oct 2021	Sep 2021	Oct 2020
1.	1.	1.	Oracle ⊞	Relational, Multi-model 🔟	1270.35	-1.19	-98.42
2.	2.	2.	MySQL ⊞	Relational, Multi-model 🔟	1219.77	+7.24	-36.61
3.	3.	3.	Microsoft SQL Server ⊞	Relational, Multi-model 🔟	970.61	-0.24	-72.51
4.	4.	4.	PostgreSQL ⊞ 🔘	Relational, Multi-model 🔟	586.97	+9.47	+44.57
5.	5.	5.	MongoDB ⊞	Document, Multi-model 🔟	493.35	-2.95	+45.53
6.	6.	⬆8.	Redis ⊞	Key-value, Multi-model 🔟	171.35	-0.59	+18.07
7.	7.	⬇6.	IBM Db2	Relational, Multi-model 🔟	165.96	-0.60	+4.06
8.	8.	⬇7.	Elasticsearch	Search engine, Multi-model 🔟	158.25	-1.98	+4.41
9.	9.	9.	SQLite ⊞	Relational	129.37	+0.72	+3.95
10.	10.	10.	Cassandra ⊞	Wide column	119.28	+0.29	+0.18

图 3-1　数据库排行榜

2. MySQL 8.0 的特性

（1）MySQL 8.0 优化、以更灵活的方式实现 NoSQL（非关系数据库和数据存储）功能，不再依赖模式。

（2）MySQL 8.0 新增隐藏索引、降序索引，可以提高查询的效率。

（3）更完善的 JSON 支持，MySQL 8.0 增加聚合函数 JSON_ARRAYAGG()、JSON_OBJECTAGG()，将参数聚合为 JSON 数组或对象。

（4）MySQL 8.0 新增 caching_sha2_password 授权插件、角色、密码历史记录、FIPS 模式支持，提高数据库的安全性和性能，能够更灵活地实现安全和账户管理。

（5）在 MySQL 8.0 中，InnoDB 在自增、索引、加密、死锁、共享锁等方面改进和优化，并且支持数据定义语言（DDL），提高了数据安全性，对事务提供了更好的支持。

（6）从 MySQL 8.0 开始，新增事务数据字典（存储着数据库对象信息），事务数据字典存储在内部事务表中。

3. MySQL 的不同版本

MySQL 针对不同的用户,分为社区版(MySQL Community Server)、企业版(MySQL Enterprise Server)和集群版(MySQL Cluster)三个版本。企业版是收费的,可以免费试用 30 天,但是该版本拥有完善的技术支持(官方提供电话技术支持)。社区版是自由下载并且完全免费的,但是官方不提供技术支持。集群版也是开源免费的,可以将多个 MySQL Server 封装成一个 Server。

4. MySQL 的不同格式

Windows 平台的 MySQL 文件有 MSI 和 ZIP 两个版本。其中 MSI 称为图形化界面安装版,指在安装过程中,会将用户的各项选择自动写入配置文件(.ini)中,即自动配置,适合初学者使用。而 ZIP 版称为压缩版,也即免安装版,直接解压就可以使用,但需要用户打开配置文件写入相应的配置信息,比较适合于高级用户。

【任务实现】

【例 3-1】 以 MSI 安装方式,下载 Windows 平台的社区版 MySQL 安装软件。

具体操作步骤如下:

(1) 在 MySQL 的官方网站中打开下载界面,如图 3-2 所示。

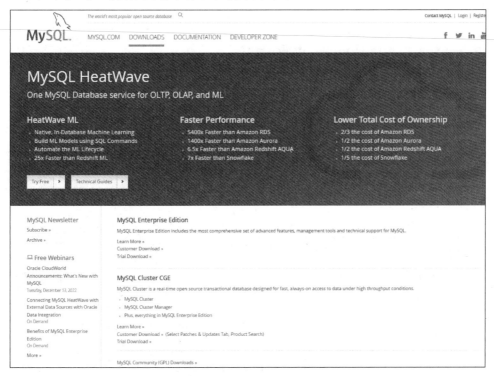

图 3-2 MySQL 官方网站下载界面

(2) 选择下方的 MySQL Community(GPL)Downloads(MySQL 社区版),系统进入如图 3-3 所示的界面。

(3) 选择 MySQL Installer for Windows 选项,系统进入 Windows 平台下的 MySQL 数据库产品界面,如图 3-4 所示。

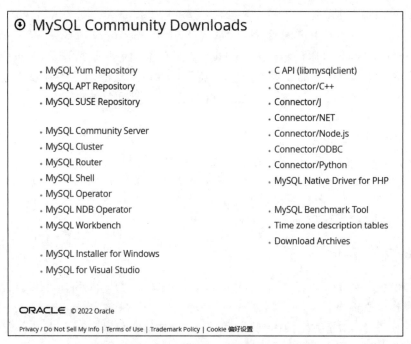

图 3-3　MySQL 的命令行客户端工作界面

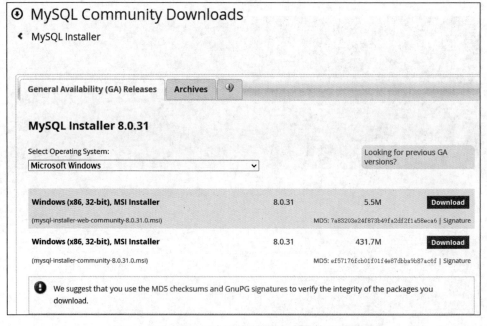

图 3-4　Windows 平台下的 MySQL 数据库产品界面

（4）根据网络情况，选择安装方式。在网络状况不稳定的情况下，建议选择下方的 Windows（x86，32-bit），MSI Installer（mysql-installer-community-8.0.31.0.msi）安装方式，即非网络安装版。单击 Download 按钮，系统进入如图 3-5 所示的界面。

（5）如果不想注册，则可以单击下方的 No thanks，just start my download 直接下载。文件 mysql-installer-community-8.0.31.0.msi 约 430MB。

图 3-5　下载前提示是否注册界面

【例 3-2】 以 ZIP 安装方式,下载 Windows 平台的社区版 MySQL 安装软件。

具体操作步骤如下:

(1) 在图 3-3 所示的界面中,选择 MySQL Community Server 选项,系统跳转到如图 3-6 所示的界面。

图 3-6　MySQL Community Server 下载界面

(2) 选择 Windows(x86,64-bit),ZIP Archive(mysql-8.0.31-winx64.zip),单击右侧的 Download 按钮,系统进入如图 3-5 所示的界面。

（3）同样可以单击下方的 No thanks, just start my download 跳过注册界面直接下载。文件 mysql-8.0.31-winx64.zip 约 222MB。

【**例 3-3**】　下载集群版 MySQL 安装软件。

具体操作步骤如下：

（1）在图 3-3 所示的界面中，选择 MySQL Cluster 选项，系统跳转到如图 3-7 所示的界面。

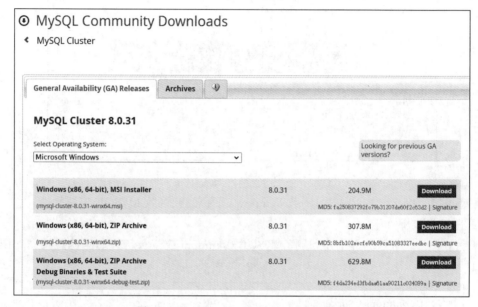

图 3-7　MySQL Cluster 8.0.31 下载界面

（2）根据用户的需要，可以选择 MSI 安装方式，名为 mysql-cluster-8.0.31-winx64.msi 的 Windows(x86，64-bit)，MSI Installer 下载；也可以选择 ZIP 格式安装，名为 mysql-cluster-8.0.31-winx64.zip 的 Windows(x86，64-bit)，ZIP Archive 下载。选择版本后，单击对应文件右侧的 Download 按钮，系统进入如图 3-5 所示的界面。

（3）同样可以单击下方的 No thanks, just start my download 跳过注册界面直接下载。文件 mysql-cluster-8.0.31-winx64.msi 约 200MB，而文件 mysql-cluster-8.0.31-winx64.zip 约 300MB。

视频讲解

任务 2　安装及配置 MySQL

【任务描述】

下载 MySQL 后就可以实现安装。安装分为图形化安装和压缩格式安装。在 Linux 环境下可以在线下载并安装。这里以 Windows 平台 MySQL 8.0 为例，介绍其在 Windows 11 操作系统环境下的安装和配置过程。

【任务要求】

在 Windows 平台安装及配置 MySQL。

具体操作要求如下：

（1）在 Windows 平台，图形化安装及配置 MySQL。

（2）在 Windows 平台，以压缩格式安装及配置 MySQL。

【相关知识】

1. 平台选择

MySQL 可以运行于 Windows 和 Linux 平台，但客户端和服务器端之间的沟通并不受限于所运行的操作平台。客户端和服务器端之间的连接既可以在同一台主机上进行，也可以在不同的主机间进行，而且客户端主机和服务器端主机不需要在同类型的操作平台环境。例如，服务器端运行在 Linux 平台，而客户端既可以运行在 Linux 平台又可以运行在 Windows 平台。

2. MySQL 客户端软件

MySQL 软件是基于 C/S 模式的数据库管理系统。在使用过程中，必须使用客户端软件和 MySQL 软件相关联。安装了 MySQL 8.0 后，系统自带了客户端软件 MySQL 8.0 Command Line Client。启动该软件时，需要输入正确的登录密码。

3. MySQL 安装程序提供的组件

MySQL 安装程序提供的组件及功能如表 3-1 所示。

表 3-1 MySQL 安装程序提供的组件及功能

组 件 名 称	功　　能
MySQL Shell	MySQL 的命令行客户端应用程序，可以用于管理 MySQL 服务器和 InnoDB 集群实例
MySQL 路由器	将安装在 MySQL 服务节点上的路由器守护程序用于 InnoDB 集群设置
MySQL 工作台	MySQL 图形化命令行的客户端应用程序，用于开发和管理服务器
MySQL for Excel	访问和操作 MySQL 数据的 Excel 插件
Visual Studio MySQL	在 Visual Studio 开发环境中调用 MySQL 服务器的组件
MySQL Connection	多种 MySQL 连接器。例如，C、C++、ODBC、Java 等

4. MySQL 安装的服务器类型

MySQL 安装的服务器类型及作用如表 3-2 所示。

表 3-2 MySQL 安装的服务器类型及作用

服务器名称	作　　用
开发者机器（Development Machine）	该选项表示典型个人用的桌面工作站。如果机器上运行着多个应用程序，则该项将 MySQL 服务器配置成使用最少的系统资源
服务器（Server Machine）	该选项表示服务器，MySQL 可以同其他应用程序一起运行。例如，FTP、E-mail 和 Web 服务器。如果选择该项，则将 MySQL 服务器配置成使用适当比例的系统资源
专用服务器（Dedicated Machine）	该选项表示只运行 MySQL 服务的服务器。如果没有运行其他应用程序，该选项则将 MySQL 服务器配置成使用所有可以用的系统资源

【任务实现】

【例 3-4】 在 Windows 平台,图形化安装及配置 MySQL。

（1）图形化安装。具体操作步骤如下:

① 双击下载的安装文件 mysql-installer-community-8.0.31.0.msi,系统加载并配置 MySQL,弹出如图 3-8 所示的界面。

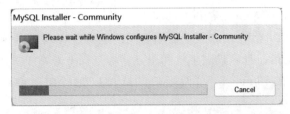

图 3-8　MySQL Installer-Community 安装初始界面

② 等待数秒时间后,系统弹出如图 3-9 所示的界面。

图 3-9　MySQL 安装前查找所有安装包

③ 系统进入安装类型选择界面,可以根据右侧的安装类型描述文件选择适合自己的安装类型。这里选择默认的安装类型 Developer Default(全部组件安装开发者模式),如图 3-10 所示。

④ 单击 Next 按钮,进入检查安装条件,如图 3-11 所示,直接单击 Next 按钮进入下一步。

⑤ 系统弹出需要用户确认信息的对话框,如图 3-12 所示。

⑥ 在安装组件列表对话框中,分别罗列了准备安装的各个组件,如图 3-13 所示。

⑦ 单击 Execute 按钮,系统将逐一开始安装各个组件,直到全部安装完毕,如图 3-14 所示。

⑧ 单击 Next 按钮,进入 MySQL 配置信息对话框,如图 3-15 所示。继续单击 Next 按钮。

⑨ 这里全部选取默认的选项信息,端口号为 3306。如果端口号被其他程序所占用,则需要换一个新的端口号,如图 3-16 所示。

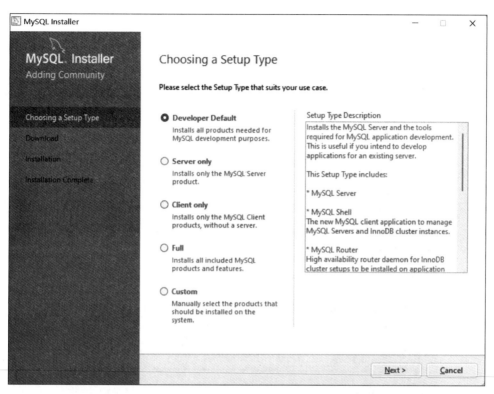

图 3-10　MySQL 安装类型选择

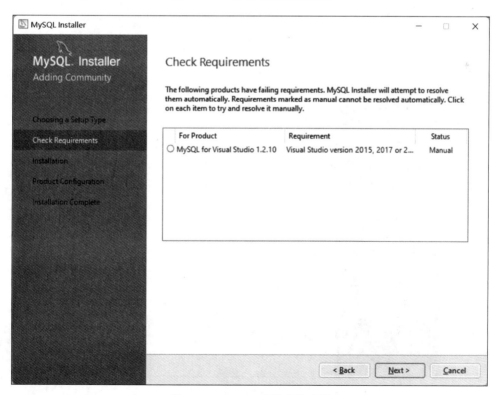

图 3-11　MySQL 安装条件选择

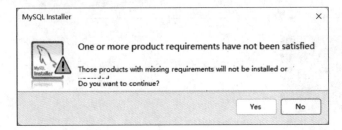

图 3-12　MySQL 确认信息对话框

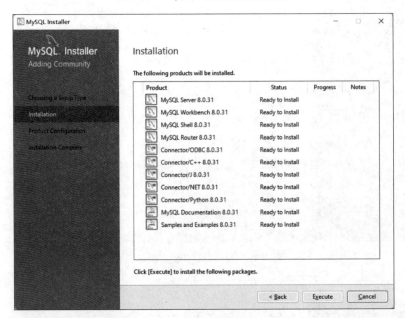

图 3-13　MySQL 安装组件选择

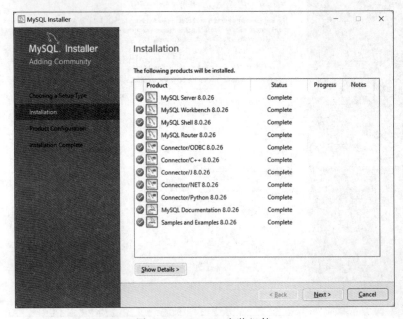

图 3-14　MySQL 安装组件

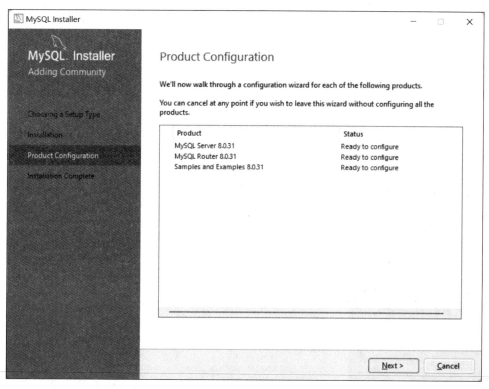

图 3-15　MySQL 配置信息对话框

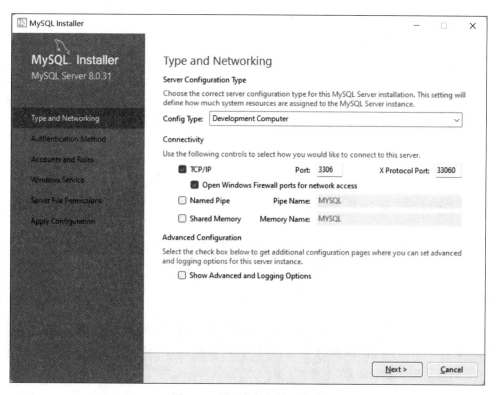

图 3-16　设置协议和端口信息

⑩ 单击 Next 按钮,系统进入认证方式选择。这里建议选择 Use Legacy Authentication Method(Retain MySQL 5. x Compatibility),如图 3-17 所示。而第一种 Use Strong Password Encryption for Authentication(RECOMIMENDED)(MySQL 推荐使用最新的数据库和相关客户端)属于强密码校验。由于 MySQL 8.0 增强了加密插件,如果选此方式,很可能出现一些客户端(如 SQLyog)连不上 MySQL 8.0 的情况。

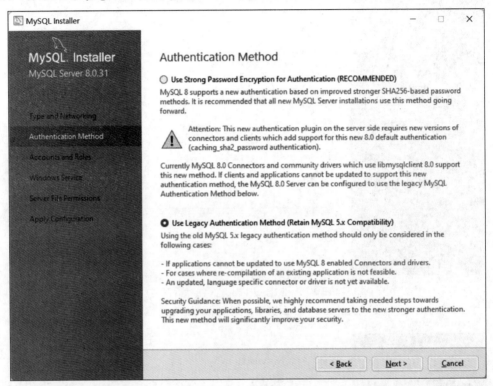

图 3-17　认证方式选择

⑪ 单击 Next 按钮,出现如图 3-18 所示的设置 root 账号的密码界面。这里设置 root 用户的密码为"123456"。

⑫ 设置 Windows Service Name,这里选择默认的 MySQL 8.0,并且保留默认勾选的 Start the MySQL Server at System Startup 复选框,表示随系统启动开启 MySQL,通常会增加一点并机时间。但如果不勾选,则每次要在"此电脑"→"管理"手动开启,如图 3-19 所示。

⑬ 确认服务器文件权限。默认系统设置的目录"C:\ProgramData\MySQL\MySQL Server 8.0\Data",对位于该位置的文件夹和文件设置的权限,可以在服务器运行期间进行管理和配置操作。这里选择第三项,即保护文件夹及其服务器配置后,用户手动设置相关文件,如图 3-20 所示,再单击 Next 按钮。

⑭ 应用服务器配置。所有配置设置都应用于 MySQL 服务器,如图 3-21 所示。

⑮ 单击 Finish 按钮,系统回到如图 3-15 所示的界面,单击 Next 按钮,进入"使用 MySQL 安装程序配置路由器"对话框,如图 3-22 所示。

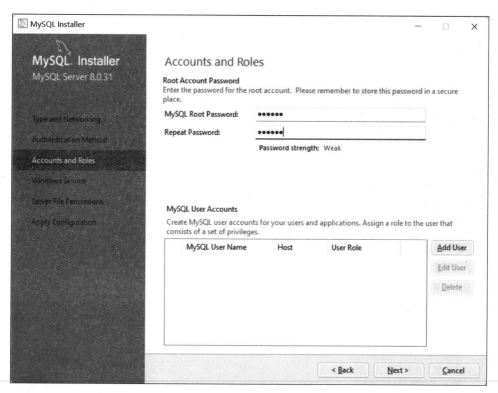

图 3-18　设置 root 用户的密码

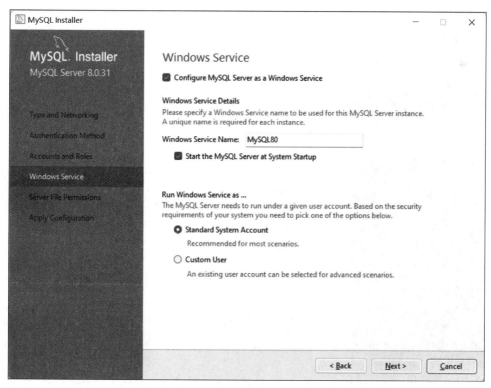

图 3-19　设置 Windows Service Name

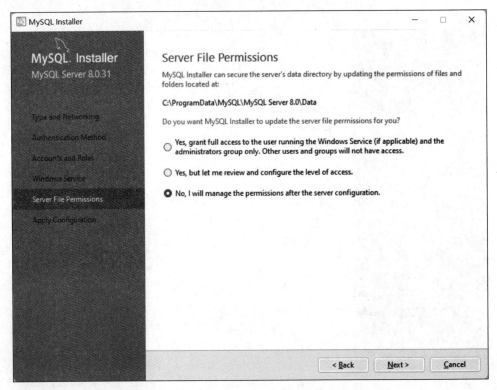

图 3-20　确认服务器文件权限

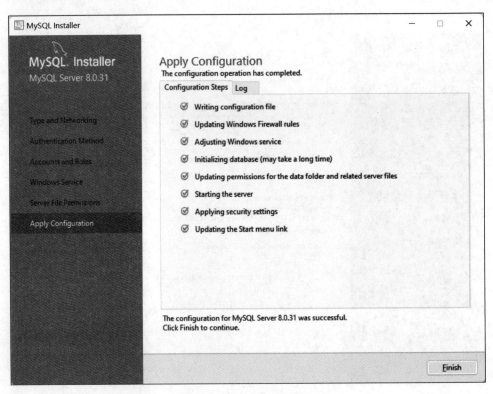

图 3-21　应用服务器配置

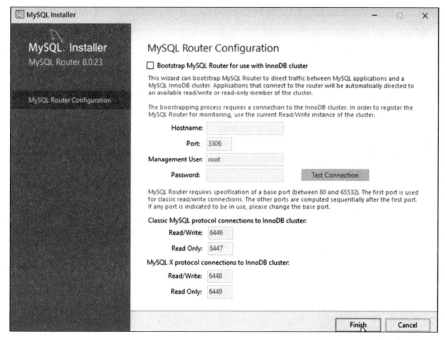

图 3-22　使用 MySQL 安装程序配置路由器

⑯ 单击 Finish 按钮,系统再次返回到如图 3-15 所示的界面,单击 Next 按钮,系统进入连接服务器对话框,这里需要测试用户 root 的密码(这里输入前面设置的"123456")并单击 Check 按钮测试,测试通过,则显示绿色的 Connection succeeded 表示连接成功,如图 3-23 所示。

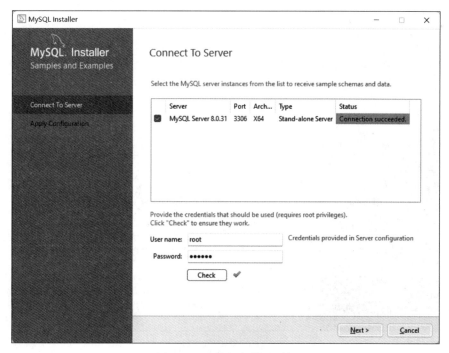

图 3-23　连接服务器对话框

⑰ 单击 Next 按钮，系统进入应用配置并单击 Execute 按钮完成测试，如图 3-24 所示。

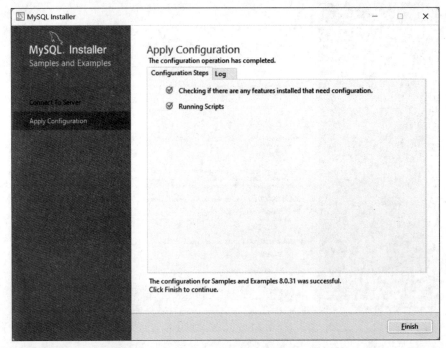

图 3-24　应用配置对话框

⑱ 单击 Finish 按钮，系统再次返回到如图 3-15 所示的界面，单击 Next 按钮，系统打开安装完成对话框，如图 3-25 所示。

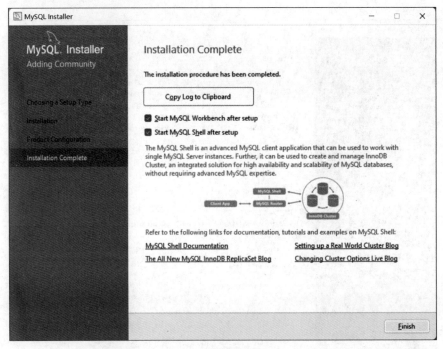

图 3-25　安装完成对话框

至此,在 Windows 平台,图形化安装及配置 MySQL 全部完成。

安装了 MySQL 后,可以在安装的路径下使用该数据库软件,但如果想在任意环境下均可以使用,则需要配置其 Windows 环境。

(2) 配置环境。具体操作步骤如下:

① 单击"我的电脑",右键选择"属性",弹出"设置"窗口,如图 3-26 所示。

图 3-26　Windows"设置"窗口

② 在左侧"查找设置"栏中输入"高级系统设置",打开"系统属性"对话框,如图 3-27 所示。

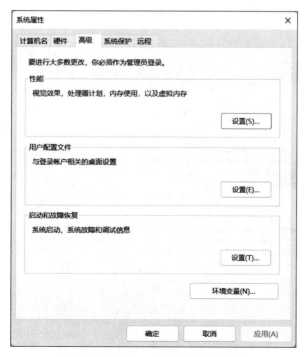

图 3-27　Windows"系统属性"对话框

③ 单击"环境变量"按钮，打开"环境变量"对话框，单击"系统变量"栏中的 Path，如图 3-28 所示。

图 3-28 "环境变量"对话框

④ 单击"编辑"按钮，打开"编辑环境变量"对话框，如图 3-29 所示。

图 3-29 "编辑环境变量"对话框

⑤ 单击"新建"按钮并且将 MySQL 的安装目录"C:\Program Files\MySQL\MySQL Server 8.0\bin"添加到信息中,如图 3-30 所示。

图 3-30 添加 MySQL 安装目录后的"编辑环境变量"对话框

⑥ 依次单击"确定"按钮,完成 MySQL 环境配置。

【例 3-5】 在 Windows 平台,以压缩格式安装及配置 MySQL。

具体操作步骤如下:

(1) 将下载好的 ZIP 版的 MySQL 文件(mysql-8.0.31-winx64.zip)解压并存放在指定的存储位置,这里放在 E:\mysql-8.0.31-winx64 中。

(2) 在 mysql-8.0.31-winx64 的根目录下分别新建文件夹"mysqlData"和文件"my.ini",并配置"my.ini"文件,文件具体内容如下:

```
[mysqld]
# MySQL 端口
port = 3306
# 自定义设置 MySQL 的安装目录,即解压 MySQL 压缩包的目录
basedir = E:\MySQL - 8.0.31 - winx64
# 自定义设置 MySQL 数据库的数据存放目录
datadir = E:\mysql - 8.0.31 - winx64\mysqlData
# 允许最大连接数
max_connections = 200
# 允许连接失败的次数,这是为了防止有人从该主机试图攻击数据库系统
max_connect_errors = 10
# 服务端使用的字符集默认为 utf8
character - set - server = utf8
# 创建新表时将使用的默认存储引擎
```

```
default - storage - engine = INNODB
# 默认使用 mysql_native_password 插件认证
default_authentication_plugin = mysql_native_password
[mysql]
# 设置 MySQL 客户端默认字符集
default - character - set = utf8
[client]
# 设置 MySQL 客户端连接服务端时默认使用的端口和默认字符集
default - character - set = utf8
```

（3）按 Win+R 组合键，打开 CMD 窗口，切换到 MySQL 安装目录下的 bin 子目录，输入命令：

```
MYSQLD -- INITIALIZE -- CONSOLE
```

在命令窗口环境下 MySQL 初始化操作及执行过程如图 3-31 所示。

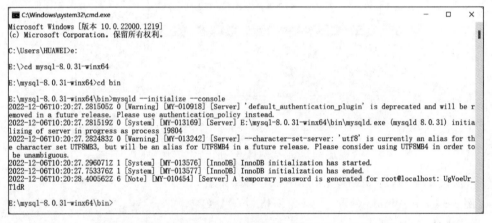

图 3-31　在命令窗口环境下 MySQL 初始化操作及执行过程

🔔 **微课课堂**

密码：

root@localhost：后面的一串字母数字组合 UgVoeUr_T1dR 是系统产生的初始密码，不同机器产生的密码不同，需要将这个密码保存下来，以便登录 MySQL 时需要用到该密码。

（4）安装 MySQL 服务，以管理员身份在 bin 子目录下执行命令，这里指定服务名为 mysqlcxl。如果不指定，系统则使用默认服务名 mysql。安装 MySQL 服务并指定服务器名称，如图 3-32 所示。

```
MYSQLD -- INSTALL mysqlcxl
```

（5）启动 MySQL，可以输入命令：

```
NET START mysqlcxl
```

执行命令如图 3-33 所示。

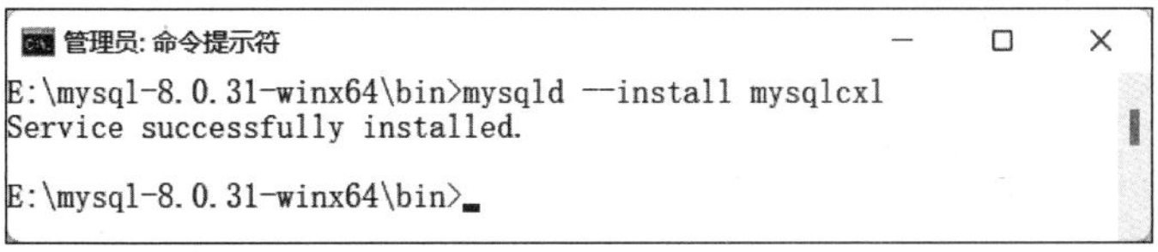

图 3-32 安装 MySQL 服务并指定服务器名称

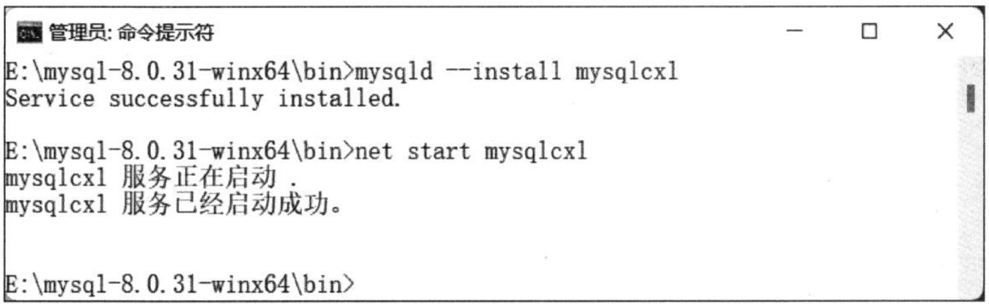

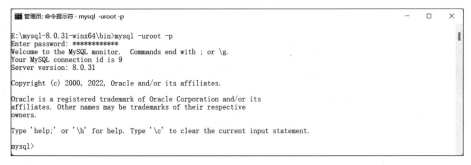

图 3-33 启动指定服务器名称的 MySQL

🔔 **微课课堂**

关闭 MySQL：

关闭 MySQL 命令可以使用命令 NET STOP mysqlcxl，并且不区分大小写。

（6）输入命令实现登录 MySQL。

```
MYSQL - U root - P
```

系统提示需要输入系统产生的初始密码，然后按 Enter 键执行命令，执行结果如图 3-34 所示。

图 3-34 运行指定服务器名称的 MySQL

（7）进入 MySQL 后，首先需要修改初始密码，然后才能进行下一步操作。

```
ALTER USER 'root'@'localhost' IDENTIFIED WITH mysql_native_password BY '123456';
```

实现修改密码，这里设置修改后的密码为"123456"，执行结果如图 3-35 所示。

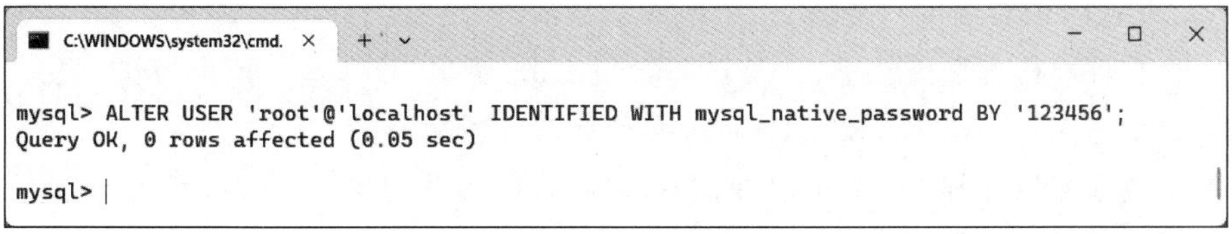

图 3-35 修改登录密码

至此,以压缩格式安装及配置 MySQL 完成,可以正常使用 MySQL 了。

任务3　MySQL 图形化管理工具

【任务描述】

安装 MySQL 并配置相关信息后,可以启动和使用 MySQL 了。借助命令实现 MySQL 的使用并不直观,也不方便。在日常的数据库开发和应用中,为了简化录入、提高开发效率可以借助于 MySQL 的图形化工具。

【任务要求】

在 Windows 平台,这里以免费的 SQLyog 为例,实现以下操作。

具体操作要求如下:

(1) 下载 SQLyog。

(2) 安装 SQLyog。

(3) 实现 MySQL 和 SQLyog 的连接。

【相关知识】

目前 MySQL 主流的图形化工具有 MySQL 开发公司自带的 MySQL Workbench,也有收费的 Navicat、DataGrip,还有方便实用的 SQLyog。为了方便所有用户选择和使用,本书的图形化工具选择 SQLyog 实现和 MySQL 数据库的连接及使用。

1. SQLyog 简介

SQLyog 是著名的 Webyog 公司开发的一款简洁高效、功能强大的图形化 MySQL 数据库管理工具。SQLyog 中文版支持多种数据格式导出,可以帮助用户快速备份和恢复数据,还能够高效地运行 SQL 脚本文件,甚至让用户从世界的任何角落通过网络很直观地维护 MySQL 数据库。

2. SQLyog 的特点

SQLyog 相对于其他图形化工具,具有以下 8 项特点:

(1) SQLyog 体积小,方便安装。

(2) 可以连接到指定的 MySQL 主机,支持使用 HTTP 管道、隧道(Secure Shell,SSH)和安全套接字层(Secure Socket Layer,SSL)。

(3) 可以创建表、视图、存储过程、函数、触发器及事件,支持删除及截位数据库。

(4) 方便快捷的数据库同步和结构化的同步,可以设置任务计划,根据特定的时间进行同步作业,并对同步数据进行校验。

(5) 具有可视化查询编辑器,直接运行批量 SQL 脚本文件,运行速度极快。

(6) 支持导入和导出 HTML、CSV 等多种格式的数据。

(7) 将数据库保存到 SQL,可以查找、替换指定内容并列出全部或匹配标记信息。

(8) 提供了任务向导创建任务。

3. SQLyog 版本

SQLyog 是免费提供的,但具有封闭的源代码,直到 v3.0 成为完全商业软件。如今,SQLyog 既作为免费软件发行,也作为付费专有版本发行。免费软件在 GitHub 上称为社区版(Community Edition)。付费版以专业版、企业版和终极版出售。本书以社区版为例介绍其安装和具体操作等。

【任务实现】

【例 3-6】　下载 SQLyog。

具体操作步骤如下:

(1) 打开 SQLyog 的官网网站,如图 3-36 所示。

图 3-36　SQLyog 的官网网站

(2) 单击绿色的"免费下载(对于视窗)"按钮,系统打开如图 3-37 所示的界面。

(3) 单击"免费下载(适用于电脑)"按钮,即可实现 SQLyog 的下载。这里下载的 SQLyog 的版本是 13.1.6.0。

当然,如果想下载以往的旧版本,则可以在如图 3-35 的界面滚动鼠标到网站的下方,选择相应的版本下载即可。

【例 3-7】　安装 SQLyog。

具体操作步骤如下:

(1) 双击下载的 SQLyog-13.1.6-0.x64Community.exe 文件,系统打开如图 3-38 所示的界面。

(2) 选择系统默认的中文语言,单击 OK 按钮。

(3) 系统进入"欢迎使用 SQLyog Community 13.1.6(64 bit)安装向导",如图 3-39 所示。

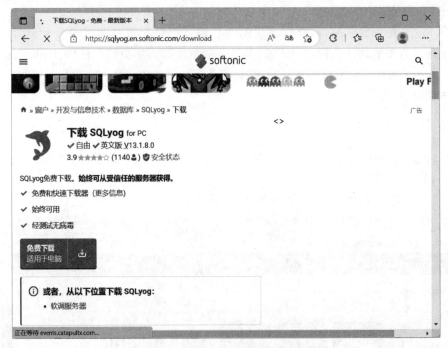

图 3-37　SQLyog 官方网站下载界面

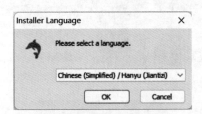

图 3-38　SQLyog 安装语言选择

图 3-39　SQLyog 安装向导

　　（4）单击"下一步"按钮，系统打开"许可证协议"对话框，选择"我接受'许可证协议'中的条款"单选按钮，如图 3-40 所示。

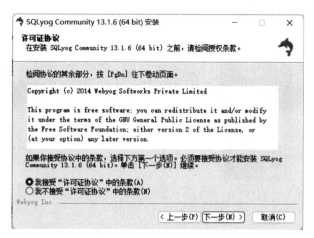

图 3-40　SQLyog"许可证协议"对话框

（5）单击"下一步"按钮，系统打开"选择组件"对话框，如图 3-41 所示。

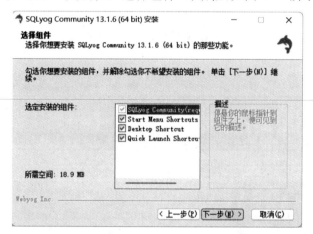

图 3-41　SQLyog"选择组件"对话框

（6）继续单击"下一步"按钮，系统进入"选定安装位置"对话框，如图 3-42 所示。

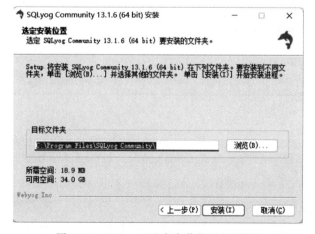

图 3-42　SQLyog"选定安装位置"对话框

（7）单击"安装"按钮，系统开始安装，直到安装完成，如图 3-43 所示。

图 3-43　SQLyog 安装完成

（8）系统默认勾选了"运行 SQLyog Community 13.1.6(64bit)"复选框，当单击"完成"按钮，系统完成了安装并且将自动启动 SQLyog。第一次启动 SQLyog 将出现"连接到我的 SQL 主机"对话框，如图 3-44 所示。

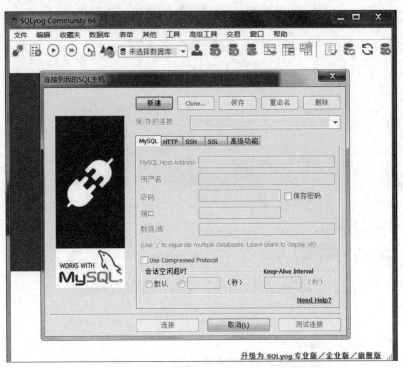

图 3-44　启动 SQLyog"连接到我的 SQL 主机"对话框

【例 3-8】　实现 MySQL 和 SQLyog 的连接。

具体操作步骤如下：

（1）在如图 3-44 所示的启动 SQLyog"连接到我的 SQL 主机"对话框，单击"新建"按钮，打开 New Connection 对话框，在"名称"中输入连接的名称，这里输入的是"学生管理系统",如图 3-45 所示。

（2）单击"确定"按钮，系统返回到"连接到我的 SQL 主机"对话框，并且保存的连接显示为刚才创建的连接名称。输入安装 MySQL 时管理员（root）设置的登录密码，这里输入"123456"，端口号保留默认显示的 3306，如图 3-46 所示。

图 3-45 New Connection 对话框

图 3-46 "连接到我的 SQL 主机"对话框

（3）单击"连接"按钮，系统打开 SQLyog 的工作界面，如图 3-47 所示。

图 3-47 SQLyog 的工作界面

至此，SQLyog 与 MySQL 的连接完成。

实训巩固

1. 在 Windows 平台，以 MSI 安装方式，下载社区版 MySQL 安装软件。

_____

_____

2. 在 Windows 平台，以 ZIP 安装方式，下载社区版 MySQL 安装软件。

_____

_____

3. 在 Windows 平台，图形化安装及配置 MySQL。

_____

_____

4. 在 Windows 平台，以压缩格式安装及配置 MySQL。

_____

_____

_____

知识拓展

　　MySQL 除了系统自带的命令行管理工具之外，还可以借助图形化管理工具，极大地方便了用户对数据库的操作和管理。常用的图形化管理工具除了前面介绍的 SQLyog 外，还有 MySQL Workbench、Navicat MySQL、PhpMyAdmin、MyDB Studio 等。

1. MySQL Workbench

　　MySQL Workbench 是 MySQL 官方提供的图形化管理工具，分为社区版和商业版两个版本。社区版完全免费，而商业版则是按年收费。MySQL Workbench 支持数据库的创建、设计、迁移、备份、导出和导入等，并且允许安装在 Windows、Linux 和 mac 等主流操作系统上。

2. Navicat MySQL

　　Navicat MySQL 是强大的 MySQL 数据库服务器管理和开发工具之一。它可以和不同版本的 MySQL 一起工作，支持触发器、存储过程、函数、事件、视图等。Navicat 使用图形化的用户界面（GUI），可以让用户的使用安全、简便，可以快速地创建、组织、访问和共享信息。同时，Navicat 支持 Unicode，方便用户创建、浏览、编辑、删除数据库，建立或执行查询以及管理用户权限等。除此之外,还可以备份或还原数据库、导入或导出数据,并且支持多种格式(如 CSV、TXT、DBF 和 XML 等)的文件。

3. PhpMyAdmin

PhpMyAdmin 是一款使用 PHP 开发的基于 B/S 架构的 MySQL 客户端软件,是最常用的 MySQL 维护工具之一。PhpMyAdmin 通过 Web 方式控制和操作 MySQL 数据库,是 Windows 中 PHP 开发软件的标配并支持中文。其不足之处在于对大型数据库的备份和恢复速度较为缓慢,从而导致界面请求超时等问题出现。

4. MyDB Studio

MyDB Studio 是一套图形化界面的 MySQL 管理和监视系统,可以方便用户创建和管理数据库对象、数据库的同步以及数据的导入或导出等。数据库管理员还可以用它来实现数据库的迁移,并且支持使用 SSH 隧道保护用户的连接。甚至在用户的主机不允许远程访问连接、用户和权限管理以及 PHP 脚本创建的情况下,用户依然可以强制实现访问连接。

课后习题

一、选择题

1. MySQL 整体上属于客户机/服务器的架构,简称(　　)。

　　A. B/S　　　　　　　B. Server/Client　C. C/S　　　　　　　D. 客/服

2. MySQL 是一种关系数据库管理系统,由(　　)MySQL AB 公司开发。

　　A. 中国　　　　　　B. 美国　　　　　C. 日本　　　　　　D. 瑞典

3. MySQL 软件分为(　　)。

　　A. 免费版和商业版　　　　　　B. 社区版和商业版

　　C. 专业版和商业版　　　　　　D. 免费版和测试版

4. Windows 平台的 MySQL 文件有 MSI 和 ZIP 两个版本。其中 MSI 称为(　　)。

　　A. 图形化界面安装版　　　　　B. 数据压缩的文件格式

　　C. 文档存储的文件格式　　　　D. 以上都不是

5. Windows 平台的 MySQL 文件有 MSI 和 ZIP 两个版本,其中 ZIP 称为(　　)。

　　A. 图形化界面安装版　　　　　B. 压缩版

　　C. 文档存储的文件格式　　　　D. 以上都不是

二、填空题

1. MySQL 安装程序提供的组件中_____是 MySQL 图形化命令行的客户端应用程序,用于开发和管理服务器中。

2. MySQL 安装的服务器类型有三种,其中_____表示典型个人用桌面工作站。如果机器上运行着多个应用程序,则该项将 MySQL 服务器配置成使用最少的系统资源。

3. 启动 MySQL,可以输入命令_____。

4. 关闭 MySQL,可以输入命令_____。

5. MySQL 常用的图形化管理工具有 MySQL Workbench、_____、Navicat、MySQLDumper、MySQL ODBC Connector 等。

三、简答题

1. MySQL 分为社区版、企业版和集群版，其区别是什么？

2. 在 Windows 平台下载 MySQL，分别有 MSI 和 ZIP 两个版本，其区别是什么？

3. SQLyog 有哪些特点？

4. MySQL 有哪些特点？

5. MySQL 图形化管理工具有哪些？各自有什么特点？

项目 **4**

创建和管理数据库

 学习目标

（1）掌握创建 MySQL 数据库的方法。

（2）掌握查看、选择和删除数据库的方法。

（3）理解 MySQL 数据库中的字符集。

 匠人匠心

（1）在进行数据库操作前，需要先创建 MySQL 数据库，提醒学生做事要提前规划和布局，使其懂得"人无远虑必有近忧"的道理。

（2）普通用户被管理员赋予了创建数据库的权限才可以使用它，引导学生"没有规矩，不成方圆"。

（3）利用命令和终端都可以创建和维护数据库，多种途径实现一题多解，鼓励学生不要拘泥于一种方法，需要不断推陈出新。

（4）不同的字符集可以查看不同的编码格式内容，引导学生懂得取舍，有舍才有得，不断超越自我。

任务 1　创建数据库

视频讲解

【任务描述】

在 MySQL 安装后就可以创建数据库了。创建数据库就如同创建一个存储数据的仓库，本任务介绍创建数据库的方式方法及基本操作。

【任务要求】

创建名为 stuimfo、booksmanage 的数据库。

具体操作要求如下：

（1）利用 MySQL 自带的 MySQL Command Line Client 工具创建 stuimfo 数据库。

（2）利用客户端 SQLyog 软件，借助鼠标操作方式创建 booksmanage 数据库，并查看其编码格式。

（3）利用客户端 SQLyog 软件，在查询编辑器窗口，利用命令形式创建 booksmanage 数据库，如果已经存在，则删除后再重新创建。

【相关知识】

MySQL 数据库分为系统数据库和用户数据库两类。

1. 系统数据库

安装了 MySQL 8.0 后，系统会自动产生一些系统数据库，包括 Information_Schema、MySQL、Performance_Schema、Sakila、Sys 和 World 共 6 种。系统数据库用于记录系统的一些关键信息，用户不可以更改系统数据库中的信息。

（1）Information_Schema。主要存储系统中的一些数据库对象信息（如用户表信息、列信息、存储过程信息、触发器信息、权限信息和字符集信息等）。

（2）MySQL。存储 MySQL 服务器正常运行所需的各种信息，包含数据库对象元数据（MetaData）的数据字典表和系统表。

（3）Performance_Schema。存储数据库服务器性能参数，为 MySQL 服务器的运行状态提供了一个底层的监控功能。

（4）Sakila。MySQL 中的一个示例数据库，包含 Actor、Address、City、Film、Country 等 23 个数据表。该示例数据库是用于方便读者初学数据库的一个示例参考。

（5）Sys。包含一系列方便数据库管理员和开发人员利用 Performance_Schema 数据库进行性能调优和诊断的视图。

（6）World。MySQL 中的另一个示例数据库，包含 City、Country 和 CountryLanguage 3 个数据表，也是用于方便读者初学数据库的一个事例参考。

2. 用户数据库

用户数据库就是用户根据实际的需要创建的数据库，该数据库是用于存储数据库对象的容器。MySQL 数据库中的数据在逻辑上被组织成一系列数据库对象，包括表、视图、约束、索引、存储过程、触发器、用户自定义函数、用户和角色。有关数据库对象的具体内容将在后续项目中阐述。

3. 利用 MySQL Command Line Client 创建数据库

利用 CREATE DATABASE 语句创建数据库，其具体的语法格式如下：

```
CREATE DATABASE [ IF NOT EXISTS] database_name;
```

说明：
- 命令语句不区分大小写，[]是可选项；
- 数据库名可以使用数字、字母、下画线，但不能使用纯数字；
- 数据库名不能使用特殊字符和 MySQL 关键字；
- 创建的数据库名不能和已经存在的数据库名重名。

🔔 **微课课堂**

创建数据库指定字符集：

为了避免导入导出数据时出现乱码，通常在创建数据库时指定数据库的字符集，其具体的语法格式如下：

```
CREATE DATABASE database_name character SET utf8;
```

4．利用客户端 SQLyog 软件创建数据库的准备

利用客户端 SQLyog 软件创建数据库，可以利用鼠标的方式创建，还可以在命令编辑器窗口利用 SQL 命令的形式创建。首先需要建立客户端 SQLyog 和 MySQL 的连接。具体步骤如下：

（1）打开客户端 SQLyog 软件，系统打开"连接到我的 SQL 主机"对话框，如图 4-1 所示。

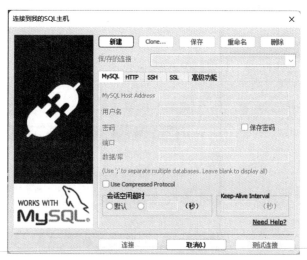

图 4-1　"连接到我的 SQL 主机"对话框

（2）单击"新建"按钮，出现如图 4-2 所示的 New Connection 对话框，在"名称"中输入用于在 SQLyog 窗口中显示的名称，这里输入的是"学生信息管理"。

图 4-2　New Connection 对话框

（3）单击"确定"按钮，系统返回到如图 4-1 所示的界面，但系统中 MySQL Host Address 默认显示本地 localhost，用户名默认为管理员 root，端口号为 3306，这里只需要输入用户名 root 对应的安装密码"123456"，如图 4-3 所示。

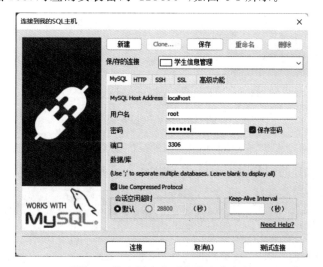

图 4-3　输入用户名对应的安装密码

（4）单击"连接"按钮，系统打开如图 4-4 所示的 SQLyog 工作界面。

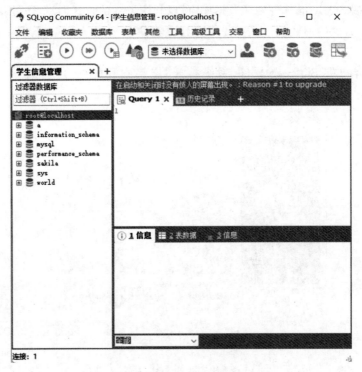

图 4-4　SQLyog 工作界面

【任务实现】

【**例 4-1**】　利用 MySQL 自带的 MySQL Command Line Client 工具创建 stuimfo 数据库。

具体操作步骤如下：

（1）打开 MySQL Command Line Client，光标闪动的位置需要输入 Enter password（登录密码），这里输入安装时设置的密码"123456"，如图 4-5 所示。

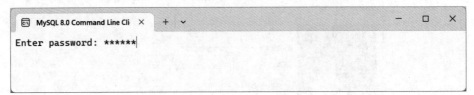

图 4-5　输入登录密码

（2）按 Enter 键后，系统进入 MySQL 的命令行客户端（Command Line Client）工作界面。这里显示 MySQL 的安装版本等信息，如图 4-6 所示。

（3）在光标闪动的位置输入命令。

```
CREATE DATABASE stuimfo;
```

实现创建 stuimfo 数据库，执行结果如图 4-7 所示。

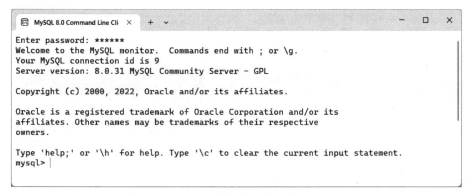

图 4-6　MySQL 的命令行客户端工作界面

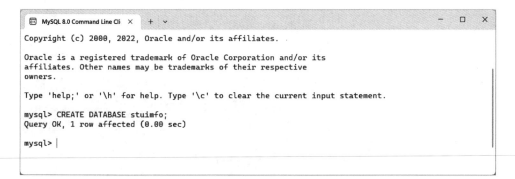

图 4-7　创建 stuimfo 数据库执行后

执行上述语句后，系统中出现提示 Query OK,1 row affected(0.00sec)，本行提示语的含义由 3 部分构成，具体含义如下：

- Query OK，表示 SQL 代码执行成功并结束；
- 1 row affected，表示操作只影响了数据库中一行语句；
- 0.00sec，表示执行操作的时间用了 0.00s。

【例 4-2】　利用客户端 SQLyog 软件，借助鼠标操作方式创建 booksmanage 数据库，并查看其编码格式。

具体操作步骤如下：

（1）在图 4-4 打开的客户端 SQLyog 工作界面，选择左侧目录树中的 root@localhost，右键选择"创建数据库"，如图 4-8 所示。

（2）在打开的"创建数据库"对话框中，输入数据库名称 booksmanage，如图 4-9 所示，然后单击"确定"按钮。

（3）系统返回 SQLyog 工作界面，左侧目录中增加了 booksmanage 数据库，如图 4-10 所示。

（4）在左侧目录中，选中 booksmanage 数据库，右键选择"改变数据库"，如图 4-11 所示。

（5）在"改变数据库"对话框中可以看到数据库的默认字符集为 utf8mb4 编码格式，如图 4-12 所示，同时还可以看到数据库默认的排序规则。

图 4-8　客户端 SQLyog 鼠标方式"创建数据库"

图 4-9　输入数据库名称 booksmanage　　　图 4-10　创建 booksmanage 数据库后的 SQLyog 工作界面

图 4-11　客户端 SQLyog 查看数据库的快捷键

图 4-12 "改变数据库"对话框

🔔 **微课课堂**

数据库字符编码和排序规则：

（1）字符编码有 utf8、utf16、gbk 等。

（2）字符集 utf8mb4 是 utf8 的升级版。

【例 4-3】 利用客户端 SQLyog 软件，在查询编辑器窗口，利用命令形式创建 booksmanage 数据库，如果已经存在，则删除后再重新创建。

具体操作步骤如下：

（1）在图 4-4 的客户端 SQLyog 工作界面中，右侧 Query 窗口中输入命令。

```
CREATE DATABASE IF NOT EXISTS booksmanage;
```

（2）按 F9 键或单击工具栏中的"执行查询"按钮，执行结果如图 4-13 所示。

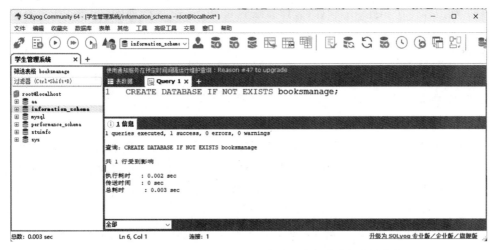

图 4-13 在查询编辑器窗口，利用命令形式创建数据库并执行

🔔 **微课课堂**

例 4-2 说明：

在例 4-2 中已经创建了 booksmanage 数据库。因此，在此例子中增加了可选项 IF NOT EXISTS，用于判断 booksmanage 数据库是否存在，如果存在，则先删除后再重新创建。

任务2　管理和维护数据库

视频讲解

【任务描述】

创建数据库后，就需要对其进行管理和维护。管理和维护数据库包括查看数据库、选择数据库和删除数据库等。本任务利用 MySQL Command Line Client 和客户端 SQLyog 软件两种方式介绍维护数据库的方式方法及基本操作。

【任务要求】

对 stuimfo、booksmanage 数据库进行管理和维护。其中（1）～（6）在 MySQL Command Line Client 环境下实现，（7）利用客户端 SQLyog 工具软件实现。

具体操作要求如下：

（1）查看当前服务器中包含的数据库并以竖向列表方式显示。

（2）选择 stuimfo 为当前数据库并以横向条目方式查看。

（3）查找数据库名称中带有 sc 字母的数据库。

（4）查看 stuimfo 数据库的定义语句内容，包括使用的字符集和字符排序规则。

（5）修改 booksmanage 数据库，使其字符集为 gbk，校对规则为 gbk_chinese_ci。

（6）判断 booksmanage 数据库是否存在，如果存在则删除。

（7）利用客户端 SQLyog 软件，管理和维护 booksmanage 数据库。

【相关知识】

创建了数据库，通常需要对其进行管理和维护，主要包括查看数据库、选择当前数据库和删除数据库等。

1. 语句结尾标注

利用命令执行 MySQL 语句可以使用"；""\g""\G"三种符号结束。其中，"；""\g"均是将结果以竖向列表形式显示；而以"\G"结尾时则是以横向条目方式显示。本书中为了方便书写除特殊说明外，均采用"；"结尾，结果以竖向列表形式显示。

2. 查看数据库

查看数据库包括查看当前用户权限范围内服务器中所有数据库和查看当前正在使用的数据库。

（1）查看当前用户权限范围内服务器中所有数据库，其具体的语法格式如下：

```
SHOW DATABASES [LIKE 'database_name'];
```

说明：

- []是可选项；
- 使用 LIKE 实现完全匹配或者部分匹配。

> **微课课堂**
>
> 匹配方式：
>
> （1）完全匹配要求语句中数据库的名称和所要查询的数据库名称完全一致。
>
> （2）部分匹配可以使用通配符代表字符，其中 1 个_代表只能匹配单个字符，而 1 个%代表可以匹配 0 个或多个字符。

（2）查看当前正在使用的数据库。服务器中有许多数据库，但当前正在使用的数据库只有 1 个。使用命令查看当前正在使用的数据库，其具体的语法格式如下：

```
SHOW DATABASES();
```

3. 查看数据库定义脚本

查看指定数据库的定义语句内容，包括使用的字符集和字符排序规则。使用命令查看当前数据库的定义脚本，其具体的语法格式如下：

```
SHOW CREATE DATABASE database_name;
```

4. 选择数据库

数据库管理系统中通常会有多个数据库。因此，在操作数据库对象前需要先选择一个数据库，使其处于当前工作状态，其具体的语法格式如下：

```
USE database_name;
```

5. 修改数据库

修改数据库主要是修改数据库的参数，其具体的语法格式如下：

```
ALTER DATABASE [database_name] CHARACTER SET <字符集名>|COLLATE <校对规则名>;
```

说明：

- <>是必选项，|是选择其一使用；
- 数据库名称可以省略，如果省略，则对应于当前默认数据库。

6. 删除数据库

不使用的数据库可以删除，用以释放被占用的磁盘空间和系统资源，其具体的语法格式如下：

```
DROP DATABASE [IF EXISTS] database_name;
```

【任务实现】

【例 4-4】 查看当前服务器中包含的数据库并以竖向列表方式显示。

具体操作步骤如下：

在图 4-6 的 MySQL Command Line Client 工具工作界面中，输入命令并以";"或"\g"结束。

```
SHOW DATABASES;
```

实现查看当前服务器中包含的数据库并以竖向列表方式显示，执行结果如图 4-14 所示。

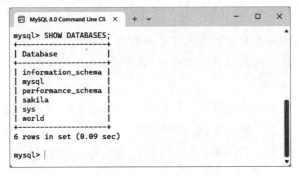

图 4-14 查看当前服务器中包含的数据库

【例 4-5】 选择 stuimfo 为当前数据库并以横向条目方式查看。

具体操作步骤如下：

在图 4-6 的 MySQL Command Line Client 工具工作界面中，依次输入相应命令。

```
USE stuimfo \G
SELECT DATABASE( ) \G
```

实现将 stuimfo 设置为当前数据库并以横向条目方式查看，执行结果如图 4-15 所示。

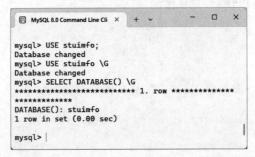

图 4-15 选择 stuimfo 为当前数据库并以横向条目方式查看

【例 4-6】 查找数据库名称中带有 sc 字母的数据库。

具体操作步骤如下：

在图 4-6 的 MySQL Command Line Client 工具工作界面中，输入相应命令。

```
SHOW DATABASES LIKE '% sc %';
```

实现查找数据库名称中带有 sc 字母的数据库，执行结果如图 4-16 所示。

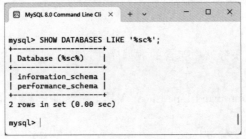

图 4-16 查找数据库名称中带有 sc 字母的数据库

【例 4-7】　查看 stuimfo 数据库的定义语句内容,包括使用的字符集和字符排序规则。

具体操作步骤如下:

在图 4-6 的 MySQL Command Line Client 工具工作界面中,输入相应命令。

```
SHOW CREATE DATABASE stuimfo;
```

实现查看 stuimfo 数据库的定义语句内容,执行结果如图 4-17 所示。

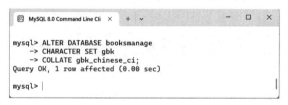

图 4-17　查看 stuimfo 数据库的定义信息

【例 4-8】　修改 booksmanage 数据库,使其字符集为 gbk,校对规则为 gbk_chinese_ci。

具体操作步骤如下:

在图 4-6 的 MySQL Command Line Client 工具工作界面中,输入相应命令。

```
ALTER DATABASE booksmanage
CHARACTER SET gbk
COLLATE gbk_chinese_ci;
```

实现修改 booksmanage 数据库的字符集和校对规则,执行结果如图 4-18 所示。

图 4-18　修改 booksmanage 数据库参数

【例 4-9】　判断 booksmanage 数据库是否存在,如果存在则删除。

具体操作步骤如下:

在图 4-6 的 MySQL Command Line Client 工具工作界面中,输入相应命令。

```
DROP DATABASE IF EXISTS booksmanage;
```

实现判断 booksmanage 数据库是否存在,如果存在则删除,执行结果如图 4-19 所示。

【例 4-10】　利用客户端 SQLyog 软件,管理和维护 booksmanage 数据库。

(1) 查看所有的数据库。打开客户端 SQLyog 并连接服务器后,在左侧目录树中就可以查看所有的数据库,如图 4-10 所示。

(2) 查看指定数据库的字符集和排序规则。选中需要查看的数据库,右键选择"改变数据库",就可以查看指定数据库的信息,如图 4-12 所示。

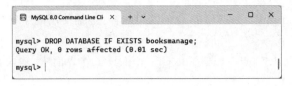

图 4-19　删除 booksmanage 数据库

（3）修改字符集或排列规则。在图 4-12 所示的界面中根据需要修改字符集或排序规则。

（4）备份数据库。在图 4-10 所示的工作界面中，选中 booksmanage 数据库，右键选择"备份/导出"→"备份数据库，转储到 SQL"，如图 4-20 所示。

图 4-20　booksmanage 数据库的快捷菜单

在打开的如图 4-21 所示的对话框中，选中需要备份的 booksmanage 数据库对象，这里把数据库对象全部选中；设置 Export to（输出文件）的位置和文件名，这里设置路径及文件名为"C:\Users\HUAWEI\Desktop\booksmanage_sql"。

图 4-21　"SQL 转储"对话框

单击"导出"按钮,即可实现将 booksmanage 数据库完整备份成对应的 SQL 语句并保存。

实训巩固

1. 利用 SQL 语句创建数据库,数据库名为 book,字符集选择默认的 utf8 字符集。

_____

_____

_____

2. 利用 SQL 语句以横向条目方式查看 book 数据库是否创建成功,并查看其创建信息。

_____

_____

_____

3. 将数据库 book 的字符集修改为 utf16_utf_16 unicode,其校对规则修改为 utf16_general_ci。

_____

_____

_____

4. 查找数据库名称中带有 b 字母的数据库。

_____

_____

_____

知识拓展

计算机系统存在大量字符集,常见字符集有 ASCII、GB 2312 字符集、gbk 码、GB 18030 字符集、Unicode 字符集、utf8 字符集等。MySQL 支持多种字符集,默认的字符集是 utf8,可以设置不同级别的字符集,如服务器级、数据库级、数据表级、字段级。

1. ASCII

美国标准信息交换码(American Standard Code for Information Interchange,ASCII)主要用于显示现代英语和其他西欧语言。它是最通用的信息交换标准,并等同于国际标准 ISO/IEC 646。ASCII 第一次以规范标准的形式出现在 1967 年,最后一次更新则是在 1986 年,共定义了 128 个字符,其中有 33 个控制字符。由于 ASCII 可以表示的字符实在太少,人们陆续对其进行了扩展,出现了 ASCII 扩展字符集。ASCII 扩展字符集使用 8 位(b)表示一个字符。因此，ASCII 扩展字符集可以定义 256 个字符。

2. GB 2312 字符集

GB 2312 字符集是由中国国家标准总局在 1980 年发布，并在同年 5 月 1 日开始实施的一套国家标准。GB 2312 编码适用于汉字处理、汉字通信等系统之间的信息交换，通用于中国大陆和新加坡等地。中国大陆几乎所有的中文系统和国际化的软件都支持 GB 2312。其基本集共收入 6763 个汉字和 682 个非汉字图形字符。整个字符集分成 94 个区，每区有 94 个位，每个区位上只有一个字符。它可以用所在的区和位来对汉字进行编码，因此，又称为区位码。

3. gbk 码

汉字内码扩展规范（Chinese Internal Code Specification，GBK）中，K 即是"扩展"所对应的汉语拼音（KuoZhan）中"扩"字的声母。中国国家标准总局于 2000 年推出了 GB 18030—2000 标准，用以取代 gbk 码。GB 18030—2000 除了保留全部 gbk 码的汉字外，还增加了大约 100 个汉字及 4 位元组编码。

4. Unicode 字符集

Unicode 字符集（Universal Multiple-Octet Coded Character Set）又称为万国码。Unicode 字符集支持当今世界所有语言。它为每种语言中的每个字符设定了统一并且唯一的二进制编码，以满足跨语言、跨平台进行文本转换、处理的要求。

5. utf8 字符集

utf8 字符集是 Unicode 的其中一种编码方式。它把 Unicode 字符集按某种格式存储，采用可变长度字节来存储 Unicode 字符。

课后习题

一、选择题

1. 安装了 MySQL 8.0 后，系统会自动产生（　　）系统数据库。
　　A. 4 种　　　　　　B. 6 种　　　　　　C. 5 种　　　　　　D. 7 种
2. 利用（　　）命令创建数据库。
　　A. CREATE DATABASE　　　　　B. CREATE VIEW
　　C. CREATE TRIGGER　　　　　　D. CREATE TABLE
3. 利用（　　）查看当前正在使用的数据库。
　　A. ALTER TABLE（）　　　　　　B. SHOW DATABASES（）
　　C. ALTER DATABASE（）　　　　　D. ATLER VIEW
4. 可以使用通配符代表字符，其中 1 个（　　）只能匹配单个字符。
　　A. _　　　　　　B. %　　　　　　C. *　　　　　　D. ?
5. 可以使用通配符代表字符，其中 1 个（　　）代表可以匹配 0 个或多个字符。
　　A. _　　　　　　B. %　　　　　　C. *　　　　　　D. ?

二、填空题

1. MySQL 数据库分为系统数据库和_____两类。
2. MySQL 数据库中的数据在逻辑上被组织成一系列数据库对象，包括_____、视图、约束、索引、存储过程、触发器、用户自定义函数、用户和角色。

3. 利用命令执行 MySQL 语句时以_____或"\g"结尾均是以竖向列表形式显示；而以_____结尾时则是以横向条目方式显示。

4. 常见字符集有 ASCII、GB 2312 字符集、gbk 码、GB 18030 字符集、_____、_____等。

5. utf8 字符集又称_____。

三、简答题

1. MySQL 系统数据库有几种？分别有什么含义？

2. 可以从哪些方面管理和维护数据库？

3. 简述数据库命名规范。

4. 简述利用客户端软件 SQLyog 软件创建数据库的操作步骤。

5. 简要介绍常见字符集各自的特点。

项目 5

MySQL的常用数据类型和函数

学习目标

（1）熟悉 MySQL 支持的数据类型。

（2）熟练区分不同的数据类型的使用规范。

（3）了解 MySQL 的常用函数。

（4）熟悉利用 MySQL 的常用函数解决生活中的实际问题。

匠人匠心

（1）了解数据类型的基本概念，理解数据类型就是对数据的行为规范，引导学生懂得"没有规矩不成方圆"。

（2）熟悉 MySQL 支持的各种数据类型，懂得相同大小的数据选择不同的类型代表不同的精度或意义，引得学生学会不同环境的角色转变。

（3）在评估使用哪种类型时，引导学生考虑数据的存储空间和可靠性的平衡问题，使其学会取舍。

（4）熟悉 MySQL 的常用函数并灵活运用，引导学生做事遇到困难求教他人，借助外界力量达到事半功倍的效果。

视频讲解

任务 1　MySQL 的数据类型

【任务描述】

数据类型是指系统中所允许的数据的类型。MySQL 数据类型定义了数据列中可以存储的数据以及该数据怎样存储的规则。

【任务要求】

在 MySQL 客户端通过命令查看 MySQL 支持的数据类型，学习常用数据类型及其灵活应用。

具体操作要求如下：

（1）查看 MySQL 数据库支持的所有的数据类型。

（2）查看不同数据类型的取值范围及基本规则。

（3）创建一个 student 表，包含 xh、xm 和 banji 三个字段，分别设置为 CHAR、CHAR(6)和

VARCHAR(9)类型并区分存储的不同方式。

（4）创建一个 stu_info 表，包含 xm 和 zzmm 两个字段，其中，zzmm（政治面貌）可选值有"党员""团员""群众"。

（5）创建一个 xuesheng 表，包含 xm 和 zhiwu 两个字段，其中设置 zhiwu（职务）可选值有"班长""团支书""纪律委员""生活委员""学生会干事""组织部部长""文体部部长""学生会主席"。

【相关知识】

1. MySQL 数据类型

数据类型用于指定列所包含数据的规则，它决定了数据保存在列中的方式，包括分配给列的宽度，以及值是否可以是字母、数字、日期和时间等。

数据库中的每列都应该有适当的数据类型，用于限制或允许该列存储的数据。MySQL支持的数据类型及具体类别如表 5-1 所示。

表 5-1　MySQL 支持的数据类型及具体类别

类 型 名 称	具 体 类 别
整数类型	TINYINT、SMALLINT、MEDIUMINT、INT(INTEGER)、BIGINT
浮点数类型	FLOAT、DOUBLE
定点数类型	DECIMAL
位类型	BIT
日期时间类型	YEAR、TIME、DATE、DATETIME、TIMESTAMP
字符串类型	CHAR、VARCHAR、TINYTEXT、TEXT、MEDIUMTEXT、LONGTEXT 等
枚举类型	ENUM
SET 类型	SET
二进制字符串类型	BINARY、VARBINARY、TINYBLOB、BLOB、MEDIUMBLOB、LONGBLOB
JSON 类型	JSON 对象、JSON 数组
空间数据类型	单值类型：GEOMETRY、POINT、LINESTRING、POLYGON；集合类型：MULTIPOINT、MULTILINESTRING、MULTIPOLYGON、GEOMETRYCOLLECTION

2. MySQL 整数类型

MySQL 支持的整数类型有 5 种，分别是微整型（TINYINT）、小整型（SMALLINT）、中等大小的整型（MEDIUMINT）、普通整型（INT 或 INTEGER）和大整型（BIGINT）。

不同类型的整数存储所需的字节数不同。MySQL 整数类型所占存储空间大小及取值范围如表 5-2 所示，占用的字节越多的类型所能表示的数值范围越大。

表 5-2　MySQL 整数类型所占存储空间大小及取值范围

整数类型名称	存储空间	取值范围（有符号）	取值范围（无符号）
微整型（TINYINT）	1 字节	−128～127	0 ～255
小整型（SMALLINT）	2 字节	−32 768～32 767	0～65 535
中等大小的整型（MEDIUMINT）	3 字节	−8 388 608～8 388 607	0～16 777 215
普通整型（INT	INTEGER）	4 字节	−2 147 483 648～2 147 483 647	0～4 294 967 295

续表

整数类型名称	存储空间	取值范围（有符号）	取值范围（无符号）
大整型（BIGINT）	8 字节	−9 223 372 036 854 775 808～9 223 372 036 854 775 807	0～18 446 744 073 709 551 615

🔔 **微课课堂**

MySQL 整数类型：

（1）INT 和 INTEGER 是同一种数据类型。

（2）每种数据类型的取值范围可以根据所占字节数计算得出。

3. MySQL 浮点数类型

MySQL 需要在数据库中存储小数的类型时，可以借助浮点数类型。浮点数类型有两种，分别是单精度浮点数（FLOAT）和双精度浮点数（DOUBLE）。MySQL 浮点数类型所占存储空间大小及取值范围如表 5-3 所示。

表 5-3　MySQL 浮点数类型所占存储空间大小及取值范围

浮点数类型名称	存储空间	取值范围（有符号）	取值范围（无符号）
单精度浮点数（FLOAT）	4 字节	（−3.402 823 466E+38 ，−1.175 494 351E−38），0，(1.175 494 351E−38 ,3.402 823 466E+38)	0,(1.175 494 351E−38～3.402 823 466E+38)
双精度浮点数（DOUBLE）	8 字节	（−1.7 976 931 348 623 157E+308 ，−2.2 250 738 585 072 014E−308），0,(2.2 250 738 585 072 014E−308 ,1.7 976 931 348 623 157E+308）	0 ,(2.2 250 738 585 072 014E−308～1.7 976 931 348 623 157E+308)

🔔 **微课课堂**

查看数据类型的取值范围：

浮点数类型的取值范围很大，不需要手动计算录入，可以在 MySQL 客户端借助命令查看。例如，查看双精度类型的取值范围，则输入 HELP DOUBLE。

4. MySQL 定点数类型

MySQL 定点数类型（DECIMAL）是精确值存储。定点数类型在数据库中是以字符串形式存储的，该数据类型用于精度要求非常高的计算中。MySQL 定点数类型所占存储空间大小及取值范围如表 5-4 所示。

表 5-4　MySQL 定点数类型所占存储空间大小及取值范围

类型名称	存储空间	取值范围（有符号）
定点数类型（DECIMAL(M,D)）	$M+2$	DECIMAL 的存储空间并不是固定的，有效的数据范围是由 M 和 D 决定的。其中，M 表示数据的精度，D 表示小数位数，并且该数据共占用的存储空间为 $M+2$ 字节

🔔 **微课课堂**

DECIMAL 类型：

（1）当 DECIMAL 类型不指定 M 和 D 时，其默认为 DECIMAL(10,0)。当数据的精度超出定点数类型的精度范围时，MySQL 同样会进行四舍五入处理。

（2）M 的取值范围：$1\sim65$，取 0 时会被设置为默认值 10，超出范围会报错。

（3）D 的取值范围：$1\sim30$，同时必须满足 $D\leqslant M$，否则会报错。

5. 位类型

位类型（BIT）中存储的是二进制值。BIT 类型使用 b'value' 的形式存储二进制数据，其中 value 指的是一个由 0 和 1 组成的二进制数据。如果 value 值的位数小于指定的 M，则会在 value 值的左侧补 0。MySQL 位类型所占存储空间大小及取值范围如表 5-5 所示。

表 5-5　MySQL 位类型所占存储空间大小及取值范围

类 型 名 称	存 储 空 间	取 值 范 围
位类型（BIT(M)）	$1\sim8$ 字节	BIT(1)$\sim$BIT(8)

6. 日期时间类型

为了方便在数据库中处理日期时间类型的数据，MySQL 提供了 5 种不同的日期和时间数据类型。MySQL 日期时间类型所占存储空间大小及取值范围如表 5-6 所示。

表 5-6　MySQL 日期时间类型所占存储空间大小及取值范围

日期时间类型名称	存储空间	日 期 格 式	最 小 值	最 大 值
年（YEAR）	1 字节	YYYY/YY	1000	9999
时间（TIME）	3 字节	HH：MM：SS	-838：59：59.000000	838：59：59.000000
日期（DATE）	3 字节	YYYY-MM-DD	1000-01-01	9999-12-31
日期时间（DATETIME）	8 字节	YYYY-MM-DD HH：MM：SS	1000-01-01 00：00：00.000000	9999-12-31 23：59：59.999999
时区时间（TIMESTAMP）	4 字节	YYYY-MM-DD HH：MM：SS	1970-01-01 00：00：01.000000	2038-01-19 03：14：07.999999

> **微课课堂**
>
> 日期时间类型：
>
> （1）在 MySQL 8.0 默认的情况下，日期时间类型的数据处于严格模式，即 STRICT_TRANS_TABLES。
>
> （2）如果在 my.ini 配置文件中删除 STRICT_TRANS_TABLES，则日期时间类型的数据更改为非严格模式。
>
> （3）严格模式下，如果插入的数据不合法或超出范围均会提示错误，则插入的数据不会被系统接收。
>
> （4）非严格模式下，如果插入的数据不合法或合法但超出范围，只会给出警告，但会插入成功，插入的数据为边界值。

7. 字符串类型

字符串类型是在数据库中存储字符串的数据类型。使用不同的字符串类型可以实现从一个简单的字符到超大的文本块或二进制字符串数据的存储。MySQL 字符串类型所占存储空间大小及取值范围如表 5-7 所示。

表 5-7　MySQL 字符串类型所占存储空间大小及取值范围

字符串类型名称	存 储 空 间	描　　述
CHAR(M)	$0\sim255$ 字节	允许长度为 $0\sim M$ 字节的定长字符串

字符串类型名称	存储空间	描述
VARCHAR(*M*)	0～65 535 字节	允许长度为 0～*M* 字节的变长字符串
BINARY(*M*)	0～255 字节	允许长度为 0～*M* 字节的定长二进制字符串
VARBINARY(*M*)	0～65 535 字节	允许长度为 0～*M* 字节的变长二进制字符串
TINYBLOB	0～255 字节	二进制形式的短文本数据
TINYTEXT	0～255 字节	短文本数据
BLOB	0～65 535 字节	二进制形式的长文本数据
TEXT	0～65 535 字节	长文本数据
MEDIUMBLOB	0～16 777 215 字节	二进制形式的中等长度文本数据
MEDIUMTEXT	0～16 777 215 字节	中等长度文本数据
LONGBLOB	0～4 294 967 295 字节	二进制形式的极大文本数据
LONGTEXT	0～4 294 967 295 字节	极大文本数据

8. 枚举类型

枚举类型（ENUM）是一个字符串对象，其值通常选自一个允许值列表，该列表在创建表时会被明确地设定。

枚举类型在使用时，其具体的语法格式如下：

```
ENUM('value1','value2','value3','value4','value5',…)
```

每一个字符串成员都会对应一个索引值，索引值依次为 $1,2,3,4,5,…$ 存储在数据库中的就是字符串成员所对应的索引值，而不是字符串本身。

9. SET 类型

SET 类型是一个字符串对象，和 ENUM 类型类似但又不完全相同。SET 类型可以从允许值列表中选择一个元素或多个元素的组合。当取多个元素时，不同元素之间用逗号隔开，但成员个数的上限为 64。

SET 类型在使用时，其具体的语法格式如下：

```
SET('value1','value2','value3','value4','value5'…)
```

有关 SET 类型的使用，具体可以参见本项目的知识拓展。

【任务实现】

【例 5-1】　查看 MySQL 数据库支持的所有的数据类型。

具体操作步骤如下：

（1）打开 MySQL Command Line Client，在光标闪动的位置输入安装时设置的密码"123456"。

（2）系统进入 MySQL 的命令行客户端（Command Line Client）工作界面。

（3）在图 4-6 所示的光标闪动的位置输入命令。

```
HELP DATA TYPES;
```

实现显示 MySQL 数据库支持的所有的数据类型，执行结果如图 5-1 所示。

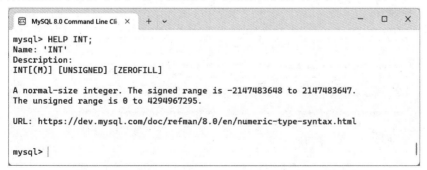

图 5-1　MySQL 数据库支持的所有的数据类型

【例 5-2】　查看不同数据类型的取值范围及基本规则。

具体操作步骤如下：

在如图 4-6 所示的界面中，输入命令 help ＋ 数据类型即可查看不同数据类型的取值范围及基本规则。

（1）输入命令。

```
HELP INT;
```

实现查看普通整型的有符号和无符号数据的取值范围，执行结果如图 5-2 所示。

图 5-2　查看普通整型的有符号和无符号数据的取值范围

（2）输入命令。

```
HELP DOUBLE;
```

实现查看双精度数据的取值范围及基本规则，执行结果如图 5-3 所示。

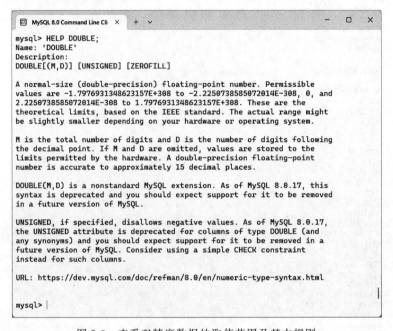

图 5-3　查看双精度数据的取值范围及基本规则

（3）输入命令。

```
HELP DATETIME;
```

实现查看日期时间类型数据的取值范围及基本规则，执行结果如图 5-4 所示。

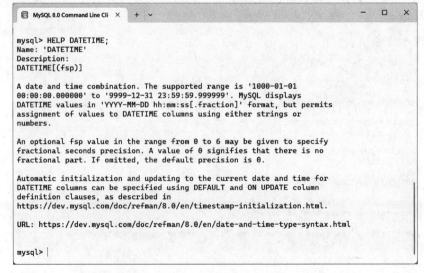

图 5-4　查看日期时间类型数据的取值范围及基本规则

【例 5-3】　创建一个 student 表,包含 xh、xm 和 banji 三个字段,分别设置为 CHAR、CHAR(6)和 VARCHAR(9)类型并区分存储的不同方式。

具体操作步骤如下:

(1) 在图 4-6 的界面中,输入命令。

```
CREATE TABLE student(
    xh CHAR,
    xm CHAR(6),
    banji VARCHAR(9)
    );
```

实现创建一个 student 表,包含 xh、xm 和 banji 三个字段,分别设置为 CHAR、CHAR(6)类型和 VARCHAR(9)类型,执行结果如图 5-5 所示。

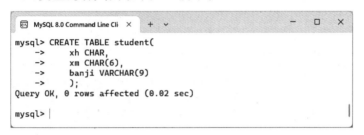

图 5-5　创建 student 表

(2) 输入命令。

```
DESC student;
```

实现查看 student 表的结构信息,执行结果如图 5-6 所示。

```
mysql> DESC student;
+-------+------------+------+-----+---------+-------+
| Field | Type       | Null | Key | Default | Extra |
+-------+------------+------+-----+---------+-------+
| xh    | char(1)    | YES  |     | NULL    |       |
| xm    | char(6)    | YES  |     | NULL    |       |
| banji | varchar(9) | YES  |     | NULL    |       |
+-------+------------+------+-----+---------+-------+
3 rows in set (0.00 sec)

mysql>
```

图 5-6　查看 student 表的结构信息

(3) 依次输入命令。

```
INSERT INTO student VALUES('1','张小','人智 2201 班');
INSERT INTO student VALUES('2','张小小','人工智能 2201 班');
```

实现向 student 表中插入 2 条记录,如图 5-7 所示。

(4) 输入命令。

```
SELECT CHAR_LENGTH(xh),CHAR_LENGTH(xm),CHAR_LENGTH(banji) FROM student;
```

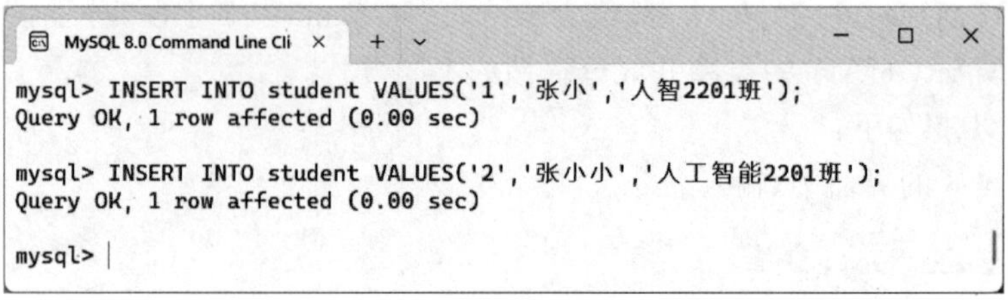

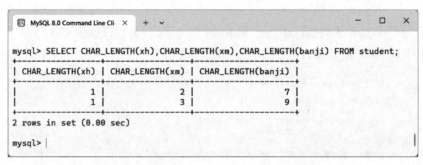

图 5-7　向 student 表添加 2 条记录

实现查看 student 表中各个字段所占长度,执行结果如图 5-8 所示。

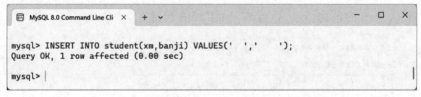

图 5-8　查看 student 表中各个字段所占长度

（5）输入命令。

```
INSERT INTO student(xm,banji) VALUES('','');
```

实现向 student 表中插入一条带空格的记录,执行结果如图 5-9 所示。

图 5-9　向 student 表中插入一条带空格的记录

（6）输入命令。

```
SELECT CHAR_LENGTH(xh),CHAR_LENGTH(xm),CHAR_LENGTH(banji) FROM student;
```

实现查看 student 表现有记录中各个字段所占长度,执行结果如图 5-10 所示。

> 🔔 **微课课堂**
>
> 　CHAR 和 VARCHAR 类型说明:
> 　（1）CHAR(M)类型如果不指定 M,则表示长度默认是 1 个字符。
> 　（2）当 MySQL 检索 CHAR 类型的数据,CHAR 类型的字段会去除尾部的空格而检索 VARCHAR 类型的字段数据时,会保留数据尾部的空格。

　【例 5-4】　创建一个 stu_info 表,包含 xm 和 zzmm 两个字段,其中,zzmm（政治面貌）可选值有"党员""团员""群众"。

　具体操作步骤如下:

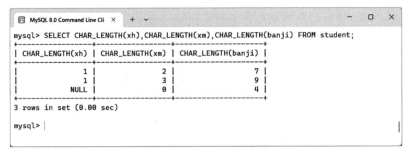

图 5-10　查看 student 表现有记录中各个字段所占长度

（1）在图 4-6 所示的窗口中，输入命令。

```
CREATE TABLE stu_info(
    xm CHAR(6),
    zzmm ENUM('党员','团员','群众')
    );
```

实现创建 stu_info 表，包含 xm 和 zzmm 两个字段，其中 zzmm（政治面貌）设定为枚举类型，其可选值有"党员""团员""群众"，执行结果如图 5-11 所示。

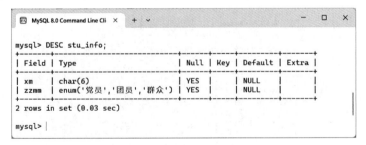

图 5-11　创建 stu_info 表

（2）输入命令。

```
DESC stu_info;
```

实现查看 stu_info 表的结构信息，执行结果如图 5-12 所示。

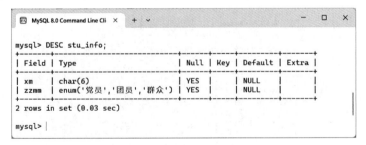

图 5-12　查看 stu_info 表的结构信息

（3）依次输入命令。

```
INSERT INTO stu_info VALUES('王明明',1);
INSERT INTO stu_info VALUES('张小小',2);
INSERT INTO stu_info VALUES('赵媛媛',3);
```

实现向 stu_info 表插入以枚举类型的索引值形式的 3 条记录，执行结果如图 5-13 所示。

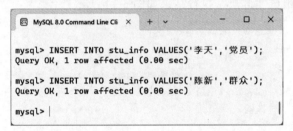

图 5-13　向 stu_info 表插入以枚举类型的索引值形式的 3 条记录

（4）依次输入命令。

```
INSERT INTO stu_info VALUES('李天','党员');
INSERT INTO stu_info VALUES('陈新','群众');
```

实现向 stu_info 表插入以枚举类型具体枚举值的 2 条记录，执行结果如图 5-14 所示。

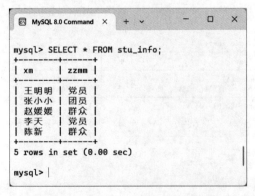

图 5-14　向 stu_info 表插入以枚举类型具体枚举值的 2 条记录

（5）输入命令。

```
SELECT * FROM stu_info;
```

实现查询 stu_info 表的记录信息，执行结果如图 5-15 所示。

```
mysql> SELECT * FROM stu_info;
+--------+------+
| xm     | zzmm |
+--------+------+
| 王明明 | 党员 |
| 张小小 | 团员 |
| 赵媛媛 | 群众 |
| 李天   | 党员 |
| 陈新   | 群众 |
+--------+------+
5 rows in set (0.00 sec)

mysql>
```

图 5-15　查询 stu_info 表的记录信息

【**例 5-5**】　创建一个 xuesheng 表，包含 xm 和 zhiwu 两个字段，其中设置 zhiwu（职务）可选值有"班长""团支书""纪律委员""生活委员""学生会干事""组织部部长""文体部部长"

"学生会主席"。

具体操作步骤如下：

(1) 输入命令。

```
CREATE TABLE xuesheng(xh char(3),
    xm CHAR(6),
    zhiwu SET('班长','团支书','纪律委员','生活委员','学生会干事','组织部部长','文体部部长',
'学生会主席')
    );
```

实现创建 xuesheng 表，包含 xm 和 zhiwu 两个字段，其中设定 zhiwu(职务)为 SET 类型，其可选值有"班长""团支书""纪律委员""生活委员""学生会干事""组织部部长""文体部部长""学生会主席"，执行结果如图 5-16 所示。

```
MySQL 8.0 Command Line Cli

mysql>  CREATE TABLE xuesheng(xh char(3),
    ->      xm char(6),
    ->      zhiwu SET('班长','团支书','纪律委员','生活委员','学生会干事','组织部部长','文体部部长',
'学生会主席')
    ->      );
Query OK, 0 rows affected (0.01 sec)

mysql>
```

图 5-16 创建 xuesheng 表

(2) 输入命令。

```
DESC xuesheng;
```

实现查看 xuesheng 表的结构信息，执行结果如图 5-17 所示。

```
MySQL 8.0 Command Line Cli
mysql> DESC xuesheng;
+-------+---------------------------------------------------------------------------------------+------+-----+-----
----+-------+
| Field | Type
       | Null | Key | Default | Extra |
+-------+---------------------------------------------------------------------------------------+------+-----+-----
----+-------+
| xh    | char(3)
       | YES  |     | NULL    |       |
| xm    | char(6)
       | YES  |     | NULL    |       |
| zhiwu | set('班长','团支书','纪律委员','生活委员','学生会干事','组织部部长','文体部部长','学生会主席') | YES  |     | NULL
    |       |
+-------+---------------------------------------------------------------------------------------+------+-----+-----
----+-------+
3 rows in set (0.00 sec)

mysql>
```

图 5-17 查看 xuesheng 表的结构信息

(3) 依次输入命令。

```
INSERT INTO xuesheng VALUES('001','徐乐','团支书');
INSERT INTO xuesheng VALUES('002','王想','班长,学生会干事');
INSERT INTO xuesheng VALUES('003','张礼峰','班长,团支书,学生会主席');
INSERT INTO xuesheng VALUES('004','陈悦','生活委员,学生会干事,班长');
```

实现向 xuesheng 表中插入 4 条记录，实现不同学生可以有多种不同职务，执行结果如图 5-18 所示。

```
mysql> INSERT INTO xuesheng VALUES('001','徐乐','团支书');
Query OK, 1 row affected (0.00 sec)

mysql> INSERT INTO xuesheng VALUES('002','王想','班长,学生会干事');
Query OK, 1 row affected (0.00 sec)

mysql> INSERT INTO xuesheng VALUES('003','张礼峰','班长,团支书,学生会主席');
Query OK, 1 row affected (0.00 sec)

mysql> INSERT INTO xuesheng VALUES('004','陈悦','生活委员,学生会干事,班长');
Query OK, 1 row affected (0.00 sec)

mysql>
```

图 5-18　向 xuesheng 表中插入 4 条不同职务的记录

（4）依次输入命令。

```
INSERT INTO xuesheng VALUES('005','钱亦','4');
INSERT INTO xuesheng VALUES('006','张芳芳','5');
INSERT INTO xuesheng VALUES('007','韩冬','7');
```

实现向 xuesheng 表中插入 3 条记录，实现利用索引值录入多条不同职务的学生记录，执行结果如图 5-19 所示。

```
mysql> INSERT INTO xuesheng VALUES('005','钱亦','4');
Query OK, 1 row affected (0.00 sec)

mysql> INSERT INTO xuesheng VALUES('006','张芳芳','5');
Query OK, 1 row affected (0.00 sec)

mysql> INSERT INTO xuesheng VALUES('007','韩冬','7');
Query OK, 1 row affected (0.00 sec)

mysql>
```

图 5-19　向 xuesheng 表中利用索引值实现录入多条不同职务的学生记录

（5）输入命令。

```
SELECT * FROM xuesheng;
```

实现查询 xuesheng 表的记录信息，执行结果如图 5-20 所示。

 微课课堂

　SET 类型：

　（1）值中的每个元素都只会出现一次。

　（2）值忽略大小写，在存储时将它们都转换为创建表时定义的大小写。

　（3）与插入时元素的顺序无关，会按照表创建时指定的顺序列出。

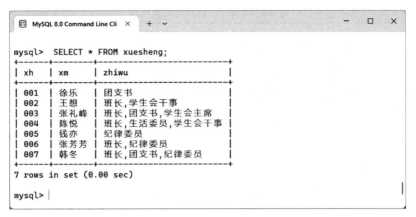

图 5-20　查询 xuesheng 表的记录信息

任务 2　常用函数

视频讲解

【任务描述】

MySQL 包含了大量并且丰富的函数,具体包含有聚合函数、数值型函数、字符串型函数、日期时间函数和流程控制函数等。

【任务要求】

在 MySQL 客户端通过命令创建 score 表,包含 xm、xb、csrq、math、mysql、english、chinese 和 jtdz 字段,输入若干记录后,进行相应操作。

具体操作要求如下:

（1）对 score 表统计 math 科目的总和、mysql 科目的最高分、english 科目的平均分和 chinese 科目的最低分。

（2）对 score 表插入带 NULL、* 值的记录,并统计男、女生人数。

（3）先对 score 表统计男、女生人数及具体人名信息,然后对姓名按照拼音字母排列,从大到小的顺序输出,再对 xm 字段实现去重管理。

（4）显示当前系统的日期和时间,并以各种不同的格式显示输出。

（5）对 score 表实现将 xm、xb、jtdz 字段连接成新的字符串输出,再对其按照空 2 格的方式输出并求其对应字符串的长度,最后对 jtdz 字段截取对应的省份。

（6）先对 score 表增加 age 和 sum_score 字段,然后根据 csrq 字段求每人的 age 值,根据每人的各科成绩求其总和 sum_score,再对 sum_score 进行判断,350 分以上显示优秀,其余为合格。

【相关知识】

1. 聚合函数

MySQL 聚合函数可以实现根据一组数据求出一个值,聚合函数的结果值只根据选定数据行中非 NULL 值进行计算,NULL 值被忽略。MySQL 聚合函数及作用如表 5-8 所示。

表 5-8　MySQL 聚合函数及作用

函 数 名 称	作　用
AVG	计算表中某个字段取值的平均值
COUNT	对于除 * 以外的任何参数,返回所选择集合中非 NULL 值的行的数目 对于参数 * ,则返回所选择集合中所有行的数目,包含 NULL 值的行
GROUP_CONCAT	返回由属于一组的列值连接组合而成的结果
MAX	求出表中某个字段值的最大值
MIN	求出表中某个字段值的最小值
SUM	计算表中某个字段取值的总和

2. 数值型函数

数值型函数主要用于处理包括整型、浮点数等数字类型的数据。MySQL 常用的数值型函数及作用如表 5-9 所示。

表 5-9　MySQL 常用的数值型函数及作用

函 数 名 称	作　用
ABS	绝对值
ACOS	反余弦值,和函数 COS 互为反函数
ASIN	反正弦值,和函数 SIN 互为反函数
ATAN	反正切值,和函数 TAN 互为反函数
CEIL|CEILING	两个函数功能相同,都是返回不小于参数的最小整数,即向上取整
COS	余弦值
COT	余切值
FLOOR	向下取整,返回值转换为一个 BIGINT
POW|POWER	两个函数的功能相同,都是所传参数的次方的结果值
MOD	余数
RAND	生成一个 0~1 的随机数,传入的参数是整数值,则会产生重复序列
ROUND	对所传参数进行四舍五入
SIGN	返回参数的符号
SIN	正弦值
SQRT	二次方根
TAN	正切值

3. 日期时间函数

日期时间函数主要用于对日期和时间数据进行处理。MySQL 常用函数及作用如表 5-10 所示。

表 5-10　MySQL 常用函数及作用

函 数 名 称	作　用
ADDTIME	时间加法运算,在原始时间上添加指定的时间
CURDATE|CURRENT_DATE	两个函数作用相同,返回当前系统的日期值
CURTIME|CURRENT_TIME	两个函数作用相同,返回当前系统的时间值
FROM_UNIXTIME	将 UNIX 时间戳转换为时间格式,和 UNIX_TIMESTAMP 互为反函数
DATEDIFF	获取两个日期之间间隔,返回参数 1 减去参数 2 的值
DATE_ADD|ADDDATE	两个函数功能相同,都是向日期添加指定的时间间隔
DATE_SUB|SUBDATE	两个函数功能相同,都是向日期减去指定的时间间隔

续表

函 数 名 称	作　　用
DAYOFYEAR	获取指定日期是一年中的第几天,返回值范围是 1～366
DATE_FORMAT	格式化指定的日期,根据参数返回指定格式的值
DAYOFWEEK	获取指定日期对应的一周的索引位置值
MONTH	获取指定日期中的月份
MONTHNAME	获取指定日期中的月份英文名称
NOW|SYSDATE	两个函数作用相同,返回当前系统的日期和时间值
SEC_TO_TIME	将秒数转换为时间,和 TIME_TO_SEC 互为反函数
SUBTIME	时间减法运算,在原始时间上减去指定的时间
TIME_TO_SEC	将时间参数转换为秒数
UNIX_TIMESTAMP	获取 UNIX 时间戳函数,返回一个以 UNIX 时间戳为基础的无符号整数
WEEK	获取指定日期是一年中的第几周,返回值的范围为 0～52 或 1～53
WEEKDAY	获取指定日期在一周内的对应的工作日索引
YEAR	获取年份,返回值范围是 1970～2069

日期时间函数在使用时,除了需要借助日期时间函数外,还需要对输出的格式进行区分。MySQL 日期时间函数输出格式及作用如表 5-11 所示。

表 5-11　MySQL 日期时间函数输出格式及作用

格　　式	作　　用
%c	月份(1,2,3,…,12)
%d	日(01,02,03,…,31)
%e	日(1,2,3,…,31)
%h	小时(十二进制)
%j	一年中的天数(001,002,003,…,366)
%i	分钟(00,01,02,…,59)
%m	月份(01,02,03,…,12)
%Y	年,4 位
%y	年,2 位
%s	秒(00,01,02,…,59)
%T	时间,24 小时(hh：mm：ss)
%u	一年中的周数(1,2,3,…,53)
%w	一个星期中的天数(0＝sunday,…,6＝saturday)

4. 字符串类型函数

字符串函数主要用来处理数据表中的字符类型的数据,实现拼接、去空格等。MySQL常用字符串类型函数及作用如表 5-12 所示。

表 5-12　MySQL 常用字符串类型函数及作用

函 数 名 称	作　　用
CONCAT(s1,s2,…,sn)	合并 s1,s2,…,sn 字符串函数,返回结果为连接参数产生的字符串,参数可以是一个或多个
concat_ws(sep,s1,s2,…,sn)	将 s1,s2,…,sn 连接成字符串,并用 sep 字符间隔
LEFT(str,x)	返回字符串 str 中最左边的 x 个字符
LENGTH(str)	计算字符串长度函数,返回字符串的字节数

续表

函 数 名 称	作 用
LOWER(str)	将字符串中的字母转换为小写字母
REPLACE(str1,str2)	字符串替换函数,返回替换后的新字符串
REVERSE(str)	字符串反转(逆序)函数,返回和原始字符串顺序相反的字符串
RIGHT(str,x)	返回字符串 str 中最右边的 x 个字符
SUBSTRING(str,start,len)	截取字符串,返回从指定位置开始的指定长度的字符串
strcmp(s1,s2)	比较字符串 s1 和 s2 是否相同,若相同则返回 0,否则返回 -1
TRIM(str)	删除字符串左右两侧的空格
UPPER(str)	将字符串中的字母转换为大写

5. 流程控制函数

MySQL 流程控制函数及作用如表 5-13 所示。

表 5-13　MySQL 流程控制函数及作用

函 数 名 称	作 用
IF(test,t,f)	如果 test 是真,则返回 t,否则返回 f
IFNULL(arg1,arg2)	如果 arg1 不是空,则返回 arg1,否则返回 arg2
NULLIF(arg1,arg2)	如果 arg1=arg2 则返回 null,否则返回 arg1
(1) 搜索 CASE WHEN 格式。 CASE WHEN <求值表达式 1> THEN <表达式 1> WHEN <求值表达式 2> THEN <表达式 2> ELSE <表达式> END (2) 简单 CASE 表达式格式。 CASE <表达式> WHEN <表达式 1> THEN <表达式 2> WHEN <表达式 3> THEN <表达式 4> ELSE <表达式 5> END	两种格式使用功能相同,根据求值表达式找到对应的入口,然后执行 THEN 后面的表达式

【任务实现】

【例 5-6】 在 MySQL 客户端通过命令创建 score 表,包含 xm、xb、csrq、math、mysql、english、chinese 和 jtdz 字段。输入记录后,对 score 表统计 math 科目的总和、mysql 科目的最高分、english 科目的平均分和 chinese 科目的最低分。

具体操作步骤如下:

(1) 输入命令。

```
CREATE TABLE score(xm CHAR(6),
xb CHAR(2),csrq DATE,
math FLOAT,mysql FLOAT,
english FLOAT,chinese FLOAT,
jtdz VARCHAR(30)
);
```

实现创建 score 表，包含 xm、xb、csrq、math、mysql、english、chinese 和 jtdz 字段，执行结果如图 5-21 所示。

图 5-21　创建 score 表

（2）依次输入命令。

```
INSERT INTO score VALUES('王明明','男','2002-1-5',60,77,83,90,'重庆市九龙坡区');
INSERT INTO score VALUES('张小小','女','2002-11-6',84,87,73,93,'四川省成都市');
INSERT INTO score VALUES('赵媛媛','女','2001-12-5',86,78,83,86,'重庆市万州区');
INSERT INTO score VALUES('赵媛媛','女','2002-6-2',83,85,88,86,'重庆市沙坪坝区');
INSERT INTO score VALUES('李天','男','2002-8-8',76,68,83,76,'重庆市北碚区');
INSERT INTO score VALUES('陈新','女','2002-6-9',86,88,89,96,'陕西省延安市');
```

实现对 score 表输入多条记录，执行结果如图 5-22 所示。

图 5-22　对 score 表输入多条记录

（3）输入命令。

```
SELECT COUNT( * ),SUM(math),MAX(mysql),AVG(english),MIN(chinese) FROM score;
```

实现对 score 表统计 math 科目的总和、mysql 科目的最高分、english 科目的平均分和 chinese 科目的最低分，执行结果如图 5-23 所示。

【例 5-7】　对 score 表插入带 NULL、* 值的记录，并统计男、女生人数。

具体操作步骤如下：

```
MySQL 8.0 Command Line Cli  ×   + ∨                                    —   □   ×
mysql> SELECT COUNT(*),SUM(math),MAX(mysql),AVG(english),MIN(chinese) FROM score;
+----------+-----------+------------+-------------------+--------------+
| COUNT(*) | SUM(math) | MAX(mysql) | AVG(english)      | MIN(chinese) |
+----------+-----------+------------+-------------------+--------------+
|        6 |       475 |         88 | 83.16666666666667 |           76 |
+----------+-----------+------------+-------------------+--------------+
1 row in set (0.00 sec)

mysql>
```

图 5-23　对 score 表进行统计计算

（1）依次输入命令。

```
INSERT INTO score VALUES(NULL,'男','2002 - 4 - 4',66,77,88,99,'重庆市长寿区');
INSERT INTO score VALUES(' * ','女','2002 - 6 - 6',99,88,77,66,'重庆市长寿区');
```

实现对 score 表的 xm 字段插入带 NULL、* 的记录，如图 5-24 所示。

```
MySQL 8.0 Command Line Cli  ×   + ∨                                    —   □   ×
mysql> INSERT INTO score VALUES(NULL,'男','2002-4-4',66,77,88,99,'重庆市长寿区');
Query OK, 1 row affected (0.00 sec)

mysql> INSERT INTO score VALUES('*','女','2002-6-6',99,88,77,66,'重庆市长寿区');
Query OK, 1 row affected (0.00 sec)

mysql>
```

图 5-24　对 score 表的 xm 字段插入带 NULL、* 的记录

（2）输入命令。

```
SELECT xb,COUNT(XM) FROM SCORE GROUP BY xb;
```

实现对 score 表统计男、女生人数，执行结果如图 5-25 所示。

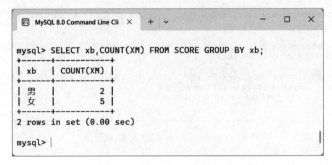

```
MySQL 8.0 Command Line Cli  ×   + ∨                    —   □   ×
mysql> SELECT xb,COUNT(XM) FROM SCORE GROUP BY xb;
+------+-----------+
| xb   | COUNT(XM) |
+------+-----------+
| 男   |         2 |
| 女   |         5 |
+------+-----------+
2 rows in set (0.00 sec)

mysql>
```

图 5-25　对 score 表统计男、女生人数

> **微课课堂**
>
> 聚合函数 COUNT()：
>
> （1）对于 * 值的行，COUNT()会统计；
>
> （2）对于 NULL 值的行，COUNT()不统计。

【例 5-8】　先对 score 表统计男、女生人数及具体人名信息，然后对姓名按照拼音字母

排列,从大到小的顺序输出,再对 xm 字段实现去重管理。

具体操作步骤如下:

(1)依次输入命令。

```
SELECT xb,GROUP_CONCAT(xm) FROM score GROUP BY xb;
```

实现对 score 表统计男、女生人数及具体人名,执行结果如图 5-26 所示。

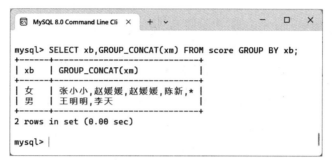

图 5-26 对 score 表统计男、女生人数及具体人名

(2)输入命令。

```
SELECT xb,GROUP_CONCAT(xm ORDER BY xm DESC) FROM score GROUP BY xb;
```

实现对 score 表对姓名按照拼音字母排列,从大到小的顺序输出,执行结果如图 5-27 所示。

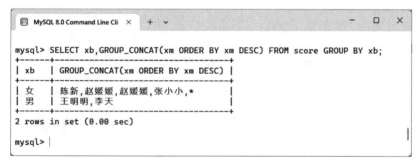

图 5-27 对 score 表对姓名按照拼音字母排列,从大到小的顺序输出

(3)输入命令。

```
SELECT xb,GROUP_CONCAT(DISTINCT xm) FROM score GROUP BY xb;
```

实现对 xm 字段去重管理,如图 5-28 所示。

【例 5-9】 显示当前系统的日期和时间,并以各种不同的格式显示输出。

具体操作步骤如下:

(1)输入命令。

```
SELECT NOW();
```

实现显示当前系统的日期和时间,执行结果如图 5-29 所示。

```
MySQL 8.0 Command Line Cli    ×    +   ∨                    —    □    ×

mysql> SELECT xb,GROUP_CONCAT(DISTINCT xm) FROM score GROUP BY xb;
+------+---------------------------+
| xb   | GROUP_CONCAT(DISTINCT xm) |
+------+---------------------------+
| 女   | *,张小小,赵媛媛,陈新         |
| 男   | 李天,王明明                 |
+------+---------------------------+
2 rows in set (0.00 sec)

mysql>
```

图 5-28　对 score 表实现 xm 字段去重

```
MySQL 8.0 Command    ×    +   ∨          —    □    ×

mysql> SELECT NOW();
+---------------------+
| NOW()               |
+---------------------+
| 2023-04-07 19:12:27 |
+---------------------+
1 row in set (0.00 sec)

mysql>
```

图 5-29　显示当前系统的日期和时间

（2）输入命令。

```
SELECT DATE_FORMAT(NOW(),'%y,%m,%d');
```

实现年份以 2 位数字表示，并以逗号方式隔开显示当前系统的日期，执行结果如图 5-30 所示。

```
MySQL 8.0 Command Line Cli    ×    +   ∨          —    □    ×

mysql> SELECT DATE_FORMAT(NOW(),'%y,%m,%d');
+-------------------------------+
| DATE_FORMAT(NOW(),'%y,%m,%d') |
+-------------------------------+
| 23,04,07                      |
+-------------------------------+
1 row in set (0.00 sec)

mysql>
```

图 5-30　年份以 2 位数字并以逗号方式隔开的系统日期

（3）输入命令。

```
SELECT DATE_FORMAT(NOW(),'%c,%j,%b,%M,%a,%u');
```

实现查询显示当前的数字月份、一年中的第几天、缩写的月份名字、缩写的星期名字以及一年中的周数，执行结果如图 5-31 所示。

【例 5-10】　对 score 表实现将 xm、xb、jtdz 字段连接成新的字符串输出，再对其按照空 2 格的方式输出并求其对应字符串的长度，最后对 jtdz 字段截取对应的省份。

具体操作步骤如下：

（1）输入命令。

```
SELECT CONCAT(xm,xb,jtdz) FROM score;
```

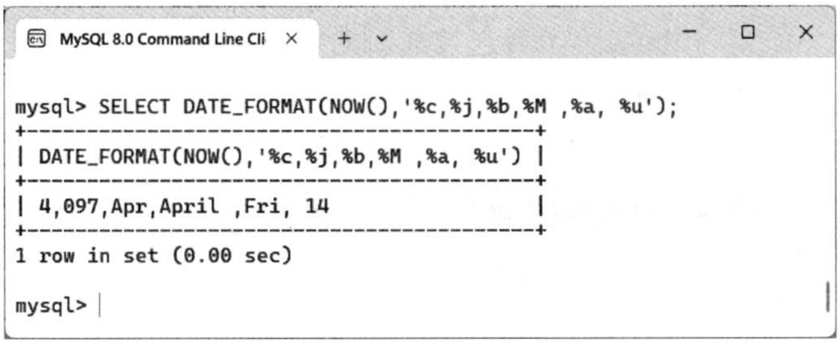

图 5-31 以指定格式查询显示当前系统的日期和时间

实现对 score 表中 xm、xb、jtdz 字段实现连接成新的字符串输出，执行结果如图 5-32 所示。

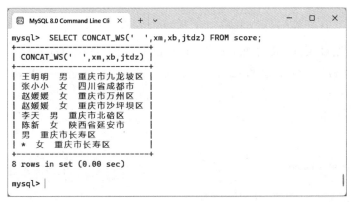

图 5-32 实现对 score 表中 xm、xb、jtdz 字段实现连接成新的字符串输出

（2）输入命令。

```
SELECT CONCAT_WS(' ',xm,xb,jtdz) FROM score;
```

实现对 score 表中 xm、xb、jtdz 字段实现连接成新的字符串，对其按照空 2 格的方式输出，执行结果如图 5-33 所示。

图 5-33 实现对 score 表中 xm、xb、jtdz 字段连接并按照空 2 格的方式输出

（3）输入命令。

```
SELECT LENGTH(CONCAT_WS(' ',xm,xb,jtdz)) FROM score;
```

实现对 score 表中 xm、xb、jtdz 字段实现连接成新的字符串，对其按照空 2 格的方式输出并求其长度，执行结果如图 5-34 所示。

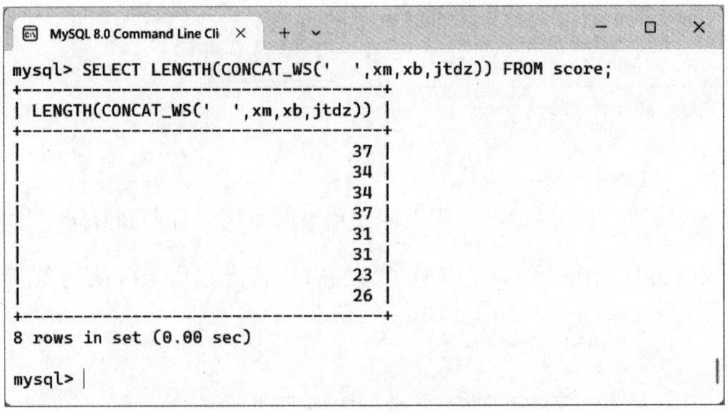

图 5-34　实现对 score 表按照空 2 格的方式对 xm、xb、jtdz 字段连接并求其长度

（4）输入命令。

```
SELECT SUBSTR(jtdz,1,3) FROM score;
```

实现对 score 表 jtdz 字段截取省份，执行结果如图 5-35 所示。

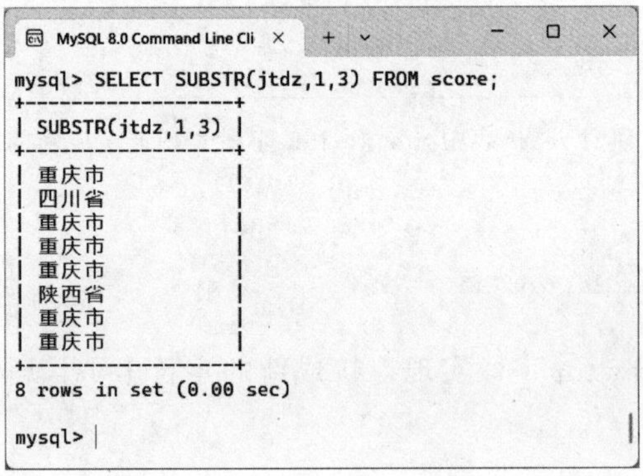

图 5-35　实现对 score 表 jtdz 字段截取对应的省份

【例 5-11】　先对 score 表增加 age 和 sum_score 字段，然后根据 csrq 字段求每人的 age 值，根据每人的各科成绩求其总和 sum_score，再对 sum_score 进行判断，350 分以上显示优秀，其余为合格等级。

具体操作步骤如下：

（1）输入命令。

```
ALTER TABLE score ADD age INT;
```

实现对 score 表增加 age 字段，执行结果如图 5-36 所示。

（2）输入命令。

```
UPDATE score SET age = (DATE_FORMAT(NOW(),'%Y') - DATE_FORMAT(csrq,'%Y'));
```

实现根据 csrq 字段求每人的 age 值，执行结果如图 5-37 所示。

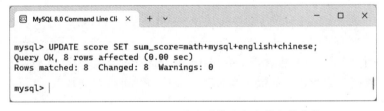

图 5-36　实现对 score 表增加 age 字段

```
mysql>  UPDATE score SET age=(DATE_FORMAT(NOW(),'%Y')-DATE_FORMAT(csrq,'%Y'));
Query OK, 8 rows affected (0.01 sec)
Rows matched: 8  Changed: 8  Warnings: 0

mysql>
```

图 5-37　根据 csrq 字段求每人的 age 值

（3）输入命令。

```
ALTER TABLE score ADD sum_score FLOAT;
```

实现对 score 表增加 sum_score 字段，执行结果如图 5-38 所示。

```
mysql> ALTER TABLE score ADD  sum_score FLOAT;
Query OK, 0 rows affected (0.02 sec)
Records: 0  Duplicates: 0  Warnings: 0

mysql>
```

图 5-38　对 score 表增加 sum_score 字段

（4）输入命令。

```
UPDATE score SET sum_score = math + mysql + english + chinese;
```

实现对 sum_score 字段计算出每人的各科总分，执行结果如图 5-39 所示。

```
mysql> UPDATE score SET sum_score=math+mysql+english+chinese;
Query OK, 8 rows affected (0.00 sec)
Rows matched: 8  Changed: 8  Warnings: 0

mysql>
```

图 5-39　对 sum_score 字段计算出每人的各科总分

（5）输入命令。

```
SELECT * FROM score;
```

查询显示 score 表中所有信息，执行结果如图 5-40 所示。

（6）输入命令。

```
SELECT xm,sum_score,IF(sum_score > 350,'优秀','合格') FROM score;
```

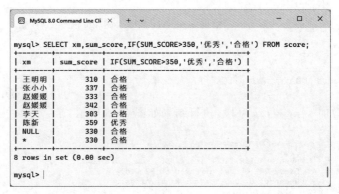

图 5-40　查询显示 score 表中所有信息

实现对 score 表中的 sum_score 字段评定等级，执行结果如图 5-41 所示。

```
MySQL 8.0 Command Line Cli    ×    +    ∨                                    –    □    ×

mysql> SELECT xm,sum_score,IF(SUM_SCORE>350,'优秀','合格') FROM score;
+-----------+-----------+---------------------------------+
| xm        | sum_score | IF(SUM_SCORE>350,'优秀','合格')  |
+-----------+-----------+---------------------------------+
| 王明明    |       310 | 合格                            |
| 张小小    |       337 | 合格                            |
| 赵媛媛    |       333 | 合格                            |
| 赵媛媛    |       342 | 合格                            |
| 李天      |       303 | 合格                            |
| 陈新      |       359 | 优秀                            |
| NULL      |       330 | 合格                            |
| *         |       330 | 合格                            |
+-----------+-----------+---------------------------------+
8 rows in set (0.00 sec)

mysql>
```

图 5-41　对 score 表中的 sum_score 字段评定等级

实训巩固

1. 在 MySQL 客户端查看各种不同的数据类型的取值范围。

_____

_____

_____

2. 创建一个 teacher 表，包含 th、xm、csrq 和 zhicheng 4 个字段，其中设置 zhicheng（职称）可选值有"教授""副教授""高级工程师""一级技师""讲师""助教"。

_____

_____

_____

3. 向 teacher 表输入 10 条学生记录。

_____

_____

_____

4. 对 teacher 表统计男、女生人数。

_____

_____

_____

5. 对 teacher 表统计男、女生人数及具体人名信息。

_____

_____

_____

6. 将 teacher 表对 th 字段按照从大到小的顺序输出，再对 xm 字段实现去重管理。

_____

_____

_____

知识拓展

SET 类型的值可以取列表中的一个元素或多个元素的组合。取多个元素时，不同元素之间用逗号隔开。

1. SET 类型特征

SET 类型的值最多只能是由 64 个元素构成的组合，根据成员的不同，存储也有所不同：

1～8 成员的集合，占 1 字节。

9～16 成员的集合，占 2 字节。

17～24 成员的集合，占 3 字节。

25～32 成员的集合，占 4 字节。

33～64 成员的集合，占 8 字节。

同 ENUM 类型一样，列表中的每个值都有一个顺序排列的编号。MySQL 中存入的是这个编号，而不是列表中的值。

2. SET 类型元素值录入

插入记录时，可以使用 SET 类型中的值，也可以用索引值的方式，并且 SET 字段中的元素顺序无关紧要。记录存入 MySQL 数据库后，数据库系统会自动按照定义时的顺序显示。如果插入的成员中有重复，则只存储一次。

3. SET 类型索引值录入

当对 SET 类型利用索引值录入时，系统将按照二进制的方式，从右向左依次对应。

SET 类型：低位(右) → 高位(左)。

例如，在例 5-5 中 xuesheng 表中 zhiwu 字段，SET('班长','团支书','纪律委员','生活委员','学生会干事','组织部部长','文体部部长','学生会主席')则：

（1）当插入索引值 4 时，对应的数值位为 00000100。当插入索引值 4 时，zhiwu 字段的描述信息如表 5-14 所示。

表 5-14　插入索引值 4 时，zhiwu 字段的描述信息

班长	团支书	纪律委员	生活委员	学生会干事	组织部部长	文体部部长	学生会主席
0	0	1	0	0	0	0	0

因此，插入的是"纪律委员"。

（2）当插入索引值 5 时，依次对应的数值位为 00000101。当插入索引值 5 时，zhiwu 字段的描述信息如表 5-15 所示。

表 5-15　插入索引值 5 时，zhiwu 字段的描述信息

班长	团支书	纪律委员	生活委员	学生会干事	组织部部长	文体部部长	学生会主席
1	0	1	0	0	0	0	0

因此，插入的是"班长，纪律委员"。

（3）当插入索引值 7 时，对应的数值位为 00000111。当插入索引值 7 时，zhiwu 字段的描述信息如表 5-16 所示。

表 5-16　插入索引值 5 时，zhiwu 字段的描述信息

班长	团支书	纪律委员	生活委员	学生会干事	组织部部长	文体部部长	学生会主席
1	1	1	0	0	0	0	0

因此，插入的是"班长，团支书，纪律委员"。

课后习题

一、选择题

1. 查看 MySQL 数据库支持的所有的数据类型所需要的命令为（　　）。
   A. HELP DATA TYPES;　　　　　　B. HELP INT;
   C. HELP DATA;　　　　　　　　　D. 以上都不正确

2. MySQL 中查看双精度类型的取值范围所使用的命令为（　　）。
   A. HELP INT;　　　　　　　　　　B. HELP FLOAT;
   C. HELP DOUBLE;　　　　　　　　D. HELP TINYINT;

3. MySQL 中枚举类型的关键字是（　　）。
   A. SET　　　　　B. ENUM　　　　C. meiju　　　　D. 以上都不正确

4. （　　）函数可以实现对类别统计并详细显示每个类别所包含的具体信息。
   A. GROUP_CONCAT()　　　　　　B. GROUP()
   C. GROUP_BY()　　　　　　　　　D. 以上都不是

5. MySQL 中对字段实现去重的关键字是（　　）。
   A. ORDER　　　　B. GROUP　　　　C. DISTINCT　　　D. SELECT

二、填空题

1. MySQL 的整数类型有 5 种，分别是＿＿＿＿＿、小整型（SMALLINT）、＿＿＿＿＿、普

通整型(INT | INTEGER)和大整型(BIGINT)。

2. MySQL 包含了大量并且丰富的函数,具体包含有_____、数值型函数、字符串型函数、_____和流程控制函数等。

3. 实现表中对姓名、性别字段按照以逗号格式隔开的方式实现连接的函数是_____。

4. 查询显示系统的日期并以一年中的第几天以及星期几所对应的函数是_____。

5. 实现对表中数据统计计数对应的函数是_____。

三、简答题

1. 简述 MySQL 包含几类数据类型,分别有哪些。

2. 简述 MySQL 包含几类常用函数,分别有哪些。

3. 简述 MySQL 中 ENUM 和 SET 类型的相同点和不同点。

4. 简述 MySQL 中使用聚合函数时的注意事项。

5. 简述 MySQL 日期时间函数中的输出格式及作用。

项目6 创建和管理表

 学习目标

(1) 了解表的基本概念及结构信息。

(2) 熟练掌握创建表、修改表的操作命令。

(3) 熟练应用图形化工具创建表、修改表的不同操作方式。

(4) 理解并掌握数据完整性约束及结合实际需要有针对性地选择约束。

 匠人匠心

(1) 学习并理解二维表的基本概念，引导同学间互相帮助，团结友爱，懂得"相辅相成"的道理。

(2) 熟练掌握创建表、修改表的基本操作，引导学生为了方便日后追踪溯源对表进行维护，学会不定时保存成.sql类型的文件，使学生懂得"实践出真知"的道理。

(3) 学习数据完整性约束，使学生理解事物间的联系是普遍存在的，培养学生的团结协作能力，努力实现合作共赢，最终达成良好的人际关系。

(4) 为保证数据库中数据的准确性和一致性进而对表设置各种不同的约束，引导学生"尊法、守法"，做一名遵纪守法的优秀青年。

视频讲解

任务1 创建表

【任务描述】

MySQL数据库中的数据在逻辑上被组织成一系列数据库对象，包括表、约束、视图、索引、存储过程等。其中，表是本任务需要学习的数据库对象。

【任务要求】

创建表可以利用MySQL Command Line Client通过命令的方式创建，也可以借助图形化工具利用鼠标的方式创建。

具体操作要求如下：

(1) 利用MySQL Command Line Client通过命令的方式创建student表。

(2) 利用图形化工具SQLyog通过SQL语句创建teacher表和score表。

(3) 利用图形化工具SQLyog通过鼠标创建kecheng表和select_kecheng表。

【相关知识】

1. 表

表是数据存储的最常见和最简单的形式,是构成关系数据库的基本元素。表是由若干行和若干列组成的二维表。创建的表必须存储在数据库中,在此介绍的创建表都要求保存在项目4介绍的 stuimfo 数据库中。

2. 记录

表中的行被称为记录,记录也被称为一行数据,是表中的一行信息。在关系数据库的表中,一行数据是指一条完整的记录。

3. 字段

表中的列被称为字段,一个字段是表中的一列,用于保存每条记录的特定信息。

4. 创建表的 SQL 语句

创建表的 SQL 语句,其具体的语法格式如下:

```
CREATE TABLE [IF NOT EXISTS] <表名> ([表定义选项])[表选项][分区选项];
```

其中,[表定义选项]的格式为:

```
<列名 1> <类型 1> [, …] <列名 n> <类型 n>
```

> **微课课堂**
>
> 创建表:
>
> (1) 表定义选项中可以包含多列,列和列之间用逗号分隔。
>
> (2) 可以为表指定存储引擎。如果没有明确声明存储引擎,MySQL 将默认使用 InnoDB。

5. 向表中插入记录 SQL 语句

向表中插入记录可以用两种 SQL 语句格式表示。

(1) INSERT…VALUES 格式,其具体的语法格式如下:

```
INSERT INTO 表名 [(列名 1,列名 2,列名 3, … )]VALUES(数值 1,数值 2,数值 3, … )
```

(2) INSERT…SET 格式,其具体的语法格式如下:

```
INSERT INTO 表名 SET 列名 = 值,列名 1 = 值 1,列名 2 = 值 2, …
```

> **微课课堂**
>
> 插入表记录:
>
> (1) INSERT…VALUES 格式:如果向表中所有的列插入数据,可以省略列名,直接采用 INSERT 表名 VALUES(值…)且插入数据值的顺序要和列的顺序相对应,并且 VALUES 可以简化为前 4 个字母。
>
> (2) INSERT…SET 格式:给表中需要的某些被指定的列插入值,=(等号)前面是列名,等号后面为指定列的值。

6. student 表

在 stuimfo 数据库中创建 student 表，其表的结构信息如表 6-1 所示。

表 6-1　student 表的结构信息

字　段　名	字段类型及宽度	约　　束	备　　注
stu_id	int	主键	学生学号
stu_name	varchar(10)		学生姓名
sex	char(2)		学生性别
csrq	date		出生日期
familyaddress	varchar(20)		家庭住址
college	varchar(20)		所在学院
class	varchar(20)		所在班级

7. score 表

在 stuimfo 数据库中创建 score 表，其表的结构信息如表 6-2 所示。

表 6-2　score 表的结构信息

字　段　名	字段类型及宽度	约　　束	备　　注
stu_id	int	主键	学生学号
ke_id	char(7)	主键	课程编号
chengji	float		成绩

8. teacher 表

在 stuimfo 数据库中创建 teacher 表，其表的结构信息如表 6-3 所示。

表 6-3　teacher 表的结构信息

字　段　名	字段类型及宽度	约　　束	备　　注
t_id	char(8)	主键	教师编号
t_name	varchar(10)		教师姓名
t_sex	char(2)		教师性别
t_age	tinyint		教师年龄
t_zhicheng	char(10)		教师职称
t_kemu	varchar(10)		教师所教科目

9. kecheng 表

在 stuimfo 数据库中创建 kecheng 表，其表的结构信息如表 6-4 所示。

表 6-4　kecheng 表的结构信息

字　段　名	字段类型及宽度	约　　束	备　　注
ke_id	int	主键	课程编号
ke_name	varchar(10)		课程名称
ke_xuefen	tinyint		课程学分
t_id	char(8)	主键	教师编号

10. select_kecheng 表

在 stuimfo 数据库中创建 select_kecheng 表，其表的结构信息如表 6-5 所示。

表 6-5 select_kecheng 表的结构信息

字 段 名	字段类型及宽度	约 束	备 注
select_id	int		选课编号
stu_id	int	主键	学生学号
ke_id	int	主键	课程编号

【任务实现】

【例 6-1】 利用 MySQL Command Line Client 通过命令的方式创建 student 表。

具体操作步骤如下：

（1）打开 MySQL Command Line Client，在光标闪动的位置输入安装时设置的密码 "123456"。

（2）系统进入 MySQL 的命令行客户端（Command Line Client）工作界面。

（3）在图 4-6 所示的光标闪动的位置输入命令。

```
USE stuimfo;
```

实现打开 stuimfo 数据库，执行结果如图 6-1 所示。

图 6-1 打开 stuimfo 数据库

（4）输入命令。

```
CREATE TABLE student (
    stu_id INT NOT NULL PRIMARY KEY COMMENT '学生编号',
    stu_name VARCHAR(10) COMMENT '学生姓名',
    sex CHAR(2) COMMENT '学生性别',
    csrq DATE COMMENT '出生日期',
    familyaddress VARCHAR(20) COMMENT '家庭住址',
    college VARCHAR(20) COMMENT '所在班级',
    class VARCHAR(20) COMMENT '所在班级'
);
```

实现创建 student 表，执行结果如图 6-2 所示。

（5）输入命令。

```
INSERT INTO student(stu_id,stu_name, sex,csrq,familyaddress,college,class)
VALUES (2111001,'张小天','男','2002-05-06','重庆市北碚区','大数据学院','大数据技术'),
(2111002,'陈冠','女','2003-08-09','四川省成都市','大数据学院','大数据技术'),(2111003,'王
福贵','男','2001-11-09','贵州省贵阳市','大数据学院','大数据技术'),(2111004,'张乐','女',
'2003-05-06','重庆市九龙坡区','大数据学院','大数据技术'),(2111005,'李天旺','男','2002-06
-07','重庆市长寿区','大数据学院','大数据技术'),(2112001,'刘军礼','男','2002-11-08','重庆
市永川区','大数据学院','人工智能'),(2112002,'杨曼曼','女','2003-06-06','重庆市沙坪坝区',
'大数据学院','人工智能');
```

图 6-2　创建 student 表

实现向 student 表输入多条记录，执行结果如图 6-3 所示。

图 6-3　利用 INSERT…VALUES 格式插入多条记录

（6）依次输入命令。

```
INSERT INTO student set stu_id = 2112003,stu_name = '陈师斌', sex = '男',csrq = '2002 - 08 - 06',
familyaddress = '四川省绵阳市',college = '大数据学院',class = '人工智能';
INSERT INTO student set stu_id = 2112004,stu_name = '梁爽', sex = '女',csrq = '2002 - 06 - 07',
familyaddress = '重庆市丰都县',college = '大数据学院',class = '人工智能';
INSERT INTO student set stu_id = 2112005,stu_name = '赵小丽', sex = '女',csrq = '2002 - 03 - 06',
familyaddress = '贵州省遵义市',college = '大数据学院',class = '人工智能';
INSERT INTO student set stu_id = 2121001,stu_name = '王芳芳', sex = '女',csrq = '2002 - 05 - 08',
familyaddress = '重庆市长寿区',college = '建筑工程学院',class = '土木工程';
INSERT INTO student set stu_id = 2121002,stu_name = '贾增福', sex = '男',csrq = '2002 - 08 - 05',
familyaddress = '建筑工程学院',college = '重庆市永川区',class = '土木工程';
INSERT INTO student set stu_id = 2121003,stu_name = '曾月明', sex = '男',csrq = '2002 - 08 - 03',
familyaddress = '四川省成都市',college = '建筑工程学院',class = '土木工程';
INSERT INTO student set stu_id = 2122001,stu_name = '吴辉', sex = '男',csrq = '2001 - 05 - 04',
familyaddress = '湖北省武汉市',college = '建筑工程学院',class = '给排水工程';
INSERT INTO student set stu_id = 2122002,stu_name = '王刚', sex = '男',csrq = '2002 - 04 - 05',
familyaddress = '重庆市武隆区',college = '建筑工程学院',class = '给排水工程';
INSERT INTO student set stu_id = 2131001,stu_name = '杨丽丽', sex = '女',csrq = '2003 - 06 - 03',
familyaddress = '湖北省黄石市',college = '财经学院',class = '大数据会计';
INSERT INTO student set stu_id = 2131002,stu_name = '张笑笑', sex = '女',csrq = '2002 - 11 - 12',
familyaddress = '重庆市大渡口区',college = '财经学院',class = '大数据会计';
```

实现利用 INSERT…SET 格式输入多条记录，执行结果部分截图如图 6-4 所示。

```
MySQL 8.0 Command Line Cli  ×   +  ∨                              —   □   ×

Query OK, 1 row affected (0.00 sec)

mysql> INSERT INTO student set stu_id=2112005,stu_name='赵小丽', sex='女',csrq='2002-
03-06',familyaddress='贵州省遵义市',college='大数据学院',class='人工智能';
Query OK, 1 row affected (0.00 sec)

mysql> INSERT INTO student set stu_id=2121001,stu_name='王芳芳', sex='女',csrq='2002-
05-08',familyaddress='重庆市长寿区',college='建筑工程学院',class='土木工程';
Query OK, 1 row affected (0.00 sec)

mysql> INSERT INTO student set stu_id=2121002,stu_name='贾增福', sex='男',csrq='2002-
08-05',familyaddress='建筑工程学院',college='重庆市永川区',class='土木工程';
Query OK, 1 row affected (0.00 sec)

mysql> INSERT INTO student set stu_id=2121003,stu_name='曾月明', sex='男',csrq='2002-
08-03',familyaddress='四川省成都市',college='建筑工程学院',class='土木工程';
Query OK, 1 row affected (0.00 sec)

mysql> INSERT INTO student set stu_id=2122001,stu_name='吴辉', sex='男',csrq='2001-05
-04',familyaddress='湖北省武汉市',college='建筑工程学院',class='给排水工程';
Query OK, 1 row affected (0.00 sec)

mysql> INSERT INTO student set stu_id=2122002,stu_name='王刚', sex='男',csrq='2002-04
-05',familyaddress='重庆市武隆区',college='建筑工程学院',class='给排水工程';
Query OK, 1 row affected (0.00 sec)

mysql> INSERT INTO student set stu_id=2131001,stu_name='杨丽丽', sex='女',csrq='2003-
06-03',familyaddress='湖北省黄石市',college='财经学院',class='大数据会计';
Query OK, 1 row affected (0.00 sec)
```

图 6-4　利用 INSERT…SET 格式插入多条记录的部分截图

【例 6-2】　利用图形化工具 SQLyog 通过 SQL 语句创建 teacher 表和 score 表。

具体操作步骤如下：

（1）打开图形化工具 SQLyog，并连接服务器。

（2）在左侧目录树中选择 stuimfo 数据库，在右侧的 Query 1 窗口中输入命令。

```
CREATE TABLE teacher (
t_id CHAR(8) NOT NULL PRIMARY KEY COMMENT '教师学号',
t_name VARCHAR(10) COMMENT '教师姓名',
t_sex CHAR(2) COMMENT '教师性别',
t_age TINYINT COMMENT '教师年龄',
t_zhicheng CHAR(10) COMMENT '教师职称',
t_kemu VARCHAR(10) COMMENT '教师所教科目');
```

实现创建 teacher 表，执行结果如图 6-5 所示。

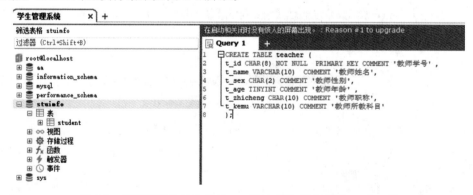

图 6-5　利用图形化工具 SQLyog 通过 SQL 语句创建 teacher 表

（3）单击工具栏中的按钮 ，系统运行 SQL 语句，执行结果如图 6-6 所示。

```
Query 1    +
1  ⊟CREATE TABLE teacher (
2    t_id CHAR(8) NOT NULL  PRIMARY KEY COMMENT '教师学号',
3    t_name VARCHAR(10)  COMMENT '教师姓名',
4    t_sex CHAR(2) COMMENT '教师性别',
5    t_age TINYINT COMMENT '教师年龄',
6    t_zhicheng CHAR(10) COMMENT '教师职称',
7    t_kemu VARCHAR(10) COMMENT '教师所教科目'
8    );
```

```
ⓘ 1 信息
1 queries executed, 1 success, 0 errors, 0 warnings

查询: CREATE TABLE teacher ( t_id CHAR(8) NOT NULL PRIMARY KEY COMMENT '教师学号', t_name VARCHAR(10) COMMENT '教师姓名', t_s...

共 0 行受到影响

执行耗时   : 0.013 sec
传送时间   : 0 sec
总耗时     : 0.014 sec
```

图 6-6　创建 teacher 表成功

（4）再在 Query 1 窗口中输入命令。

```
INSERT INTO teacher VALUES('20180101','陈平平','女',42,'教授','Python'),
('20180105','徐伟','男',45,'教授','建筑基础'),('20180106','张保','男',30,'讲师','MySQL'),
('20180107','杨彦飞','男',30,'讲师','岩土工程'),('20180109','崔小奇','女',36,'讲师','英语'),
('20180110','赵桂香','女',46,'教授','大数据会计'),
('20180111','陈超越','女',42,'副教授','会计电算化'),('20190101','王小波','男',40,'副教授',
'C 语言'),('20190102','张伟','男',44,'教授','高等数学'),('20190103','徐建斌','男',42,'教授',
'MySQL'),('20190108','田甜','女',34,'讲师','绘画基础'),('20190109','唐爽','女',43,'高级工程师',
'岩土工程'),('20200102','赵旭','女',30,'讲师','大数据基础'),('20200103','赵磊','男',36,'工程
师','3DMax');
```

实现向 teacher 表插入多条记录，执行结果如图 6-7 所示。

```
学生管理系统    x  +
筛选表格 stuinfo          查询探查器据击在执行每一个查询阶段时花费的精确时间：Reason #56 to upgrade
过滤器 (Ctrl+Shift+B)      Query 1    +
🗄 root@localhost         1   INSERT INTO teacher VALUES('20180101','陈平平','女',42,'教授','Python'),
⊞ 🗄 information_schema     2   ('20180105','徐伟','男',45,'教授','建筑基础'),
⊞ 🗄 mysql                 3   ('20180106','张保','男',30,'讲师','MySQL'),
⊞ 🗄 performance_schema     4   ('20180107','杨彦飞','男',30,'讲师','岩土工程'),
⊞ 🗄 sakila                5   ('20180109','崔小奇','女',36,'讲师','英语'),
⊟ 🗄 stuinfo               6   ('20180110','赵桂香','女',46,'教授','大数据会计'),
  ⊟ 📋 表                   7   ('20180111','陈超越','女',42,'副教授','会计电算化'),
    ⊞ ⊞ score              8   ('20190101','王小波','男',40,'副教授','C语言'),
    ⊞ ⊞ stu_info           9   ('20190102','张伟','男',44,'教授','高等数学'),
    ⊞ ⊞ student            10  ('20190103','徐建斌','男',42,'教授','MySQL'),
    ⊞ ⊞ xuesheng           11  ('20190108','田甜','女',34,'讲师','绘画基础'),
  ⊞ ∞ 视图                 12  ('20190109','唐爽','女',43,'高级工程师','岩土工程'),
  ⊞ ⚙ 存储过程             13  ('20200102','赵旭','女',30,'讲师','大数据基础'),
  ⊞ fx 函数                14  ('20200103','赵磊','男',36,'工程师','3DMax');
  ⊞ 🔧 触发器
  ⊞ 📅 事件                ⓘ 1 信息
⊞ 🗄 sys                   1 queries executed, 1 success, 0 errors, 0 warnings
⊞ 🗄 world
                          查询: INSERT INTO teacher VALUES('20180101','陈平平','女',42,'教授','Python'), ('20180105','徐伟','男',45,'教授','建筑基...

                          共 14 行受到影响

                          执行耗时   : 0.002 sec
                          传送时间   : 0 sec
                          全部        ∨
```

图 6-7　实现向 teacher 表插入多条记录

（5）用同样的方法实现创建 score 表，对应的 SQL 语句如下。

```
CREATE TABLE score(
stu_id INT NOT NULL COMMENT '学生学号',
ke_id CHAR(7) NOT NULL COMMENT '课程编号',
```

```
chengji FLOAT COMMENT '成绩',
PRIMARY KEY (stu_id,ke_id)
);
```

实现创建 score 表,执行结果如图 6-8 所示。

```
表单视图 - 方便地浏览所有数据,一次一行 : Reason #75 to upgrade
Query 1    +
1  CREATE TABLE score(
2    stu_id INT NOT NULL COMMENT '学生学号',
3    ke_id CHAR(7) NOT NULL COMMENT '课程编号',
4    chengji FLOAT COMMENT '成绩',
5    PRIMARY KEY (stu_id,ke_id)
6    );

① 1信息
1 queries executed, 1 success, 0 errors, 0 warnings
查询: CREATE TABLE score( stu_id INT NOT NULL COMMENT '学生学号', ke_id CHAR(7) NOT NULL COMMENT '课程编号', chengji FLOAT COM...

共 0 行受到影响

执行耗时    : 0.009 sec
传送时间    : 0 sec
总耗时      : 0.009 sec
```

图 6-8 创建 score 表

(6) 输入命令。

```
INSERT INTO score VALUES
(2111001,'1081001',80),(2111001,'1081002',78),(2111001,'1081005',90),
(2111001,'1091002',75),(2111001,'5071004',88),(2111001,'5071005',78),
(2111002,'1081001',77),(2111002,'1081002',88),(2111002,'1081005',95),
(2111002,'1091002',85),(2111002,'5071004',90),(2111003,'1081001',60),
(2111003,'1081002',88),(2111003,'1081005',84),(2111003,'1091002',90),
(2111003,'5071004',81),(2111004,'1081001',77),(2111004,'1081002',96),
(2111004,'1081005',94),(2111004,'1091002',66),(2111004,'5071004',84),
(2111005,'1081001',84),(2111005,'1081002',64),(2111005,'1081005',54),
(2111005,'1091002',83),(2112001,'1081002',57),(2112001,'1081005',77),
(2112001,'1091002',82),(2112002,'1081002',66),(2112002,'1081005',81),
(2112002,'1091002',80),(2112003,'1081002',72),(2112003,'1081005',66),
(2112003,'1091002',87),(2112004,'1081001',30),(2112004,'1081002',66),
(2112004,'1091002',79),(2112005,'1081002',64),(2112005,'1081005',73),
(2121001,'2071001',89),(2121001,'2071002',93),(2121002,'2071001',92),
(2121002,'2071002',96),(2122001,'2071004',93),(2122002,'2071004',68),
(2131001,'1091002',90),(2131001,'3081002',87),(2131001,'5071004',94),
(2131002,'1091002',90),(2131002,'3081002',90),(2131002,'5071004',90);
```

实现向 score 表插入多条记录,执行结果如图 6-9 所示。

【例 6-3】 利用图形化工具 SQLyog 通过鼠标创建 kecheng 表和 select_kecheng 表。

具体操作步骤如下:

(1) 打开图形化工具 SQLyog,并连接服务器。

(2) 在左侧目录树中选择 stuimfo 数据库并展开,选择"表"并右击,弹出的快捷菜单如图 6-10 所示。

(3) 选中"创建表"后,在系统右侧打开"新表"窗口,如图 6-11 所示。

(4) 在光标闪动的位置"表名称"中输入新表的名称,这里输入 kecheng。

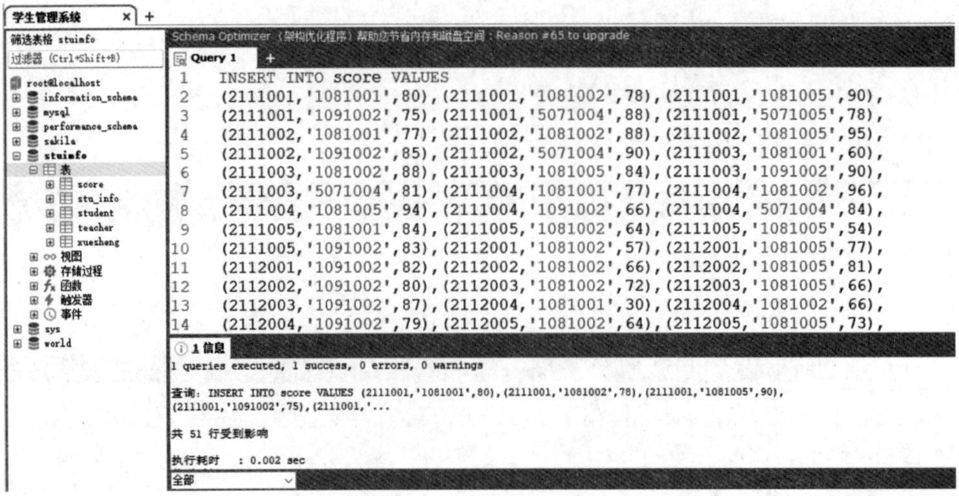

图 6-9 向 score 表插入多条记录

图 6-10 "表"对象的快捷菜单

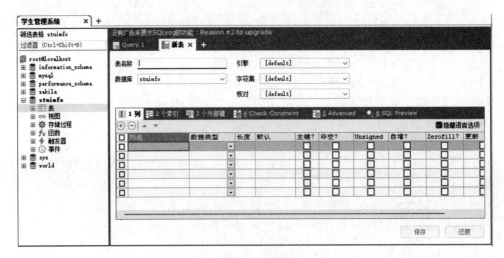

图 6-11 "新表"窗口

（5）根据表 6-4 所示的信息，依次在列名中输入字段名，选择对应的数据类型，指定长度，在主键的复选框中选择和设置注释等信息，设置后的效果如图 6-12 所示。

图 6-12 kecheng 表的结构信息

（6）单击右下角的"保存"按钮，系统打开 SQLyog Community 对话框，提醒用户是否保存，如图 6-13 所示。

（7）单击"是"按钮，保存成功并在左侧目录树 stuimfo 数据库中新增 kecheng 表。

（8）选中目录树中的 kecheng 表，并右键选择"打开表"，如图 6-14 所示。

图 6-13 保存提示对话框

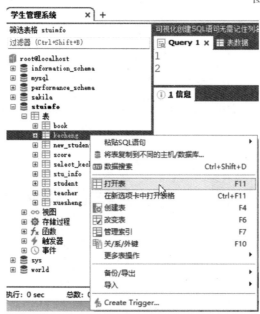

图 6-14 选定指定表的快捷键

（9）在右侧的编辑窗口中依次输入相应的记录信息，录入后的信息如图 6-15 所示。

（10）用同样的方法，根据表 6-5 所示的信息创建 select_kecheng 表，表的结构信息如图 6-16 所示。

（11）再依次向 select_kecheng 表录入多条记录信息，录入后信息如图 6-17 所示。

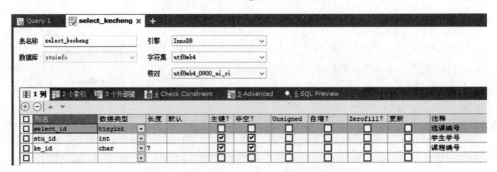

	ke_id	ke_name	ke_xuefen	t_id
☐	1081001	C语言	3	20190101
☐	1081002	大数据基础	4	20200102
☐	1081005	Python	4	20180101
☐	1091001	MySQL	4	20180106
☐	2071001	绘画基础	4	20190108
☐	2071002	建筑基础	4	20180105
☐	2071003	岩土工程	5	20180107
☐	2071004	3DMax	4	20200103
☐	3081001	会计电算化	4	20180111
☐	3081002	大数据会计	4	20180110
☐	5071004	英语	5	20180109
☐	5071005	高等数学	5	20190102
*	(NULL)	(NULL)	(NULL)	(NULL)

图 6-15　kecheng 表的记录信息

表名称 select_kecheng　　引擎 InnoDB
数据库 stuimfo　　字符集 utf8mb4
核对 utf8mb4_0900_ai_ci

1列　2个索引　3个外部键　4 Check Constraint　5 Advanced　6 SQL Preview

	列名	数据类型	长度	默认	主键?	非空?	Unsigned	自增?	Zerofill?	更新	注释
☐	select_id	tinyint			☐	☐	☐	☐	☐	☐	选课编号
☐	stu_id	int			☑	☑	☐	☐	☐	☐	学生学号
☐	ke_id	char	7		☑	☑	☐	☐	☐	☐	课程编号
☐					☐	☐	☐	☐	☐	☐	

图 6-16　select_kecheng 表的结构信息

	select_id	stu_id	ke_id
☐	1	2111001	1081001
☐	2	2111001	1081002
☐	3	2111001	1081005
☐	78	2111001	1091002
☐	52	2111001	5071004
☐	35	2111001	5071005
☐	4	2111002	1081001
☐	5	2111002	1081002
☐	6	2111002	1081005
☐	77	2111002	1091002
☐	53	2111002	5071004
☐	36	2111002	5071005
☐	7	2111003	1081001
☐	76	2111003	1091002
☐	54	2111003	5071004
☐	37	2111003	5071005
☐	10	2111004	1081001
☐	11	2111004	1081002
☐	12	2111004	1081005
☐	75	2111004	1091002
☐	38	2111004	5071005
☐	13	2111005	1081001
☐	14	2111005	1081002
☐	15	2111005	1081005
☐	74	2111005	1091002
☐	39	2111005	5071005
☐	17	2112001	1081002

图 6-17　对 select_kecheng 表添加多条记录

任务 2 查看表

【任务描述】

MySQL 创建了表后,经常需要查看表的结构信息、表信息等。

视频讲解

【任务要求】

具体操作要求如下:

(1) 使用 SQL 语句实现查看 stuimfo 数据库中包含的所有表。

(2) 使用 SQL 语句实现查看 student 表的基本结构信息。

(3) 使用 SQL 语句实现查看 score 表的详细结构信息。

(4) 使用 SQL 语句实现查看 teacher 表的记录信息。

【相关知识】

MySQL 创建数据库和数据表后,可以通过 SQL 语句查看数据库中指定表的基本信息、详细结构信息等。

1. 查看指定数据库中所有表

查看指定数据库中所包含的所有表,其具体的语法格式如下:

```
SHOW TABLES;
```

2. 查看表的基本结构信息

查看指定表的基本结构,其具体的语法格式如下:

```
DESCRIBE table_name;
```

表的基本结构信息包括表的字段、数据类型及长度、是否允许为空值、键的设置信息、默认值等。命令中 DESCRIBE 可以简化为 DESC 这 4 个字母来描述。

3. 查看表的详细结构信息

除了可以查看表的基本结构信息外,还可以查看数据库的存储引擎、字符集等信息。查看表的详细结构信息,其具体的语法格式如下:

```
SHOW CREATE TABLE table_name;
```

4. 查看表的记录信息

查看指定表的记录信息,其具体的语法格式如下:

```
SELECT 字段名1,字段名2, … FROM TABLE_NAME;
```

> **微课课堂**
>
> 查看表记录:
> (1) 字段名和字段名之间不分先后顺序。

（2）可以查看表中部分字段，则将所需字段依次罗列并以逗号分隔。

（3）当查看表中所有字段时，可以用＊（星号）代替所有字段。

【任务实现】

【例 6-4】 使用 SQL 语句实现查看 stuimfo 数据库中包含的所有表。

具体操作步骤如下：

（1）在图 4-6 所示的界面中，输入命令。

```
USE stuimfo;
```

实现打开 stuimfo 数据库。

（2）输入命令。

```
SHOW TABLES;
```

实现查看 stuimfo 数据库中所包含的所有表，执行结果如图 6-18 所示。

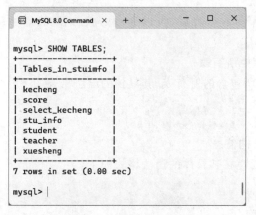

图 6-18　查看 stuimfo 数据库中所包含的所有表

【例 6-5】 使用 SQL 语句实现查看 student 表的基本结构信息。

使用 SQL 语句查看指定表的基本结构信息，在不同的环境下查看的效果不同。

具体操作步骤如下：

（1）在图 4-6 所示的 MySQL Command Line Client 环境的界面下，输入命令。

```
DESCRIBE student;
```

实现查看 student 表的基本结构信息，执行结果如图 6-19 所示。

（2）在 SQLyog 的查询环境下，Query 1 的窗口中输入命令。

```
DESC student;
```

实现查看 student 表的基本结构信息，执行结果如图 6-20 所示。

【例 6-6】 使用 SQL 语句实现查看 score 表的详细结构信息。

使用 SQL 语句查看指定表的详细结构信息，在不同的环境下查看的效果也不同。

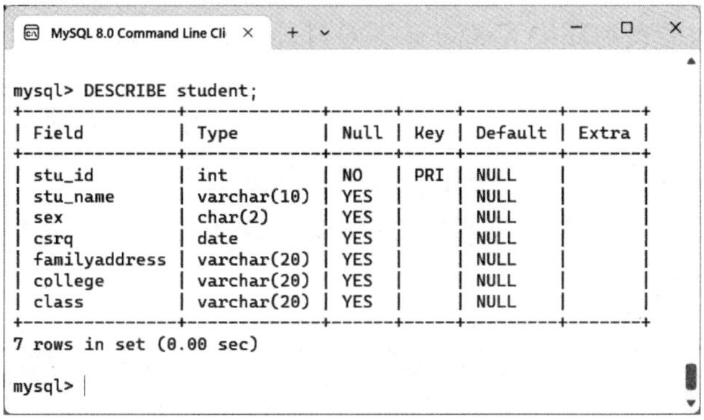

图 6-19　在 MySQL Command Line Client 环境下查看 student 表的基本结构信息

图 6-20　在 SQLyog 的查询环境下查看 student 表的基本结构信息

具体操作步骤如下：

（1）在图 4-6 所示的 MySQL Command Line Client 环境的界面下，输入命令。

```
SHOW CREATE TABLE student;
```

在 MySQL Command Line Client 环境下，实现查看 student 表的详细结构信息，执行结果如图 6-21 所示。

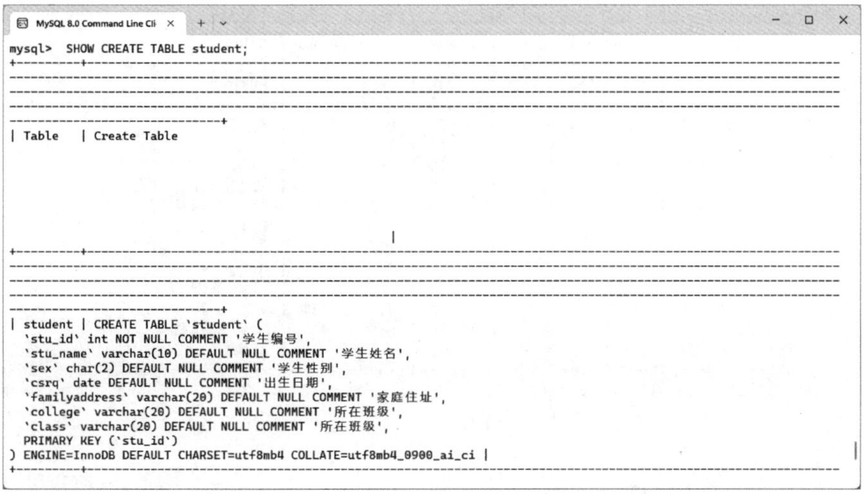

图 6-21　在 MySQL Command Line Client 环境下查看 student 表的详细结构信息

（2）在 SQLyog 的查询环境下，Query 1 的窗口中输入命令。

```
SHOW CREATE TABLE student;
```

实现查看 student 表的详细结构信息，执行结果如图 6-22 所示。

图 6-22　在 SQLyog 的查询环境下查看 student 表的详细结构信息

【例 6-7】　使用 SQL 语句实现查看 teacher 表的记录信息。

使用 SQL 语句查看指定表的记录信息，在不同的环境下查看的效果基本相同。

具体操作步骤如下：

（1）在图 4-6 所示的 MySQL Command Line Client 环境的界面下，输入命令。

```
SELECT * FROM teacher;
```

在 MySQL Command Line Client 环境下，实现查看 teacher 表的记录信息，执行结果如图 6-23 所示。

```
MySQL 8.0 Command Line Cli  ×        +  ∨                    —    □    ×

mysql> SELECT * FROM teacher;
+----------+--------+-------+-------+-------------+--------------+
| t_id     | t_name | t_sex | t_age | t_zhicheng  | t_kemu       |
+----------+--------+-------+-------+-------------+--------------+
| 20180101 | 陈平平 | 女    |    42 | 教授        | Python       |
| 20180105 | 徐伟   | 男    |    45 | 教授        | 建筑基础     |
| 20180106 | 张保   | 男    |    30 | 讲师        | MySQL        |
| 20180107 | 杨彦飞 | 男    |    30 | 讲师        | 岩土工程     |
| 20180109 | 崔小奇 | 女    |    36 | 讲师        | 英语         |
| 20180110 | 赵桂香 | 女    |    46 | 教授        | 大数据会计   |
| 20180111 | 陈超越 | 女    |    42 | 副教授      | 会计电算化   |
| 20190101 | 王小波 | 男    |    40 | 副教授      | C语言        |
| 20190102 | 张伟   | 男    |    44 | 教授        | 高等数学     |
| 20190103 | 徐建斌 | 男    |    42 | 教授        | MySQL        |
| 20190108 | 田甜   | 女    |    34 | 讲师        | 绘画基础     |
| 20190109 | 唐爽   | 女    |    43 | 高级工程师  | 岩土工程     |
| 20200102 | 赵旭   | 女    |    30 | 讲师        | 大数据基础   |
| 20200103 | 赵磊   | 男    |    36 | 工程师      | 3DMax        |
+----------+--------+-------+-------+-------------+--------------+
14 rows in set (0.00 sec)

mysql>
```

图 6-23　在 MySQL Command Line Client 环境下查看 teacher 表的记录信息

（2）在 SQLyog 的查询环境下，Query 1 的窗口中输入命令。

```
SELECT * FROM teacher;
```

在 SQLyog 的查询环境下，实现查看 teacher 表的记录信息，执行结果如图 6-24 所示。

t_id	t_name	t_sex	t_age	t_zhicheng	t_kemu
20180101	陈平平	女	42	教授	Python
20180105	徐伟	男	45	教授	建筑基础
20180106	张保	男	30	讲师	MySQL
20180107	杨彦飞	男	30	讲师	岩土工程
20180109	崔小奇	女	36	讲师	英语
20180110	赵桂香	女	46	教授	大数据会计
20180111	陈超越	女	42	副教授	会计电算化
20190101	王小波	男	40	副教授	C语言
20190102	张伟	男	44	教授	高等数学
20190103	徐建斌	男	42	教授	MySQL
20190108	田甜	女	34	讲师	绘画基础
20190109	唐爽	女	43	高级工程师	岩土工程
20200102	赵旭	女	30	讲师	大数据基础
20200103	赵磊	男	36	工程师	3DMax

图 6-24　在 SQLyog 的查询环境下查看 teacher 表的记录信息

任务 3　修改表

视频讲解

【任务描述】

MySQL 创建表后，经常需要对创建的表的名称、字段名称、字段的数据类型和字段的排列位置等进行修改。

【任务要求】

具体操作要求如下：

（1）在 student 表的首位增加一个 counsel 字段，字段类型为 varchar，宽度为 8。

（2）在 student 表的末尾增加一个 phone 字段，字段类型为 char，宽度为 11。

（3）在 student 表的 csrq 字段的后面增加一个 hobby 字段，字段类型为 varchar，宽度为 20。

（4）修改 select_kecheng 表的 select_id 的字段类型为 tinyint、stu_id 的字段类型为 varchar(8)。

（5）将 student 表的名为 counsel 的字段修改为 counselor。

（6）将 student 表的名为 phone 的字段修改为 telephone，字段类型为 varchar，宽度为 12。

（7）修改 kecheng 表的字段 t_id 到第一列位置、ke_xuefen 到第二列位置。

（8）删除在 student 表中的 telephone 字段。

【相关知识】

MySQL 创建表后，经常需要对表的开头、结尾或指定位置进行增加字段、修改字段和修改表名等操作。

1. 增加字段

对已存在的表增加字段，需要指定增加字段的字段名和字段的数据类型，也可以指定要增加字段的约束条件和添加的位置等，其具体的语法格式如下：

```
ALTER TABLE table_name ADD column_name1 data_type[完整性约束][first|after column_name2];
```

 微课课堂

增加字段：

（1）column_name1 为要增加字段的名称，data_type 为要增加的字段的数据类型。

（2）可选项 first 为添加到表字段的第一个位置。

（3）可选项 after column_name2 则添加到名为 column_name2 字段的后面。

2. 修改字段

修改字段可以只修改一个字段的字段名，或只修改一个字段的字段类型，也可以一次修改多个字段，还可以既修改字段名又修改字段的数据类型。

（1）修改一个字段的数据类型，其具体的语法格式如下：

```
ALTER TABLE table_name MODIFY column_name new_data_type;
```

（2）修改多个字段的数据类型，其具体的语法格式如下：

```
ALTER TABLE table_name MODIFY column_name1 new_data_type1,MODIFY column_name2 new_data_type2…;
```

 微课课堂

修改字段的数据类型：

（1）当修改多个字段的数据类型时，每个字段前面都需要 MODIFY 关键字。

（2）不同字段之间使用逗号(,)隔开。

（3）修改字段名。表中的字段名具有唯一性。修改字段名，可以只修改字段名，也可以既修改字段名又修改字段类型。

修改字段名，其具体的语法格式如下：

```
ALTER TABLE table_name CHANGE old_column_name new_column_name old_data_type|new_data_type;
```

 微课课堂

修改字段名：

（1）修改表的字段名，需要注意字段名的唯一性，不能和其他字段名重复。

（2）语法中的 old_data_type 和 new_data_type 二选一。

3. 修改表名

数据库中的表名具有唯一性。修改表名,其具体的语法格式如下:

```
ALTER TABLE old_table_name RENAME [TO] new_table_name;
```

🔔 **微课课堂**

　修改表名:

　(1)表是数据库的对象,因此,表名具有唯一性。

　(2)TO关键字可以省略。

【任务实现】

【例6-8】　在student表的首位增加一个counsel字段,字段类型为varchar,宽度为8。

具体操作步骤如下:

(1)在图4-6所示的界面中,输入命令。

```
USE stuimfo;
```

实现打开stuimfo数据库。

(2)输入命令。

```
ALTER TABLE student ADD counsel VARCHAR(8) first;
```

实现在student表的首位增加一个counsel字段,字段类型为varchar,宽度为8,执行结果如图6-25所示。

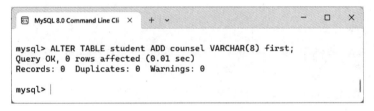

图6-25　在student表的首位增加一个counsel字段

(3)输入命令。

```
DESC student;
```

实现查看student表的基本结构,执行结果如图6-26所示。

【例6-9】　在student表的末尾增加一个phone字段,字段类型为char,宽度为11。

具体操作步骤如下:

(1)在图4-6所示的界面中,输入命令。

```
USE stuimfo;
```

实现打开stuimfo数据库。

```
Records: 0  Duplicates: 0  Warnings: 0

mysql> DESC student;
+---------------+-------------+------+-----+---------+-------+
| Field         | Type        | Null | Key | Default | Extra |
+---------------+-------------+------+-----+---------+-------+
| counsel       | varchar(8)  | YES  |     | NULL    |       |
| stu_id        | int         | NO   | PRI | NULL    |       |
| stu_name      | varchar(10) | YES  |     | NULL    |       |
| sex           | char(2)     | YES  |     | NULL    |       |
| csrq          | date        | YES  |     | NULL    |       |
| familyaddress | varchar(20) | YES  |     | NULL    |       |
| college       | varchar(20) | YES  |     | NULL    |       |
| class         | varchar(20) | YES  |     | NULL    |       |
+---------------+-------------+------+-----+---------+-------+
8 rows in set (0.00 sec)

mysql>
```

图 6-26　查看 student 表的基本结构

（2）输入命令。

```
ALTER TABLE student ADD phone char(11);
```

实现在 student 表的末尾增加一个 phone 字段，执行结果如图 6-27 所示。

```
mysql> ALTER TABLE student ADD phone char(11);
Query OK, 0 rows affected (0.01 sec)
Records: 0  Duplicates: 0  Warnings: 0

mysql>
```

图 6-27　在 student 表的末尾增加一个 phone 字段

（3）输入命令。

```
DESC student;
```

实现查看 student 表增加 phone 字段后的基本结构，执行结果如图 6-28 所示。

```
mysql> DESC student;
+---------------+-------------+------+-----+---------+-------+
| Field         | Type        | Null | Key | Default | Extra |
+---------------+-------------+------+-----+---------+-------+
| counsel       | varchar(8)  | YES  |     | NULL    |       |
| stu_id        | int         | NO   | PRI | NULL    |       |
| stu_name      | varchar(10) | YES  |     | NULL    |       |
| sex           | char(2)     | YES  |     | NULL    |       |
| csrq          | date        | YES  |     | NULL    |       |
| familyaddress | varchar(20) | YES  |     | NULL    |       |
| college       | varchar(20) | YES  |     | NULL    |       |
| class         | varchar(20) | YES  |     | NULL    |       |
| phone         | char(11)    | YES  |     | NULL    |       |
+---------------+-------------+------+-----+---------+-------+
9 rows in set (0.00 sec)

mysql>
```

图 6-28　查看 student 表增加 phone 字段后的基本结构

【例6-10】 在 student 表的 csrq 字段的后面增加一个 hobby 字段,字段类型为 varchar,宽度为 20。

具体操作步骤如下:

(1) 在图 4-6 所示的界面中,输入命令。

```
USE stuimfo;
```

实现打开 stuimfo 数据库。

(2) 输入命令。

```
ALTER TABLE student ADD hobby varchar(20) AFTER csrq;
```

实现在 student 表的 csrq 字段的后面增加一个 hobby 字段,执行结果如图 6-29 所示。

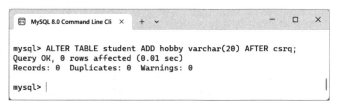

图 6-29 在 student 表的 csrq 字段的后面增加一个 hobby 字段

(3) 输入命令。

```
DESC student;
```

实现查看 student 表增加 hobby 字段后的基本结构,执行结果如图 6-30 所示。

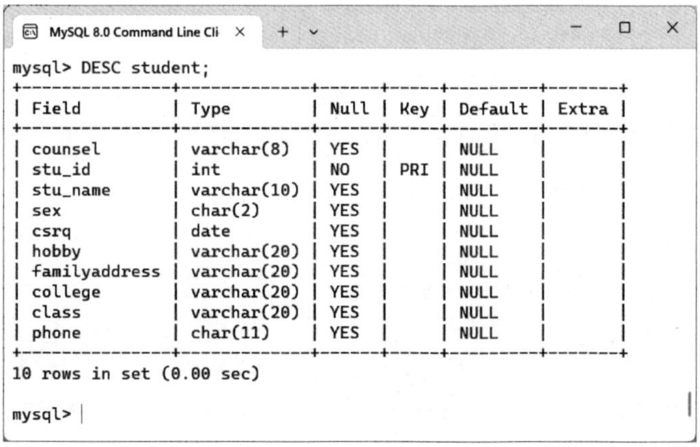

图 6-30 查看 student 表增加 hobby 字段后的基本结构

【例6-11】 修改 select_kecheng 表的 select_id 的字段类型为 tinyint、stu_id 的字段类型为 varchar(8)。

具体操作步骤如下:

(1) 在图 4-6 所示的界面中,输入命令。

```
USE stuimfo;
```

实现打开 stuimfo 数据库。

（2）输入命令。

```
ALTER TABLE select_kecheng MODIFY select_id TINYINT,MODIFY stu_id VARCHAR(8);
```

实现修改 select_kecheng 表已有字段的字段类型，执行结果如图 6-31 所示。

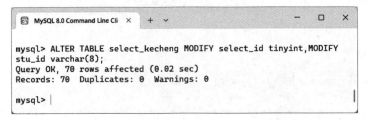

图 6-31　修改 select_kecheng 表已有字段的字段类型

（3）输入命令。

```
DESC select_kecheng;
```

实现查看 select_kecheng 表修改字段后的基本结构，执行结果如图 6-32 所示。

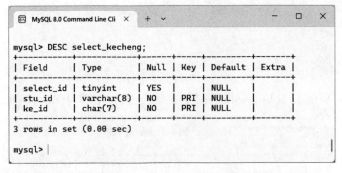

图 6-32　查看 select_kecheng 表修改字段后的基本结构

【例 6-12】 将 student 表的名为 counsel 的字段修改为 counselor。

具体操作步骤如下：

（1）在图 4-6 所示的界面中，输入命令。

```
USE stuimfo;
```

实现打开 stuimfo 数据库。

（2）输入命令。

```
ALTER TABLE student CHANGE counsel counselor VARCHAR(8);
```

实现修改 student 表已有字段的字段名，执行结果如图 6-33 所示。

（3）输入命令。

```
DESC student;
```

实现查看 student 表修改字段后的基本结构，执行结果如图 6-34 所示。

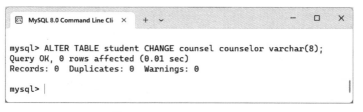

图 6-33　修改 student 表已有字段的字段类型

```
mysql> DESC student;
+--------------+-------------+------+-----+---------+-------+
| Field        | Type        | Null | Key | Default | Extra |
+--------------+-------------+------+-----+---------+-------+
| counselor    | varchar(8)  | YES  |     | NULL    |       |
| stu_id       | int         | NO   | PRI | NULL    |       |
| stu_name     | varchar(10) | YES  |     | NULL    |       |
| sex          | char(2)     | YES  |     | NULL    |       |
| csrq         | date        | YES  |     | NULL    |       |
| hobby        | varchar(20) | YES  |     | NULL    |       |
| familyaddress| varchar(20) | YES  |     | NULL    |       |
| college      | varchar(20) | YES  |     | NULL    |       |
| class        | varchar(20) | YES  |     | NULL    |       |
| phone        | char(11)    | YES  |     | NULL    |       |
+--------------+-------------+------+-----+---------+-------+
10 rows in set (0.00 sec)

mysql>
```

图 6-34　查看 student 表修改字段后的基本结构

【例 6-13】 将 student 表的名为 phone 的字段修改为 telephone，字段类型为 varchar，宽度为 12。

具体操作步骤如下：

（1）在图 4-6 所示的界面中，输入命令。

```
USE stuimfo;
```

实现打开 stuimfo 数据库。

（2）输入命令。

```
ALTER TABLE student CHANGE phone telephone VARCHAR(12);
```

实现修改 student 表已有字段的字段名和字段类型，执行结果如图 6-35 所示。

```
mysql> ALTER TABLE student CHANGE phone telephone VARCHAR(12);
Query OK, 17 rows affected (0.02 sec)
Records: 17  Duplicates: 0  Warnings: 0

mysql>
```

图 6-35　修改 student 表已有字段的字段名和字段类型

（3）输入命令。

```
DESC student;
```

实现查看 student 表修改字段名和类型后的基本结构，执行结果如图 6-36 所示。

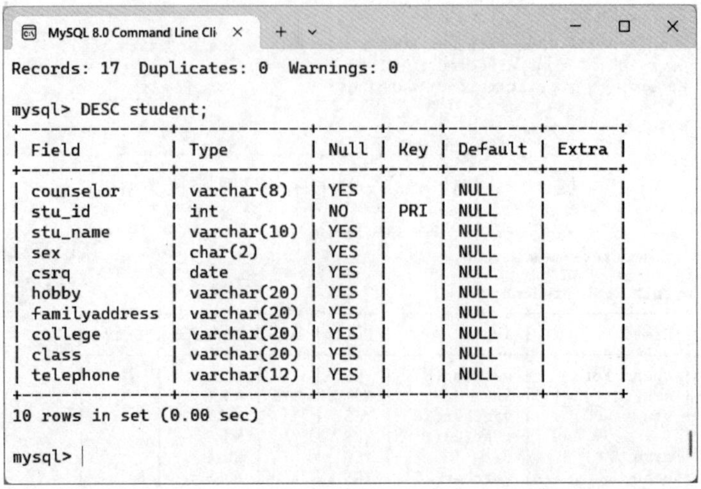

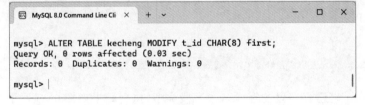

图 6-36　查看 student 表修改字段名和类型后的基本结构

【例 6-14】　修改 kecheng 表的字段 t_id 到第一列位置、ke_xuefen 到第二列的位置。
具体操作步骤如下：

（1）在图 4-6 所示的界面中，输入命令。

```
USE stuimfo;
```

实现打开 stuimfo 数据库。

（2）输入命令。

```
ALTER TABLE kecheng MODIFY t_id CHAR(8) first;
```

实现修改 kecheng 表已有字段的排列位置到第一列，执行结果如图 6-37 所示。

图 6-37　修改 kecheng 表已有字段的排列位置到第一列

（3）输入命令。

```
ALTER TABLE kecheng MODIFY ke_xuefen TINYINT AFTER t_id;
```

实现修改 kecheng 表已有字段的排列位置到指定位置，执行结果如图 6-38 所示。

（4）输入命令。

```
DESC kecheng;
```

实现查看 kecheng 表的基本结构，执行结果如图 6-39 所示。

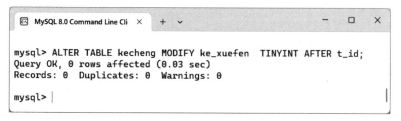

图 6-38 修改 kecheng 表已有字段的排列位置到指定位置

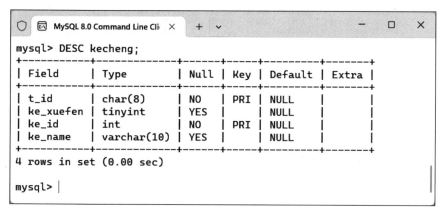

图 6-39 查看 kecheng 表的基本结构

【例 6-15】 删除在 student 表的 telephone 字段。

具体操作步骤如下：

（1）在图 4-6 所示的界面中，输入命令。

```
USE stuimfo;
```

实现打开 stuimfo 数据库。

（2）输入命令。

```
ALTER TABLE student DROP telephone;
```

实现删除 student 表已有字段 telephone，执行结果如图 6-40 所示。

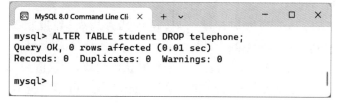

图 6-40 删除 student 表已有字段 telephone

（3）输入命令。

```
DESC student;
```

实现查看 student 表删除指定字段后的基本结构，执行结果如图 6-41 所示。

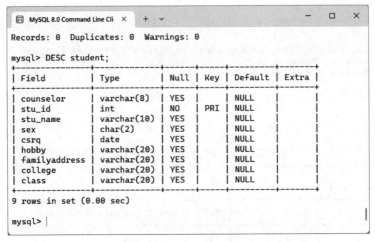

图 6-41　查看 student 表删除指定字段后的基本结构

视频讲解

任务4　数据完整性

【任务描述】

数据完整性是指数据的一致性和正确性。完整性约束是指数据库的内容必须遵守的规则。如果定义了数据完整性约束，MySQL 会负责数据的完整性，每次更新数据时，MySQL 都会测试新的数据内容是否符合相关的完整性约束条件。只有符合完整性的约束条件的更新才被接受。

【任务要求】

具体操作要求如下：

（1）创建 book 表，包括 bookID、bookName 两个字段，设置 bookID 为主键约束。

（2）创建 new_student 表，包括 stu_id、stu_name、sex、csrq 和 lxfs 字段，并且设置 stu_id 和 stu_name 字段为主键约束，设置 sex 字段为检查约束，约束条件为性别为"男"或"女"，设置 lxfs 字段为唯一约束。

（3）对已存在的 score 表增加外键约束，设置其为从表，外键相关联的主表为父表 student，外键关联列为 stu_id 字段。

（4）修改 teacher 表，对 t_zhicheng 字段增加默认值约束，默认值为"助教"。

（5）删除 new_student 表的所有约束，但保留 new_student 表本身。

【相关知识】

1. 数据完整性

数据完整性是数据的精确性和可靠性，保证用户输入的数据能正确地保存到数据库中。

2. 数据完整性分类

数据完整性分为实体完整性、域完整性和引用完整性三类。

1）实体完整性

实体完整性用于标识表中每一行数据不重复。实体完整性分为主键约束（PRIMARY KEY）、唯一约束（UNIQUE）和自动增长约束（AUTO_INCREMENT）三种。

2）域完整性

域完整性是指数据库表中的列必须满足某种特定的数据类型或约束，用于限制单元格的数据是否正确，还用于限制类型（数据类型）、格式（如检查约束、规则）、可能值范围（如外键约束、检查约束、默认值定义、非空约束和规则）等。

3）引用完整性

引用完整性又称为参照完整性，是指两个表的主关键字和外关键字的数据需要对应一致。它确保了有主关键字的表中对应其他表的外关键字的存在，即保证了表之间的数据的一致性，防止了数据丢失或无意义的数据在数据库中扩散。尤其是在输入或删除记录时，如果一个键值更改了，那么在整个数据库中，对该键值的引用都要进行相应的更改。

3. 数据完整性的实现方式

不同的数据完整性通过不同的约束来实现。MySQL 完整性类型及约束类型具体如表 6-6 所示。

表 6-6　MySQL 完整性类型及约束类型

完整性类型	约束类型	完整性类型	约束类型
实体完整性	主键约束（PRIMARY KEY）	域完整性	检查约束（CHECK）
	唯一约束（UNIQUE）		默认值（DEFAULT）
	自动增长约束（AUTO_INCREMENT）		非空约束（NOT NULL）
引用完整性	外键约束（FOREIGN KEY）		

4. 约束的分类

在 MySQL 中，约束从作用上可以分为表级约束和列级约束两类。列级约束只能约束其所在的某一个字段，而表级约束可以约束表中任意一个或多个字段。

使用 CREATE TABLE 语句设置约束，其具体的的语法格式区分如下：

```
CREATE TABLE table_name(
    column_name1 data_type 约束定义[约束定义],- - - - - - - - - -列级约束
    column_name2 data_type 约束定义[约束定义],- - - - - - - - -列级约束
    …
    column_namen data_type
    约束定义,- - - - - - - - - - - - - - - - - - - - - - -表级约束
    约束定义 - - - - - - - - - - - - - - - - - - - - - - - -表级约束
);
```

1）主键约束

在 MySQL 中主键就是表中的一列或多个列的组合，其值能唯一地标识表中的每一行。使用 PRIMARY KEY 关键字表示主键约束。主键约束相当于唯一约束和非空约束的组合，主键约束列不允许重复，也不允许出现空值；多列组合的主键约束，列都不允许为空值，并且组合的值不允许重复。每个表最多只允许有一个主键，建立主键约束可以在列级别上创建，也可以在表级别上创建。

（1）创建表的同时创建主键。

① 单个字段的主键，其具体的语法格式如下：

```
CREATE TABLE table_name(
    column_name data_type PRIMARY KEY
);
```

② 多个字段组合的主键，其具体的语法格式如下：

```
CREATE TABLE table_name(
    column_name1 data_type,
    column_name2 data_type,
    …
    PRIMARY KEY(column_name1, column_name2 … )
);
```

（2）为已存在的表创建主键，其具体的语法格式如下：

```
ALTER TABLE table_name ADD PRIMARY KEY(列名);
```

🔔 **微课课堂**

主键约束：

（1）每个 MySQL 数据表最多只能定义一个主键。

（2）主键列既可以针对表中的一列字段也可以是多列字段的组合，且不允许为空。

（3）创建表的同时创建主键的语法中，PRIMARY KEY 的位置可以和非空约束不分先后。

2）唯一约束

在 MySQL 中唯一约束用于保证数据表中字段值的唯一性。使用 UNIQUE 关键字表示唯一约束。

（1）创建表的同时创建唯一约束。在创建表时为某个字段添加唯一约束，其具体的语法格式如下：

```
CREATE TABLE table_name(
    column_name1 data_type,
    column_name2 data_type UNIQUE,
    …
);
```

（2）为已存在的表创建唯一约束。唯一约束也可以添加到已经创建完成的表中，其具体的语法格式如下：

```
ALTER TABLE 表名 ADD UNIQUE(列名);
```

🔔 **微课课堂**

唯一约束：

（1）每个 MySQL 表可以有多个唯一约束。

（2）唯一键列既可以针对表中的一列字段也可以是多列字段的组合，且可以取NULL。

3）检查约束

检查约束是控制特定列中的值的完整性约束。它确保列中插入或更新的值必须和给定条件匹配。换句话说，它确定和列关联的值在给定条件下是否有效。在 MySQL 8.0.16 版本之前，可以创建此约束，但它不起作用。在 MySQL 8.0.16 之后的版本，MySQL 对所有存储引擎使用 CHECK 约束。

（1）创建表的同时创建检查约束。在创建表时将某个字段设置为检查约束，其具体的语法格式如下：

```
CREATE TABLE table_name(
    column_name1 data_type,
    column_name2 data_type CHECK(条件),
    …
);
```

（2）为已存在的表创建检查约束。可以为已经创建完成的表字段设置检查约束，其具体的语法格式如下：

```
ALTER TABLE table_name add CONSTRAINT check_name CHECK(条件)
```

🔔 **微课课堂**

检查约束：

（1）允许使用非计算列和计算列，但是不允许使用 AUTO_INCREMENT 字段或其他表中的字段。

（2）不允许使用存储函数或自定义函数。

（3）不允许使用存储过程和函数参数。

（4）不允许使用变量，包括系统变量、用户定义变量和存储程序的局部变量。

（5）不允许使用子查询。

4）自动增长约束

在 MySQL 中使用 AUTO_INCREMENT（自动增长约束）关键字设置表字段的值自动增加。

（1）创建表的同时创建自动增长约束。在创建表时将某个字段的值设置为自动增长，其具体的语法格式如下：

```
CREATE TABLE table_name(
    column_name1 data_type AUTO_INCREMENT,
    column_name2 data_type
    …
);
```

（2）为已存在的表创建自动增长约束。可以为已经创建完成的表字段设置自动增长约束，其具体的语法格式如下：

```
ALTER TABLE table_nam MODIFY column_name1 data_type PRIMARY KEY AUTO_INCREMENTL;
```

5）默认值

在表中插入一条新的记录时，如果没有为该字段赋值，那么数据库系统会自动为该字段赋一条默认值。在 MySQL 中使用 DEFAULT 关键字设置表字段的默认值。

（1）创建表的同时创建默认值约束。在创建表时将某个字段的值设置为自动增长，其具体的语法格式如下：

```
CREATE TABLE table_name(
    column_name1 data_type,
    column_name2 data_type DEFAULT default_value,
    …
);
```

（2）为已存在的表创建自动增长约束。可以为已经创建完成的表字段设置默认值，其具体的语法格式如下：

```
ALTER TABLE table_name MODIFY COLUMN column_name data_type DEFAULT default_value;
```

6）非空约束

非空约束用于确保当前列的值不为空值，非空约束只能出现在表对象的列上。在 MySQL 中使用 NOT NULL 关键字表示非空约束。

（1）创建表时对列指定非空约束，其具体的语法格式如下：

```
CREATE TABLE table_name(
    column_name1 data_type NOT NULL,
    column_name2 data_type ,
    …
);
```

（2）为已存在的表创建非空约束。可以为已经创建完成的表字段设置非空约束，其具体的语法格式如下：

```
ALTER TABLE table_name MODIFY COLUMN column_name data_type NOT NULL;
```

7）外键约束

外键约束是用来实现数据库表的参照完整性。外键约束可以使两张表紧密地结合起来。特别是在进行修改或删除级联操作时，会保证数据的完整性。外键是指表中某个字段的值依赖于另一个表中某个字段的值，而被依赖的字段必须具有主键约束或唯一约束。被依赖的表通常称为父表或主表，设置外键约束的表称为子表或从表。在 MySQL 中外键约束用 FOREIGN KEY 关键字表示，并使用 REFERENCES 关键字来指定该字段参照的是哪个表以及参照主表中的哪个字段。

（1）创建表的同时创建外键约束，其具体的语法结构如下：

```
CREATE TABLE table_name(
    column_name1 data_type NOT NULL,
```

```
    column_name2 data_type,
    …
[CONSTRAINT fk_name] FOREIGN KEY(child_column_name)REFERENCES parent_table_name(parent_
column_name)
);
```

（2）为已存在的表创建外键约束，其具体的语法结构如下：

```
ALTER TABLE table_name2 ADD CONSTRAINT foreign_key_name FOREIGN KEY (column_name) REFERENCES
table_name1(column_name);
```

8）删除约束

如果使用 DROP TABLE 语句删除表，则该表的完整性约束都将自动被删除，被参照的所有外键也将被删除。使用 ALTER TABLE 语句，完整性约束可以独立被删除，而不会删除该表本身。

（1）删除主键约束，其具体的语法格式如下：

```
ALTER TABLE table_name DROP PRIMARY KEY;
```

（2）删除唯一键约束，其具体的语法格式如下：

```
ALTER TABLE table_name DROP INDEX 唯一约束名;
```

（3）删除外键约束，其具体的语法格式如下：

```
ALTER TABLE table_name DROP FOREIGN KEY 外键名;
```

（4）删除检查约束，其具体的语法格式如下：

```
ALTER TABLE table_name DROP CHECK 约束名;
```

（5）删除非空约束，其具体的语法格式如下：

```
ALTER TABLE table_name MODIFY 列名 类型;
```

【任务实现】

【例 6-16】 创建 book 表，包括 bookID、bookName 两个字段，设置 bookID 为主键约束。

具体操作步骤如下：

（1）在图 4-6 所示的界面中，输入命令。

```
USE stuimfo;
```

实现打开 stuimfo 数据库。

（2）输入命令。

```
CREATE TABLE book(
bookID VARCHAR(10) NOT NULL PRIMARY KEY,
```

```
 bookName VARCHAR(10)
);
```

实现本题干要求，执行结果如图 6-42 所示。

```
mysql>  CREATE TABLE book(
    ->  bookID VARCHAR(10) NOT NULL PRIMARY KEY,
    ->  bookName VARCHAR(10)
    -> );
Query OK, 0 rows affected (0.01 sec)

mysql>
```

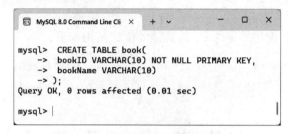

图 6-42　创建 book 表并设置主键约束

（3）输入命令。

```
DESC book;
```

实现查看 book 表的基本结构，执行结果如图 6-43 所示。

```
Query OK, 0 rows affected (0.01 sec)

mysql> DESC book;
+----------+-------------+------+-----+---------+-------+
| Field    | Type        | Null | Key | Default | Extra |
+----------+-------------+------+-----+---------+-------+
| bookID   | varchar(10) | NO   | PRI | NULL    |       |
| bookName | varchar(10) | YES  |     | NULL    |       |
+----------+-------------+------+-----+---------+-------+
2 rows in set (0.00 sec)

mysql>
```

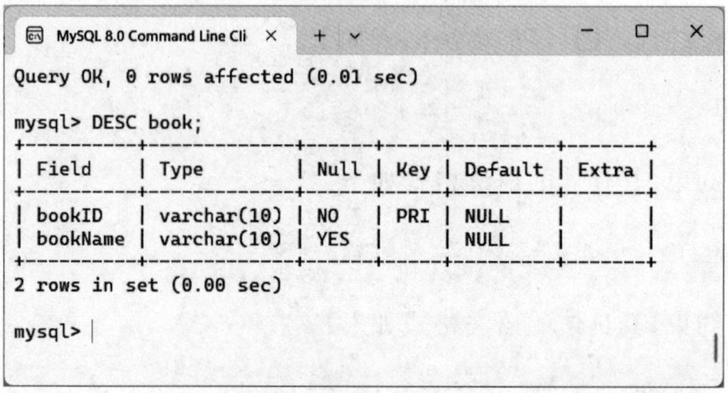

图 6-43　查看 book 表的基本结构

【例 6-17】 创建 new_student 表，包括 stu_id、stu_name、sex、csrq 和 lxfs 字段，并且设置 stu_id 和 stu_name 字段为主键约束，设置 sex 字段为检查约束，约束条件为性别为“男”或“女”，设置 lxfs 字段为唯一约束。

具体操作步骤如下：

（1）在图 4-6 所示的界面中，输入命令。

```
USE stuimfo;
```

实现打开 stuimfo 数据库。

（2）输入命令。

```
CREATE TABLE new_student(
 stu_id INT NOT NULL  COMMENT '学生编号',
 stu_name VARCHAR(10) NOT NULL COMMENT '学生姓名',
 sex CHAR(2)  CHECK (sex in('男','女')) COMMENT '学生性别',
 csrq DATE  COMMENT '出生日期',
```

```
lxfs VARCHAR(11)  COMMENT '联系方式',
 PRIMARY KEY(stu_id,stu_name),
 UNIQUE(lxfs)
);
```

实现本题干要求,执行结果如图 6-44 所示。

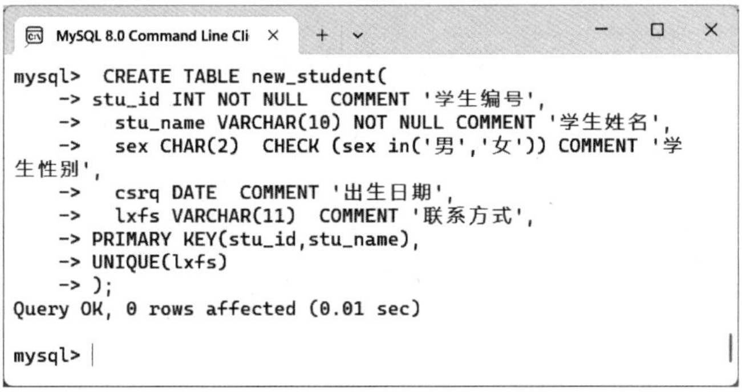

图 6-44　创建 new_student 表

（3）输入命令。

```
DESC new_student;
```

实现查看 new_student 表的基本结构,执行结果如图 6-45 所示。

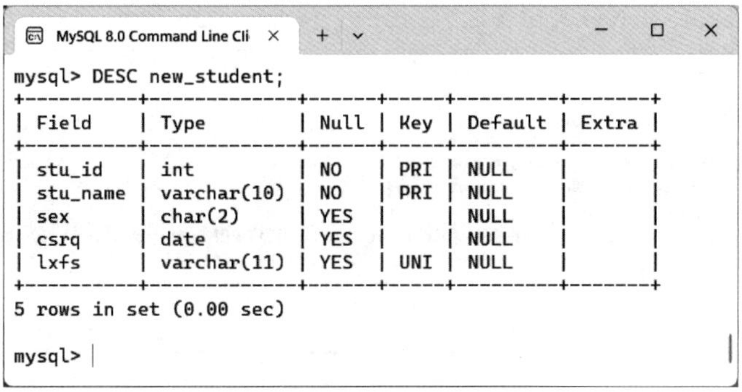

图 6-45　查看 new_student 表的基本结构

【例 6-18】　对已存在的 score 表增加外键约束,设置其为从表,外键相关联的主表为父表 student,外键关联列为 stu_id 字段。

具体操作步骤如下：

（1）在图 4-6 所示的界面中,输入命令。

```
USE stuimfo;
```

实现打开 stuimfo 数据库。

（2）输入命令。

```
ALTER TABLE score ADD CONSTRAINT student_score FOREIGN KEY(stu_id) references student(stu_id);
```

实现本题干要求，执行结果如图 6-46 所示。

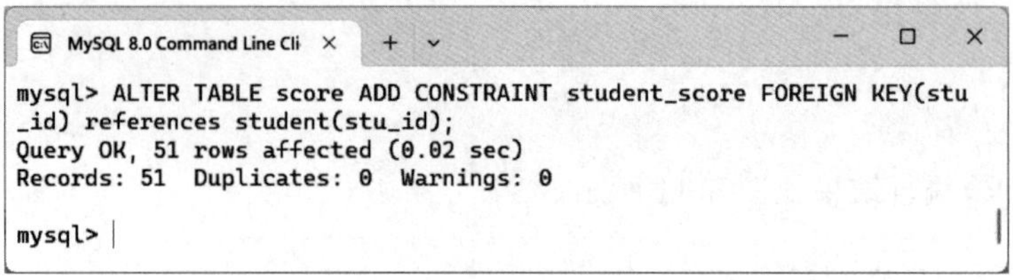

图 6-46　例 6-18 增加外键约束

（3）输入命令。

```
SHOW CREATE TABLE score;
```

实现查看 score 表的所有信息，执行结果如图 6-47 所示。

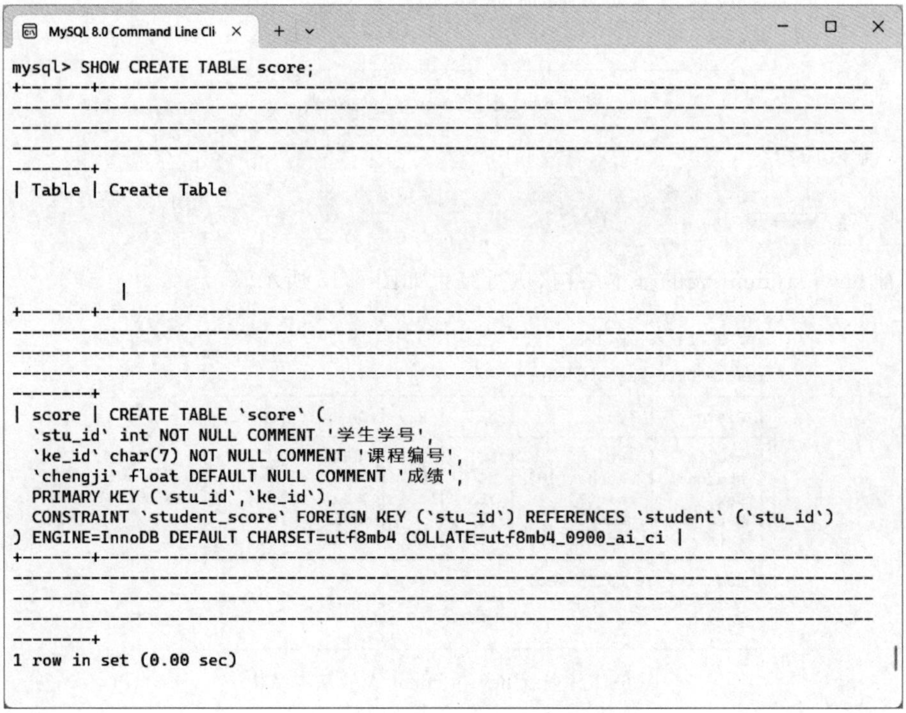

图 6-47　查看 score 表的所有信息

【例 6-19】　修改 teacher 表，对 t_zhicheng 字段增加默认值约束，默认值为"助教"。
具体操作步骤如下：

（1）在图 4-6 所示的界面中，输入命令。

```
USE stuimfo;
```

实现打开 stuimfo 数据库。

（2）输入命令。

```
ALTER TABLE teacher MODIFY t_zhicheng CHAR(10) DEFAULT '助教';
```

实现本题干要求,执行结果如图 6-48 所示。

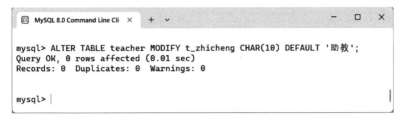

图 6-48 例 6-19 修改 teacher 表

(3) 输入命令。

```
DESC teacher;
```

实现查看 teacher 表的基本结构,执行结果如图 6-49 所示。

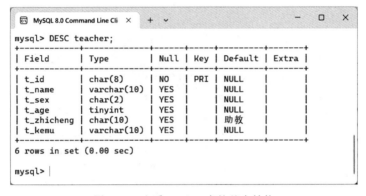

图 6-49 查看 teacher 表的基本结构

【例 6-20】 删除 new_student 表的所有约束,但保留 new_student 表本身。

具体操作步骤如下:

(1) 在图 4-6 所示的界面中,输入命令。

```
USE stuimfo;
```

实现打开 stuimfo 数据库。

(2) 输入命令。

```
SHOW CREATE TABLE new_student;
```

实现查看 new_student 表的所有信息,执行结果如图 6-50 所示。

(3) 输入命令。

```
ALTER TABLE new_student DROP PRIMARY KEY;
```

实现删除 new_student 表的主键约束,执行结果如图 6-51 所示。

(4) 输入命令。

```
ALTER TABLE new_student DROP INDEX lxfs;
```

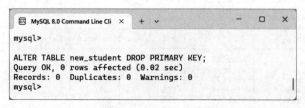

图 6-50　查看 new_student 表的所有信息

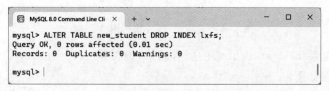

图 6-51　删除 new_student 表的主键约束

实现删除 new_student 表的唯一键约束，执行结果如图 6-52 所示。

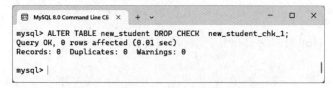

图 6-52　删除 new_student 表的唯一键约束

（5）输入命令。

```
ALTER TABLE new_student DROP CHECK new_student_chk_1;
```

实现删除 new_student 表的检查约束，执行结果如图 6-53 所示。

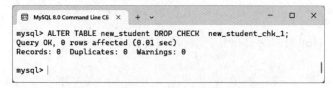

图 6-53　删除 new_student 表的检查约束

（6）输入命令。

```
SHOW CREATE TABLE new_student;
```

实现查看删除约束后的 new_student 表的所有信息，执行结果如图 6-54 所示。

```
MySQL 8.0 Command Line Cli  ×   +  ∨                                          —  □  ×
mysql> SHOW CREATE TABLE new_student;
+--------------+--------------------------------------------------------------
-------------------------------------------------------------------------------
-------------------------------------------------------------------------------
----+
| Table        | Create Table


|
+--------------+--------------------------------------------------------------
-------------------------------------------------------------------------------
-------------------------------------------------------------------------------
----+
| new_student | CREATE TABLE `new_student` (
  `stu_id` int NOT NULL COMMENT '学生编号',
  `stu_name` varchar(10) NOT NULL COMMENT '学生姓名',
  `sex` char(2) DEFAULT NULL COMMENT '学生性别',
  `csrq` date DEFAULT NULL COMMENT '出生日期',
  `lxfs` varchar(11) DEFAULT NULL COMMENT '联系方式',
  PRIMARY KEY (`stu_id`,`stu_name`)
) ENGINE=InnoDB DEFAULT CHARSET=utf8mb4 COLLATE=utf8mb4_0900_ai_ci |
+--------------+--------------------------------------------------------------
-------------------------------------------------------------------------------
-------------------------------------------------------------------------------
----+
1 row in set (0.00 sec)
```

图 6-54　查看删除约束后的 new_student 表的所有信息

实训巩固

1. 在 MySQL 客户端通过命令创建 teacher 表，包含姓名（xm）、出生日期（csrq）、部门（dept）和职称（zhicheng）字段。

_____

_____

_____

2. 依次输入不同的 10 条记录。

_____

_____

_____

3. 对 teacher 表增加年龄（age）字段，并求其每位教师对应的年龄。

_____

_____

_____

4. 统计不同部门（dept）的人数及各个部门所包含的教师姓名。

_____

_____

_____

5. 根据 teacher 表的年龄（age）字段划分年龄等级。35 岁以上为"中年教师"，35 岁以下为"青年教师"。

---

6. 对 teacher 表增加授课科目（shouke）字段，利用 SET 类型实现授课科目的不同选择。

---

7. 对 select_kecheng 表增加外键约束，父表是 score 表，外键关联字段是 stu_id 和 ke_id。

---

8. 对 kecheng 表 ke_name 字段增加唯一键约束，对 ke_xuefen 字段增加默认值约束，默认值为 3。

知识拓展

在创建数据表时，经常用到字符串类型。其中 CHAR 和 VARCHAR 类型是常用的字符串类型，但又有本质的不同。

1. 相同点

两个类型都是用来存储字符串信息，而且 CHAR(n)和 VARCHAR(n)括号中的 n 代表字符的个数，并不代表字节个数。当用来存储中文时，可以插入 n 个中文，但实际会占用 3n 字节的存储空间。再有，当实际存储的内容超过设置的字符的个数 n 时，字符串后面超过的部分会被截断。

2. 不同点

CHAR 和 VARCHAR 类型的不同点如表 6-7 所示。

表 6-7　CHAR 和 VARCHAR 类型的不同点

区别	数 据 类 型	
	CHAR	VARCHAR
最大长度	255 字符	65 535 字节
是否定长	定长	不定长
查找效率	高	低
尾部空格	插入时省略	插入时不会省略,查找时省略
like 查找	语句中 like 后的''不可以省略	语句中 like 后的''不可以省略,字段结尾的空格也不可以省略

课后习题

一、选择题

1. 查看 MySQL 数据库所包含表的命令为(　　　)。

　　A. HELP DATA TYPES;　　　　　　B. HELP INT;

　　C. SHOW TABLES;　　　　　　　　D. 以上都不正确

2. MySQL 中创建表所使用的命令为(　　　)。

　　A. HELP INT;　　　　　　　　　　B. CREATE TABLE;

　　C. HELP DOUBLE;　　　　　　　　D. HELP TINYINT;

3. MySQL 中构成关系数据库的基本元素是(　　　)。

　　A. SET　　　　　　　　　　　　　B. ENUM

　　C. 表　　　　　　　　　　　　　　D. 记录

4. (　　　)用于标识表中数据不重复。

　　A. GROUP_CONCAT()　　　　　　　B. GROUP()

　　C. 域完整性　　　　　　　　　　　D. 实体完整性

5. MySQL 中修改表的详细结构信息的命令为(　　　)。

　　A. SHOW CREATE DATABASE　　　　B. ALTER TABLE

　　C. SHOW CREATE TABLE　　　　　　D. 以上均不正确

二、填空题

1. MySQL 的实体完整性有 3 种,分别是_____、唯一约束、_____。

2. MySQL 包含了大量并且丰富的命令,其中_____命令用于查看指定表的基本结构。

3. 数据完整性分为_____、域完成性和引用完整性 3 类。

4. 在 MySQL 中使用_____关键字设置表字段的值自动增加。

5. 实现向表中添加记录对应的命令是_____。

三、简答题

1. 简述 MySQL 包含几类约束，分别是哪几类。
2. 简述 MySQL 包含几类数据完整性，分别是哪几类。
3. 简述 MySQL 中 CHAR 和 VARChar 类型的相同点和不同点。
4. 简述 MySQL 中使用自动增长约束时的注意事项。
5. 简述 MySQL 包含哪些数据库对象。

项目 **7**

MySQL的运算符

 学习目标

（1）掌握算术运算符、比较运算符并灵活运用。

（2）掌握逻辑运算符及综合运用。

（3）了解位运算符的运用。

（4）了解运算符的优先级。

 匠人匠心

（1）理解和掌握运算符的用法才能正确地编写SQL程序和深入理解SQL,培养学生应用计算思维方法分析和解决实际问题的能力。

（2）在用MySQL查询数据时,会经常用到各种运算符,以实现对表中字段或数据的运算,满足用户的不同需求。引导学生了解如何从用户需求出发找到关键点,并结合场景创造出可以服务于用户需求的数据库方案。

（3）所有的DBMS都支持SQL语句,但也都有各自的运算符,引导学生学会知识的迁移。

任务 1 算术运算符

视频讲解

【任务描述】

运算符是用来连接表达式中各个操作数的符号,其作用是用来指明对操作数所进行的运算。通过运算符,可以使数据库的功能更加强大,而且可以更加灵活地使用表中的数据。

【任务要求】

在MySQL客户端通过运算符操作得到需要的数据,学习常用算术运算符及其灵活应用。

具体操作要求如下:

（1）使用算术运算符把score表中所有学生的成绩增加5分。

（2）使用算术运算符把score表中所有学生的成绩减少5分后,再扩大3倍。

（3）使用算术运算符把score表中所有学生的成绩做取2的余数。

【相关知识】

1. MySQL 运算符分类

MySQL 运算符分为 4 类，分别是算术运算符、比较运算符、逻辑运算符和位运算符。

2. 算术运算符

算术运算符是 MySQL 中最常用的一类运算符。MySQL 支持的算术运算符包括加、减、乘、除和求余。MySQL 算术运算符及作用如表 7-1 所示。

表 7-1 MySQL 算术运算符及作用

符　　号	表达式的形式	作　　用
＋	x1＋x2＋…＋xn	加法运算
－	x1－x2－…－xn	减法运算
*	x1 * x2 * … * xn	乘法运算
/	x1/x2	除法运算，返回 x1 除以 x2 的商
DIV	x1 DIV x2	除法运算，返回商。同“/”
%	x1%x2	求余运算，返回 x1 除以 x2 的余数
MOD	MOD(x1,x2)	求余运算，返回余数。同“%”

3. 数值和字符串进行算术运算的区别

在 MySQL 中，数值和字符串都可以在 SELECT 语句中使用，MySQL 运算符的运算示例如图 7-1 所示。

```
管理员: 命令提示符 - mysql -u root -p

mysql> SELECT '500'+'200','8.9'*10,'90Aa'+'0','aa90'+'1','10x'*1*'a';
+-------------+----------+-----------+-----------+--------------+
| '500'+'200' | '8.9'*10 | '90Aa'+'0' | 'aa90'+'1' | '10x'*1*'a' |
+-------------+----------+-----------+-----------+--------------+
|         700 |       89 |        90 |         1 |            0 |
+-------------+----------+-----------+-----------+--------------+
1 row in set, 4 warnings (0.00 sec)

mysql> SELECT 5-1,9-10,0.24-0.2,0.6-0.7;
+-----+------+----------+---------+
| 5-1 | 9-10 | 0.24-0.2 | 0.6-0.7 |
+-----+------+----------+---------+
|   4 |   -1 |     0.04 |    -0.1 |
+-----+------+----------+---------+
1 row in set (0.00 sec)

mysql> SELECT 10/2,12/2,2/12,1.2/0.3;
+--------+--------+--------+---------+
| 10/2   | 12/2   | 2/12   | 1.2/0.3 |
+--------+--------+--------+---------+
| 5.0000 | 6.0000 | 0.1667 | 4.00000 |
+--------+--------+--------+---------+
1 row in set (0.00 sec)
```

图 7-1　MySQL 运算符的运算示例

算术运算符的操作数可以是数值，也可以是字符串。如果是字符串，则 MySQL 将自动进行数据类型转换，把字符串转换为相应的数值，从而实现算术运算。字符串转换规则的示例如图 7-2 所示。

```
选择 管理员: 命令提示符 - mysql -u root -p

mysql> SELECT '500'+'200','8.9'*10,'90Aa'+'0','aa90'+'1','10x'*1*'a';
+-------------+----------+-----------+-----------+--------------+
| '500'+'200' | '8.9'*10 | '90Aa'+'0' | 'aa90'+'1' | '10x'*1*'a' |
+-------------+----------+-----------+-----------+--------------+
|         700 |       89 |        90 |         1 |            0 |
+-------------+----------+-----------+-----------+--------------+
1 row in set, 4 warnings (0.00 sec)
```

图 7-2　字符串转换规则的示例

请读者自行归纳出字符串参与算术运算的转换规则。

【任务实现】

除了可以利用 MySQL 自带的 MySQL Command Line Client 工具打开 MySQL 外,还可以借助 Windows 环境下命令提示符使用 MySQL 命令连接数据库,出现 mysql>提示符表示登录成功,如图 7-3 所示。

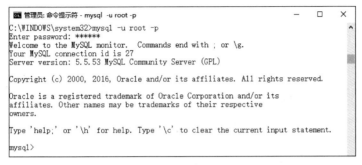

图 7-3　使用命令提示符连接数据库

【例 7-1】　使用算术运算符把 score 表中所有学生的成绩增加 5 分。

具体操作步骤如下:

在图 7-3 所示的界面中,输入命令。

```
SELECT stu_id,chengji + 5 FROM score;
```

实现对学生成绩加 5 分并显示学生学号,执行结果部分截图如图 7-4 所示。

```
管理员: 命令提示符 - mysql  -u root -p

mysql> SELECT stu_id,chengji+5 FROM score;

| stu_id  | chengji+5 |
| 2111001 |        85 |
| 2111001 |        83 |
| 2111001 |        95 |
| 2111001 |        80 |
| 2111001 |        93 |
| 2111001 |        83 |
| 2111002 |        82 |
| 2111002 |        93 |
| 2111002 |       100 |
| 2111002 |        90 |
| 2111002 |        95 |
| 2111003 |        65 |
| 2111003 |        93 |
| 2111003 |        89 |
| 2111003 |        95 |
| 2111003 |        86 |
| 2111004 |        82 |
| 2111004 |       101 |
| 2111004 |        99 |
```

图 7-4　学生成绩加 5 分并显示学生学号

【例 7-2】　使用算术运算符把 score 表中所有学生的成绩减少 5 分后,再扩大 3 倍。

具体操作步骤如下:

在图 7-3 所示的界面中,输入命令。

```
SELECT stu_id,(chengji - 5) * 3 FROM score;
```

实现对学生成绩减 5 分再乘以 3 并显示学生学号,执行结果部分截图如图 7-5 所示。

```
mysql> SELECT stu_id,(chengji-5)*3 FROM score;
+---------+--------------+
| stu_id  | (chengji-5)*3 |
+---------+--------------+
| 2111001 |          225 |
| 2111001 |          219 |
| 2111001 |          255 |
| 2111001 |          210 |
| 2111001 |          249 |
| 2111001 |          219 |
| 2111002 |          216 |
| 2111002 |          249 |
| 2111002 |          270 |
| 2111002 |          240 |
| 2111002 |          255 |
| 2111003 |          165 |
| 2111003 |          249 |
| 2111003 |          237 |
| 2111003 |          255 |
| 2111003 |          228 |
| 2111004 |          216 |
| 2111004 |          273 |
| 2111004 |          267 |
| 2111004 |          183 |
```

图 7-5　学生成绩减 5 分再乘以 3 并显示学生学号

【例 7-3】　使用算术运算符把 score 表中所有学生的成绩做取 2 的余数。

具体操作步骤如下:

在图 7-3 所示的界面中,输入命令。

```
SELECT stu_id,MOD(chengji,2) FROM score;
```

实现对学生成绩求余并显示学生学号,执行结果部分截图如图 7-6 所示。

```
mysql> SELECT stu_id,MOD(chengji,2) FROM score;
+---------+----------------+
| stu_id  | MOD(chengji,2) |
+---------+----------------+
| 2111001 |              0 |
| 2111001 |              0 |
| 2111001 |              0 |
| 2111001 |              1 |
| 2111001 |              0 |
| 2111001 |              0 |
| 2111002 |              1 |
| 2111002 |              0 |
| 2111002 |              1 |
| 2111002 |              1 |
| 2111002 |              0 |
| 2111003 |              0 |
| 2111003 |              0 |
| 2111003 |              0 |
```

图 7-6　学生成绩求余并显示学生学号

> **微课课堂**
>
> 区分:
>
> (1) 字符串和数值参与算术运算各有不同;
>
> (2) MySQL 的除法非整除。

视频讲解

任务 2　比较运算符

【任务描述】

比较运算符是对表达式左边和右边的操作数进行比较。一个比较运算符的结果总是 1

（真）、0（假）或 NULL（不能确定）。

比较运算符可以用于比较数值和字符串,字符串以不区分大小写的方式进行比较。

比较运算符是查询数据时最常用的一类运算符。SELECT 语句中的条件语句经常要使用比较运算符。通过这些比较运算符,可以判断表中的哪些记录符合条件。

【任务要求】

在 MySQL 客户端通过运算符得到需要的数据,学习常用比较运算符及其灵活应用。

具体操作要求如下:

（1）执行下面的表达式：$30 > 28, 17 >= 16, 30 < 28, 17 <= 16, 17 = 17, 16 <> 17, 7 <=>$ NULL, NULL $<=>$ NULL。

（2）判断 student 表中学生姓名是否为空,是否以"王"姓开头。

（3）查询 score 表中是否有成绩在 80～90 分的学生。

【相关知识】

1. 比较运算符

比较运算符是 MySQL 查询中常用的一类运算符。MySQL 比较运算符及作用如表 7-2 所示。

表 7-2　MySQL 比较运算符及作用

运　算　符	示　　例	作　　用
=	a = b	如果两操作数相等,则为真
!= | <>	a != b, a <> b	如果两操作数不等,则为真
<	a < b	如果 a 小于 b,则为真
<=	a <= b	如果 a 小于或等于 b,则为真
>=	a >= b	如果 a 大于或等于 b,则为真
>	a > b	如果 a 大于 b,则为真
IN	a IN (bl, b2. ,..)	如果 a 为 b1,b2,…中任意一个,则为真
BETWEEN	a BETWEEN b AND c	如果 a 在值 b 和 c 之间包括等于 b 和 c,则为真
LIKE	a LIKE b	SQL 模式匹配：如果 a 和 b 匹配,则为真
NOT LIKE	a NOT LIKE b	SQL 模式匹配：如果 a 和 b 不匹配,则为真
REGEXP	a REGEXP b	扩展正规表达式匹配：如果 a 和 b 匹配,则为真
NOT REGEXP	a NOT REGEXP b	扩展正规表达式匹配：如果 a 和 b 不匹配,则为真
<=>	a <=> b	如果两操作数相同(即使为 NULL),则为真
IS NULL	a IS NULL	如果操作数为 NULL,则为真
IS NOT NULL	a IS NOT NULL	如果操作数不为 NULL,则为真

2. 常用的比较运算符

常用的比较运算符有">"">=""<""<=""<>""!=""="等,同样可以在 SELECT 语句中使用,返回的结果为 0、1 或 NULL。MySQL 常用比较运算符的运算示例如图 7-7 所示。

3. 范围比较运算符

常用的范围比较运算符有 BETWEEN…AND 和 IN。BETWEEN…AND 运算符用于检验一个值（或一个求值表达式）是否在一个指定的范围内,而 IN 运算符用于检验一个值（或一个求值表达式）是否包含在一个指定的值集合中。同样这两个运算符的运算结果为

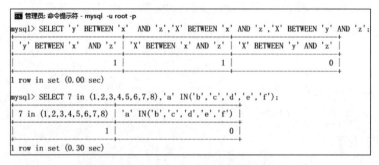

图 7-7　MySQL 常用比较运算符的运算示例

0、1 或 NULL。MySQL 范围比较运算符的运算示例如图 7-8 所示。

图 7-8　MySQL 范围比较运算符的运算示例

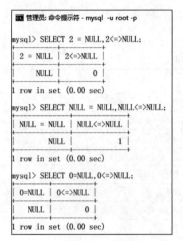

图 7-9　MySQL 空值比较运算符的
运算示例

4．空值比较运算符

MySQL 可以使用 IS NULL 或 IS NOT NULL 运算符来测定是否为空。用户也可以使用特殊的"<=>"运算符，即使当包含在比较运算符中的表达式含有一个 NULL 时，MySQL 也会为比较运算符返回一个值 0 或 1。MySQL 空值比较运算符的运算示例如图 7-9 所示。

从图 7-9 可以看出，空值和空值不能进行"="运算，但可以进行空值比较运算"<=>"。

5．模糊匹配

在 MySQL 中如果需要模糊查找数据，可以使用通配符搭配 LIKE 运算符。LIKE 运算符通过在表达式中使用专门的通配符，可以找出和指定搜索字符串全部或部分匹配的记录。LIKE 运算符的操作数为字符串。

在 MySQL 数据库中，常用的通配符有"％"和"_"两种。

（1）"％"。"％"（百分号）代表任意长度（长度可以为 0）的字符串。例如，a％b 表示以 a 开头、以 b 结尾的任意长度的字符串。

（2）"_"。"_"（下画线）代表任意单个字符。例如，a_b 表示以 a 开头、以 b 结尾的长度为 3 的任意字符串。MySQL 的 LIKE 运算符的运算示例如图 7-10 所示。

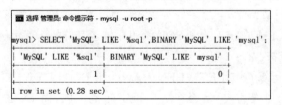

图 7-10　MySQL 的 LIKE 运算符的运算示例

【任务实现】

【例 7-4】 执行下面的表达式：30 > 28，17 >= 16，30 < 28，17 <= 16，17 = 17，16 <> 17，7 <=> NULL，NULL <=> NULL。

具体操作步骤如下：

在图 7-3 所示的界面中，输入命令。

```
SELECT 30 > 28,17 > = 16,30 < 28,17 < = 16,17 = 17,16 <> 17,7 < = > NULL,NULL < = > NULL;
```

实现对数值进行各种比较运算，结果为 0、1 或 NULL。执行结果如图 7-11 所示。

```
管理员: 命令提示符 - mysql -u root -p
mysql> SELECT 30>28,17>=16,30<28,17<=16,17=17,16<>17,7<=>NULL,NULL<=>NULL;
+-------+--------+-------+--------+-------+--------+----------+-------------+
| 30>28 | 17>=16 | 30<28 | 17<=16 | 17=17 | 16<>17 | 7<=>NULL | NULL<=>NULL |
+-------+--------+-------+--------+-------+--------+----------+-------------+
|     1 |      1 |     0 |      0 |     1 |      1 |        0 |           1 |
+-------+--------+-------+--------+-------+--------+----------+-------------+
1 row in set (0.00 sec)
```

图 7-11 对数值进行各种比较运算

【例 7-5】 判断 student 表中学生姓名是否为空，是否以“王”姓开头。

具体操作步骤如下：

在图 7-3 所示的界面中，输入命令。

```
SELECT stu_name is null,stu_name like '王 % ' FROM student;
```

实现判断 student 表中学生姓名是否为空，是否以“王”姓开头，执行结果如图 7-12 所示。

```
管理员: 命令提示符 - mysql -u root -p

mysql> SELECT stu_name is null,stu_name like '王%' FROM student;
+------------------+---------------------+
| stu_name is null | stu_name like '王%' |
+------------------+---------------------+
|                0 |                   0 |
|                0 |                   0 |
|                0 |                   1 |
|                0 |                   0 |
|                0 |                   0 |
|                0 |                   0 |
|                0 |                   0 |
|                0 |                   0 |
|                0 |                   0 |
|                0 |                   0 |
|                0 |                   1 |
|                0 |                   0 |
|                0 |                   0 |
|                0 |                   0 |
|                0 |                   1 |
|                0 |                   0 |
|                0 |                   0 |
+------------------+---------------------+
17 rows in set (0.00 sec)
```

图 7-12 判断 student 表中学生姓名是否为空，是否以“王”姓开头

微课课堂

例 7-5 说明：

实现对姓名列是否为空，是否有姓王的学生的判断，结果为姓名列都不为空，但有 3 个姓王的学生。当数据量较大时不宜使用此方法，通常会结合 WHERE 子句过滤行得到需要的数据，将在项目 8 中详细阐述。

【例7-6】 查询score表中是否有成绩在80~90分的学生。

具体操作步骤如下：

在图7-3所示的界面中，输入命令。

```
SELECT stu_id,chengji BETWEEN 80 AND 90 FROM score;
```

实现查询score表中是否有成绩在80~90分的学生，chengji列为1说明此学生成绩在80~90分，否则不在此区间。执行结果部分截图如图7-13所示。

```
管理员：命令提示符 - mysql -u root -p

mysql> SELECT stu_id,chengji BETWEEN 80 AND 90 FROM score;
+---------+---------------------------+
| stu_id  | chengji BETWEEN 80 AND 90 |
+---------+---------------------------+
| 2111001 |                         1 |
| 2111001 |                         0 |
| 2111001 |                         1 |
| 2111001 |                         0 |
| 2111001 |                         1 |
| 2111001 |                         0 |
| 2111002 |                         0 |
| 2111002 |                         1 |
| 2111002 |                         0 |
| 2111002 |                         1 |
| 2111002 |                         1 |
| 2111003 |                         1 |
| 2111003 |                         1 |
| 2111003 |                         1 |
| 2111003 |                         1 |
| 2111004 |                         0 |
| 2111004 |                         0 |
| 2111004 |                         0 |
| 2111004 |                         0 |
| 2111004 |                         1 |
```

图7-13　查询score表中是否有成绩在80~90分的学生

视频讲解

任务3　逻辑运算符

【任务描述】

逻辑运算符用来判断表达式的真假。逻辑运算符的返回结果只有0、1或NULL。如果表达式是真，则结果返回1，否则返回0。如果表达式无法确定，结果返回NULL。

【任务要求】

MySQL中逻辑运算符包括与运算、或运算、非运算、异或运算。学习常用的逻辑运算符及其灵活应用。

具体操作要求如下：

（1）在MySQL中执行下列逻辑运算，如2&&0&&NULL，1.5&&2，3||NULL，3 XOR 2，0 XOR NULL并观察MySQL逻辑运算符的特点。

（2）在student表中查询是否有大数据学院的女生。

（3）在student表中查询是否有大数据学院或财经学院的学生。

【相关知识】

1．逻辑运算符

常用的逻辑运算符有与、或和非运算。逻辑运算符的操作数可以是数值或字符串。逻辑运算的结果为布尔值。逻辑运算符及作用如表 7-3 所示。

表 7-3　逻辑运算符及作用

运　算　符	示　例	作　用
AND|&&	A AND B, a&&b	逻辑与：如果两操作数为真，则结果为真
OR|||	A OR B, a||b	逻辑或：如果任一操作数为真，则结果为真
NOT|!	NOT a,!a	逻辑非：如果操作数为假，则结果为真

2. "与"运算

"与"运算即所有操作数不为 0 并且不为空值时，结果返回 1；存在任何一个操作数为 0 时，结果返回 0；存在一个操作数为 NULL 并且没有操作数为 0 时，结果返回 NULL。MySQL "与"运算的运算示例如图 7-14 所示。

3. "或"运算

"或"运算即所有操作数中存在任何一个操作数不为 0 时，结果返回 1；操作数中不包含非 0 的数字，但包含 NULL 时，结果返回 NULL；操作数中只有 0，结果返回 0。MySQL "或"运算的运算示例如图 7-15 所示。

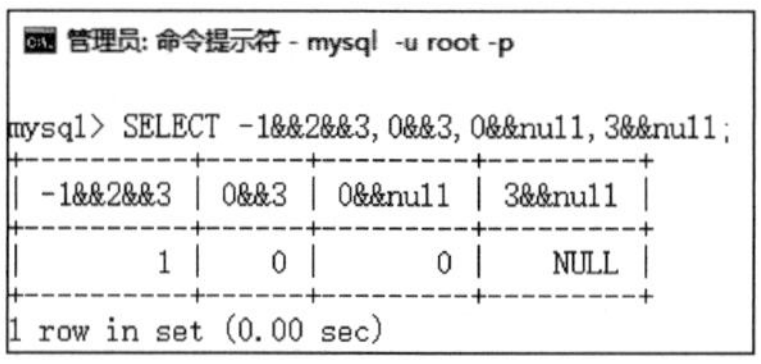

图 7-14　MySQL "与"运算的运算示例

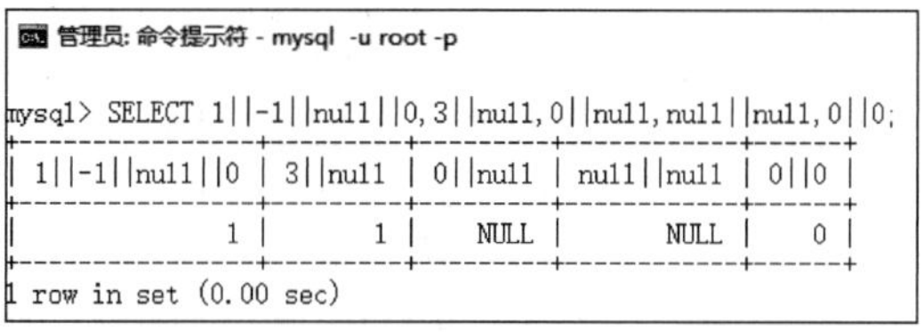

图 7-15　MySQL "或"运算的运算示例

4. "非"运算

如果操作数是非 0 的数字，则结果返回 0；如果操作数是 0，则结果返回 1；如果操作数是 NULL，则结果返回 NULL。MySQL "非"运算的运算示例如图 7-16 所示。

5. "异或"运算

只要其中任何一个操作数为 NULL 时，结果返回 NULL；操作数都是非 0 或都是 0 时，结果返回 0；操作数一个是非 0，另一个是 0 时，结果返回 1。MySQL "异或"运算的运算示例如图 7-17 所示。

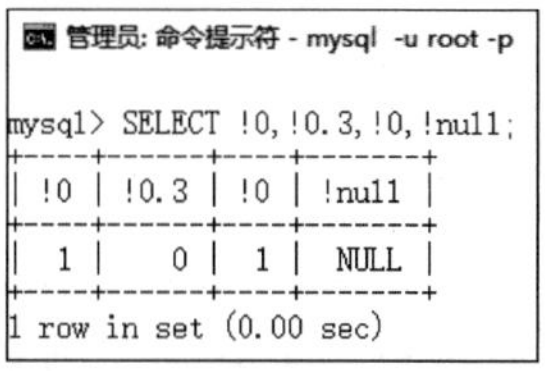

图 7-16　MySQL "非"运算的
运算示例

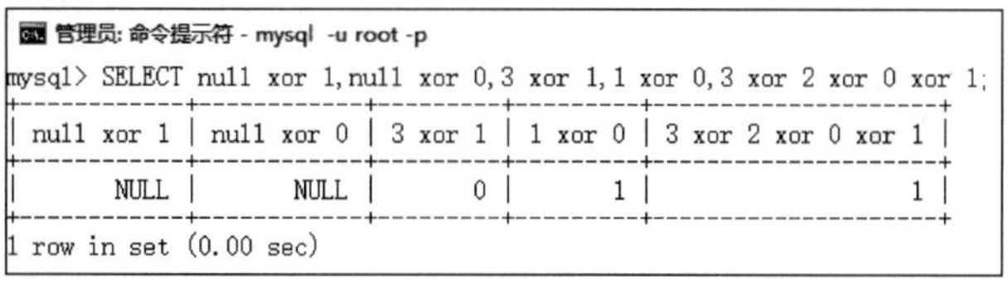

图 7-17　MySQL "异或"运算的运算示例

【任务实现】

【例 7-7】　在 MySQL 中执行下列逻辑运算：2&&0&&NULL, 1.5&&2, 3\|\|NULL, 3 XOR 2, 0 XOR NULL。

具体操作步骤如下：

在图 7-3 所示的界面中，输入命令。

```
SELECT 2&&0&&NULL,1.5&&2,3||NULL,3 XOR 2,0 XOR NULL;
```

实现对数值进行各种逻辑运算，结果为 0、1 或 NULL。执行结果如图 7-18 所示。

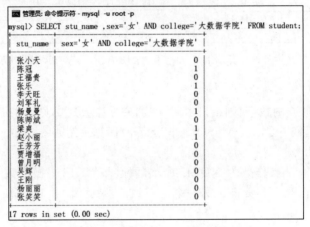

图 7-18　对数值进行各种逻辑运算

【例 7-8】　在 student 表中查询是否有大数据学院的女生。

具体操作步骤如下：

在图 7-3 所示的界面中，输入命令。

```
SELECT stu_name , sex = '女' AND college = '大数据学院' FROM student;
```

实现查询是否有大数据学院的女生，执行结果如图 7-19 所示。

图 7-19　查询是否有大数据学院的女生

🔔 **微课课堂**

图 7-19 说明：

在 student 表中查询是否有大数据学院的女生时，查询结果如果第 2 列为 1 则存在，否则不满足条件。图 7-19 显示有 5 个学生满足条件。

【例 7-9】　在 student 表中查询是否有大数据学院或财经学院的学生。

具体操作步骤如下：

在图 7-3 所示的界面中，输入命令。

```
SELECT stu_name , college = '财经学院' OR college = '大数据学院' FROM student;
```

实现查询 student 表中是否有财经学院或大数据学院的学生，查询结果第 2 列为 1 表示满足条件。即财经学院或大数据学院一共有 12 个学生,执行结果如图 7-20 所示。

```
管理员:命令提示符 - mysql -u root -p

mysql> SELECT stu_name ,college='财经学院' OR college='大数据学院' FROM student;

+-----------+-------------------------------------------------+
| stu_name  | college='财经学院' OR college='大数据学院'         |
+-----------+-------------------------------------------------+
| 张小天    |                                               1 |
| 陈冠      |                                               1 |
| 王福贵    |                                               1 |
| 张乐      |                                               1 |
| 李天旺    |                                               1 |
| 刘军礼    |                                               1 |
| 杨曼曼    |                                               1 |
| 陈师斌    |                                               1 |
| 梁爽      |                                               1 |
| 赵小丽    |                                               1 |
| 王芳芳    |                                               0 |
| 贾增福    |                                               0 |
| 曾月明    |                                               0 |
| 吴辉      |                                               0 |
| 王刚      |                                               0 |
| 杨丽丽    |                                               1 |
| 张笑笑    |                                               1 |
+-----------+-------------------------------------------------+
17 rows in set (0.00 sec)
```

图 7-20　查询 student 表中是否有财经学院或大数据学院的学生

任务 4　位运算符

视频讲解

【任务描述】

位运算符是在二进制数上进行计算的运算符。位运算符会先将操作数转换为二进制数,然后进行按位运算,最后将计算结果从二进制数转换为十进制数。

位运算符的使用频率比其他运算符低。要熟练使用位运算符首先要掌握位运算符的运算规律。

【任务要求】

在 MySQL 中,常用的位运算符有位与、位或和位异或,学习常用位运算符及其灵活应用。

具体操作要求如下:

(1) 对 score 表的成绩列按位或 2。

(2) 对 score 表的成绩列按位异或 2。

【相关知识】

1. 位运算符

位运算符需要将操作数转换为二进制数,因此首先要熟悉十进制数和二进制数的转换。MySQL 位运算符及作用如表 7-4 所示。

表 7-4　MySQL 位运算符及作用

运　算　符	作　用	示　例
&	按位与(位 AND)	SELECT A & B
|	按位或(位 OR)	SELECT A | B

续表

运　算　符	作　　用	示　　例
^	按位异或（位 XOR）	SELECT A^B
～	按位取反	SELECT ～A
＞＞	按位右移	SELECT A ＞＞ 2
＜＜	按位左移	SELECT B ＜＜ 2

2. 位与运算

位与运算首先将操作数转换为二进制数,然后从高位到低位按位做与运算,即同为 1 则为 1,其余情况都为 0。例如,计算 3&2,先将两个操作数分别转换为二进制 11 和 10,再将每一位进行与运算得到 10,最后把 10 转换为十进制数即为 2。MySQL 位与运算的运算示例如图 7-21 所示。

3. 位或运算

位或运算首先将操作数转换为二进制数,然后从高位到低位按位做或运算,即同为 0 则为 0,其余情况都为 1。例如,计算 1|2,先将两个操作数分别转换为二进制数 01 和 10,再将每一位进行或运算得到 11,最后把 11 转换为十进制数即为 3。MySQL 位或运算的运算示例如图 7-22 所示。

4. 位异或运算

位异或运算首先将操作数转换为二进制数,然后从高位到低位按位做异或运算,即不同则为 1,其余情况都为 0。例如,计算 3^2,先将两个操作数分别转换为二进制数 11 和 10,再将每一位进行异或运算得到 01,最后把 01 转换为十进制数即为 1。MySQL 位异或运算的运算示例如图 7-23 所示。

图 7-21　MySQL 位与运算的运算示例

图 7-22　MySQL 位或运算的运算示例

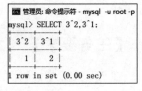

图 7-23　MySQL 位异或运算的运算示例

5. 运算符的优先级

运算符的优先级决定了不同的运算符在表达式中计算的先后顺序。MySQL 各类运算符及其优先级如表 7-5 所示。

表 7-5　MySQL 各类运算符及其优先级

优先级由低到高排列	运　算　符
1	＝（赋值运算）、:＝
2	‖、OR
3	XOR
4	&&、AND
5	NOT
6	BETWEEN、CASE WHEN、THEN、ELSE

续表

优先级由低到高排列	运　算　符
7	=（比较运算）、<=>、>=、>、<=、<、<>、! =、IS、LIKE、REGEXP、IN
8	|
9	&
10	<<、>>
11	−（减号）、＋
12	＊、/、%
13	^
14	−（负号）、~（位反转）
15	!

实际使用中,建议读者使用"( )"将优先计算的内容括起来。

【任务实现】

【例 7-10】　对 score 表的成绩列按位或 2。

具体操作步骤如下:

在图 7-3 所示的界面中,输入命令。

```
SELECT chengji|2 FROM score;
```

实现对 score 表的成绩列所有数据进行按位或运算,执行结果部分截图如图 7-24 所示。

【例 7-11】　对 score 表的成绩列按位异或 2。

具体操作步骤如下:

在图 7-3 所示的界面中,输入命令。

```
SELECT chengji^2 FROM score;
```

实现对 score 表的成绩列所有数据进行按位异或运算,执行结果部分截图如图 7-25 所示。

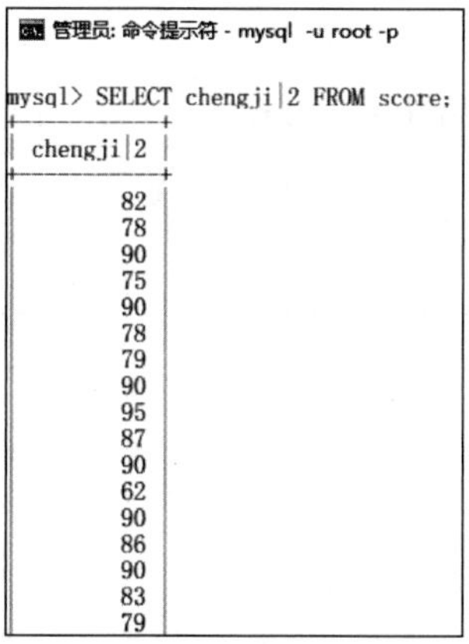

图 7-24　对 score 表的成绩列所有数据进行
按位或运算

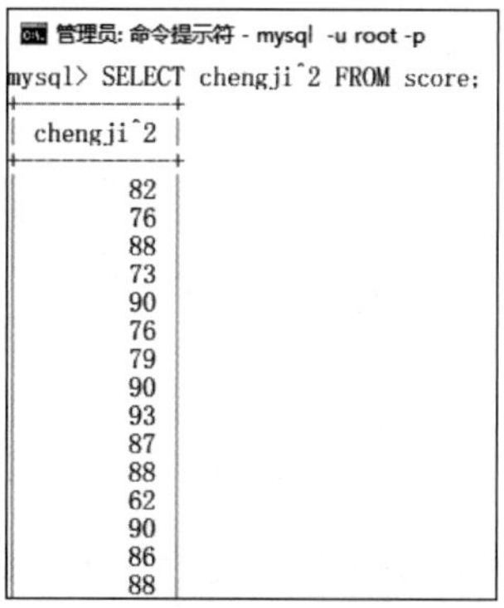

图 7-25　对 score 表的成绩列所有数据进行
按位异或运算

> 🔔 **微课课堂**
>
> 位运算符：
>
> （1）掌握位与、位或、位异或运算符的运算规律有利于提高表数据的运算效率。
>
> （2）因位运算优先级高与其他运算，要使用位运算符需要先对表中字段的数据进行设计。

实训巩固

1. 在 MySQL 客户端通过命令对 score 表的 chengji 字段的值和数字 4 进行加、减、乘、除和求余运算。

_____

_____

_____

2. 使用比较运算符将 chengji 字段的值和 80 进行比较。

_____

_____

_____

3. 判断 chengji 字段的值是否在 70～80，并判断 chengji 字段的值是否在（25,48,60,75,85）集合中。

_____

_____

_____

4. 判断 student 表的 stu_name 的值是否为空，并判断 stu_name 字段是否有姓"杨"的记录。

_____

_____

_____

5. 计算 student 表中所有学生的年龄。

_____

_____

_____

知识拓展

在 MySQL 中,除了可以使用 LIKE 运算符做模糊查询外,还可以使用 REGEXP 运算符。REGEXP 运算符支持正则表达式,功能非常强大。

1. REGEXP 运算符

REGEXP 运算符常用的匹配符号如表 7-6 所示。

表 7-6 REGEXP 运算符常用的匹配符号

符　　号	运算符作用
^	匹配字符串的开始字符
$	匹配字符串的结束字符
.	匹配任何单个字符,与 LIKE 运算符的_类似
*	匹配零个或多个在它前面的字符
+	匹配前面的字符 1 次或多次
［字符集合］	匹配字符集合中的任何一个字符
［^字符集合］	匹配不在字符集合中的任何一个字符

(1) ^符号可以匹配字符串的开始字符。例如,查询是否有姓"王"的学生,可以使用如下语句。

```
SELECT stu_name REGEXP '^王' FROM student;
```

(2) $ 符号可以匹配字符串的结束字符。例如,查询是否有姓名末尾是"明"的学生,可以使用如下语句。

```
SELECT stu_name REGEXP '明$' FROM student;
```

(3)［字符集合］可以匹配字符集合中的任何一个字符。例如,查询是否有学分是 3 分或 4 分的课程。

```
SELECT ke_xuefen REGEXP '[34]' from kecheng;
```

(4)［^字符集合］可以匹配不在字符集合中的任何一个字符。例如,查询是否有学分不是 3 分或 4 分的课程。

```
SELECT ke_xuefen REGEXP '[^34]' from kecheng;
```

2. LIKE 与 REGEXP 的区别

(1) LIKE 是匹配整列值,而 REGEXP 匹配部分即可。例如,查询是否有姓"杨"的学生,"stu_name LIKE '杨'"是查询不到任何记录的,除非使用"stu_name LIKE '杨%'",匹配整列的值才能查询到记录。而如果用 REGEXP,则可以使用"stu_name REGEXP '杨'",不用匹配整列值,就可以过滤出需要的记录行。

(2) LIKE 匹配部分场景可以使用索引,而 REGEXP 则不能使用索引。使用索引可优化查询效率。

课后习题

一、选择题

1. MySQL 逻辑运算符不包括（　　）。

  A. &&   B. | C. NOT   D. AND

2. 下列（　　）逻辑运算符的优先级排列正确。

  A. AND、NOT、OR   B. NOT、AND、OR

  C. OR、NOT、AND   D. OR、AND、NOT

3. （　　）不是 MySQL 比较运算符。

  A. !=   B. <>   C. ==   D. >=

4. 以下否定语句搭配不正确的是（　　）。

  A. NOT IN   B. IN NOT

  C. NOT BETWEEN AND   D. IS NOT NULL

5. 以下语句错误的是（　　）。

  A. SELECT '500'+200;   B. SELECT 500+200;

  C. SELECT '500' * '200'   D. SELECT ;

二、填空题

1. SELECT 9/3 的结果为_____。

2. 语句 SELECT '1+2'的显示结果是_____。

3. SELECT '2.5'+3 的结果为_____。

4. 用 SELECT 实现模糊查询时，可以使用_____匹配符。

5. MySQL 的除法运算中，除数为 0 的执行结果为_____。

三、简答题

1. 比较运算符的运算结果只能是 0 和 1 吗？

2. 哪种运算符的优先级最高？

3. 十进制数也可以直接使用位运算符吗？

4. 写出以下位运算的结果：11&15,11|15,13^15,~15。

5. 写出以下算术运算的结果：5 * 2−4,(2+7)/3,9 DIV 2,MOD(9,2)。

项目8 简单信息查询

学习目标

(1) 了解 MySQL 数据表查询的作用和功能。

(2) 熟练掌握简单查询 SELECT 语句的语法结构和实践应用。

(3) 理解各种不同的查询子句的作用。

(4) 能灵活区分分组统计查询实现分类汇总统计。

(5) 灵活应用各种不同查询子句和分组统计实现单表查询的综合应用。

匠人匠心

(1) 学习查询用以查找数据表中想要的信息,学习知识要注意前后的逻辑关系,培养学生综合分析问题、解决问题的能力。

(2) 利用查询解决生活中实际需要的查找问题,培养学生遇到问题不退缩,先将需求目标分解后细化,逐一解决突破,培养学生树立积极向上的良好的学习心态。

(3) 利用查询子句解决生活中实际问题时需要不断优化,还可以借助 EXPLAIN 功能对查询做出优化,引导学生不要满足当前的成绩,需要放眼未来。

(4) 学习和实现统计数据查询,引导学生懂得查询数据信息的同时还可以统计计算,使学生明白"一箭双雕""一举多得"的道理。在学习过程中,需要认真对待每个科目,科目和科目间会相互促进和融通。

任务 1 单表查询

视频讲解

【任务描述】

单表查询是数据库操作中最常用的对一个数据表的查询,包括查询所有字段、查询指定字段、条件记录、改变字段的显示名称、显示计算列值等。

【任务要求】

利用 MySQL 自带的 MySQL Command Line Client 工具或利用图形化工具 SQLyog 实现数据表信息的查询大多是借助 SQL 语句实现的,只是界面显示的效果略有不同,因此以下查询均采用图形化工具 SQLyog 来实现。

具体操作要求如下:

（1）查询 student 表中所有学生的信息。

（2）查询 student 表中 stu_id、stu_name 和 class 字段对应的学生信息。

（3）查询 student 表中的学生来自的学院和专业信息。

（4）查询 student 表中所有女生的信息。

（5）查询 student 表中 2002-10-1 以后出生的学生信息。

（6）查询 student 表中年龄在 21 岁以上的学生信息。

（7）查询 student 表中姓"张"的学生信息。

（8）查询 score 表中 chengji 在 85 分和 95 分之间的学生信息。

（9）查询 score 表中 chengji 在 90 分以上的学生信息并对 chengji 升序排序。

（10）查询 score 表中 chengji 在 90 分以上并对 chengji 按照降序排序的前 3 条学生信息。

（11）查询出 student 表中所有的班级信息。

（12）检索查看显示 score 表中选修了 1081001 课程的 stu_id、ke_id 字段信息查询中使用的索引。

【相关知识】

1. SELECT 语句

利用 SQL 语句可以实现从表或视图中快速、准确地检索数据。查询数据的基本语句为 SELECT 语句。SELECT 语句可以实现对表数据行、列的筛选查询以及表间的连接操作查询等，其具体的语法格式如下：

```
SELECT
    [ALL | DISTINCT]
    select_expr [, select_expr] … | *
    [FROM table_name
    [WHERE where_condition]
    [ORDER BY {col_name | expr | position}
      [ASC | DESC], … ]
  [LIMIT[N,]M]
```

说明：

- ALL | DISTINCT，默认是 ALL，表示将检索到的所有记录都显示出来；DISTINCT 表示重复的记录只显示一条。

- select_expr … | * 用于指定要查询的各个字段或表达式，各字段名之间用逗号分隔，通过指定列实现对表的列筛选。如果使用 *，则表示选择表中所有列。

- FROM 子句用于指定要查询的数据表名称，可以是一个表也可以是多个表。当是多个表时，实现的是连接查询。

- WHERE 子句用于指定查询条件，通过给定查询条件实现对表的行筛选。

- ORDER BY 子句用于排序，ASC 代表升序（默认），DESC 代表降序。当设置多个字段排序时，按照从前往后的顺序显示记录。

- LIMIT 子句用于指定从查询结果中显示从 N 行开始的 M 行记录。

> **微课课堂**
>
> SELECT 语句：
>
> (1) 在 mysql>提示符下执行 Help select 可以获得 SELECT 语句的全语法格式以及应用说明文档和官方文档的访问地址。
>
> (2) [] 表示可选项,|表示或,即多项中选其中之一。

2. 改变字段的显示名称

如果没有特别指定,使用 SELECT 语句查询返回的结果中的列标题和表或视图中的列名相同。直接使用数据表或视图中的列名作为列标题,直观性差。为了增加结果的可读性,可以为查询列指定新的列标题,其具体的语法格式如下:

原字段名 [AS] 新字段名

> **微课课堂**
>
> 改变字段的显示名称：
>
> (1) AS 为可选项,可有可无,没有 AS 时则用空格分隔。
>
> (2) AS 子句指定的新列名只是作为查询结果中显示的列标题,并不会改变表中的字段名。
>
> (3) 如果用户自定义的列名不符合命名规则,则需使用一对单引号将其括起来。

3. 计算列

在查询数据表中信息时,SELECT <字段列表> 显示查询结果的字段列表中不但可以是数据表中的字段,还可以是对字段借助各种运算符实现列的计算表达式、字符串常量或函数等。例如,根据出生日期计算出年龄;根据成绩计算出成绩的等级等。这就需要有选择性的借助项目 7 MySQL 的运算符来实现。

4. 模糊查询

在查询数据表中信息时,经常会查询一些不是非常精准的大概信息。例如,查询姓"张"的同学或查询家庭住址是"重庆市"但不限定具体哪个区的学生信息。在 MySQL 中这类查询称为模糊查询。

关键字 LIKE 和通配符可以结合使用,具体的通配符及功能可以参见项目 4 相关知识中有关数据库的微课课堂。

5. 优化查询

MySQL 8.0 支持 EXPLAIN 功能,用于检索要执行 SELECT 查询所需要的步骤,还可以查看表和表之间的联系。使用 EXPLAIN 关键字可以了解 MySQL 数据库处理 SQL 语句的过程,以及方便用户对 SQL 语句做出优化。

【任务实现】

【例 8-1】 查询 student 表中所有学生的信息。

具体操作步骤如下:

(1) 在图 4-4 的客户端 SQLyog 工作界面中,右侧 Query 窗口中输入命令。

```
SELECT stu_id,stu_name,sex,csrq,familyaddress,college,class FROM student;
```

或

```
SELECT * FROM student;
```

（2）按 F9 键或单击工具栏中的"执行查询"按钮，执行结果如图 8-1 所示。

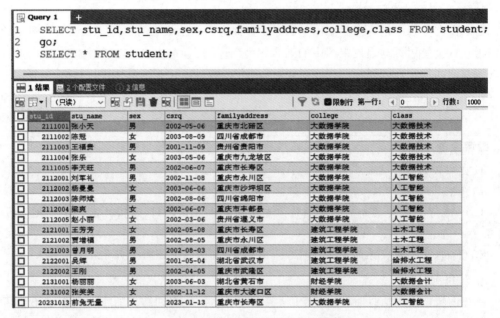

图 8-1　查询 student 表中所有学生的信息

【例 8-2】　查询 student 表中 stu_id、stu_name 和 class 字段对应的学生信息。

具体操作步骤如下：

（1）在图 4-4 的客户端 SQLyog 工作界面中，右侧 Query 窗口中输入命令。

```
SELECT stu_id,stu_name,class FROM student;
```

（2）按 F9 键或单击工具栏中的"执行查询"按钮，执行结果如图 8-2 所示。

【例 8-3】　查询 student 表中的学生来自的学院和专业信息。

具体操作步骤如下：

（1）在图 4-4 的客户端 SQLyog 工作界面中，右侧 Query 窗口中输入命令。

```
SELECT DISTINCT college,class FROM student;
```

（2）按 F9 键或单击工具栏中的"执行查询"按钮，执行结果如图 8-3 所示。

【例 8-4】　查询 student 表中所有女生的信息。

具体操作步骤如下：

（1）在图 4-4 的客户端 SQLyog 工作界面中，右侧 Query 窗口中输入命令。

```
SELECT * FROM student WHERE sex = '女';
```

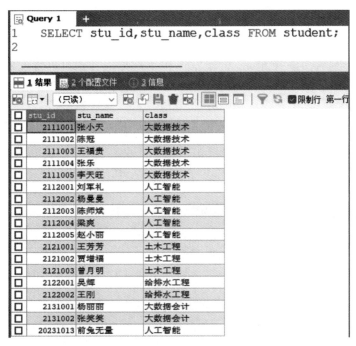

图 8-2　查询 student 表中指定字段对应的学生信息

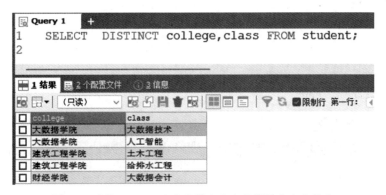

图 8-3　查询 student 表中的学生来自的学院和专业信息

（2）按 F9 键或单击工具栏中的"执行查询"按钮，执行结果如图 8-4 所示。

stu_id	stu_name	sex	csrq	familyaddress	college	class
2111002	陈冠	女	2003-08-09	四川省成都市	大数据学院	大数据技术
2111004	张乐	女	2003-05-06	重庆市九龙坡区	大数据学院	大数据技术
2112002	杨曼曼	女	2003-06-06	重庆市沙坪坝区	大数据学院	人工智能
2112004	梁爽	女	2002-06-07	重庆市丰都县	大数据学院	人工智能
2112005	赵小丽	女	2002-03-06	贵州省遵义市	大数据学院	人工智能
2121001	王芳芳	女	2002-05-08	重庆市长寿区	建筑工程学院	土木工程
2131001	杨丽丽	女	2003-06-03	湖北省黄石市	财经学院	大数据会计
2131002	张笑笑	女	2002-11-12	重庆市大渡口区	财经学院	大数据会计
20231013	前兔无量	女	2023-01-13	重庆市长寿区	大数据学院	人工智能

图 8-4　查询 student 表中所有女生的信息

【例 8-5】　查询 student 表中 2002-10-1 以后出生的学生信息。

具体操作步骤如下：

（1）在图 4-4 的客户端 SQLyog 工作界面中，右侧 Query 窗口中输入命令。

```
SELECT * FROM student WHERE csrq>'2002-10-1';
```

（2）按 F9 键或单击工具栏中的"执行查询"按钮，执行结果如图 8-5 所示。

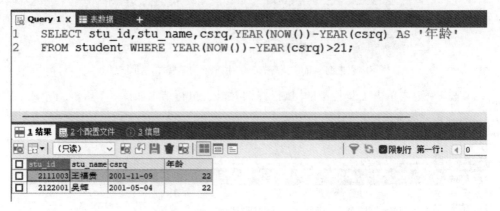

图 8-5　查询 student 表中 2002-10-1 以后出生的学生信息

【例 8-6】　查询 student 表中年龄在 21 岁以上的学生信息。

具体操作步骤如下：

（1）在图 4-4 的客户端 SQLyog 工作界面中，右侧 Query 窗口中输入命令。

```
SELECT stu_id,stu_name,csrq,YEAR(NOW())-YEAR(csrq) AS '年龄'
FROM student WHERE YEAR(NOW())-YEAR(csrq)>21;
```

（2）按 F9 键或单击工具栏中的"执行查询"按钮，执行结果如图 8-6 所示。

图 8-6　查询 student 表中年龄在 21 岁以上的学生信息

【例 8-7】　查询 student 表中姓"张"的学生信息。

具体操作步骤如下：

（1）在图 4-4 的客户端 SQLyog 工作界面中，右侧 Query 窗口中输入命令。

```
SELECT * FROM student WHERE stu_name LIKE '张%';
```

（2）按 F9 键或单击工具栏中的"执行查询"按钮，执行结果如图 8-7 所示。

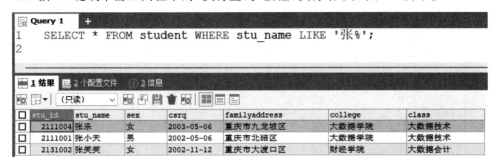

图 8-7　查询 student 表中姓"张"的学生信息

【例 8-8】　查询 score 表中 chengji 在 85 分和 95 分之间的学生信息。

具体操作步骤如下：

（1）在图 4-4 的客户端 SQLyog 工作界面中，右侧 Query 窗口中输入命令。

```
SELECT * FROM score
WHERE chengji BETWEEN 85 AND 95;
```

（2）按 F9 键或单击工具栏中的"执行查询"按钮，执行结果如图 8-8 所示。

图 8-8　例 8-8 的查询语句和执行结果

【例 8-9】　查询 score 表中 chengji 在 90 分以上的学生信息并对 chengji 升序排序。

具体操作步骤如下：

（1）在图 4-4 的客户端 SQLyog 工作界面中，右侧 Query 窗口中输入命令。

```
SELECT * FROM score WHERE chengji＞90 ORDER BY chengji;
```

（2）按 F9 键或单击工具栏中的"执行查询"按钮，执行结果如图 8-9 所示。

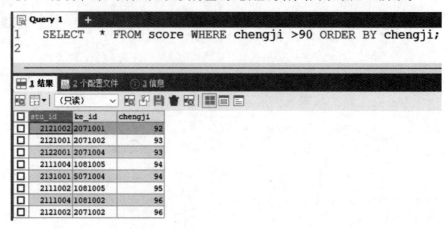

图 8-9　例 8-9 的查询语句和执行结果

【例 8-10】　查询 score 表中 chengji 在 90 分以上并对 chengji 按照降序排序的前 3 条学生信息。

具体操作步骤如下：

（1）在图 4-4 的客户端 SQLyog 工作界面中，右侧 Query 窗口中输入命令。

```
SELECT * FROM score WHERE chengji＞90 ORDER BY chengji DESC LIMIT 3;
```

（2）按 F9 键或单击工具栏中的"执行查询"按钮，执行结果如图 8-10 所示。

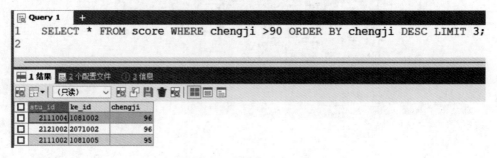

图 8-10　例 8-10 的查询语句和执行结果

【例 8-11】　查询出 student 表中所有的班级信息。

具体操作步骤如下：

（1）在图 4-4 的客户端 SQLyog 工作界面中，右侧 Query 窗口中输入命令。

```
SELECT DISTINCT class FROM student;
```

（2）按 F9 键或单击工具栏中的"执行查询"按钮，执行结果如图 8-11 所示。

当然，本例题还可以借助 GROUP BY 分组查询方式实现，其对应的 SQL 语句如下：

```
SELECT class FROM student GROUP BY class;
```

请读者自行测试验证。

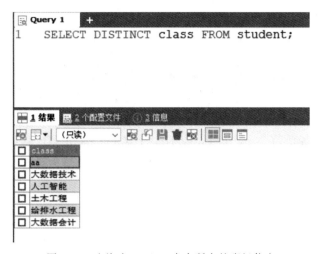

图 8-11　查询出 student 表中所有的班级信息

> **微课课堂**
>
> 去重查询：
> （1）DISTINCT 关键字只能在 SELECT 语句中使用；
> （2）可以对一个或多个字段去重，但 DISTINCT 关键字必须放在所有字段的最前面。

【例 8-12】　检索查看显示 score 表中选修了 1081001 课程的 stu_id、ke_id 字段信息查询中使用的索引。

具体操作步骤如下：

（1）在图 4-4 的客户端 SQLyog 工作界面中，右侧 Query 窗口中输入命令。

```
EXPLAIN SELECT stu_id,ke_id FROM score WHERE ke_id = "1081001"
```

（2）按 F9 键或单击工具栏中的"执行查询"按钮，执行结果如图 8-12 所示。

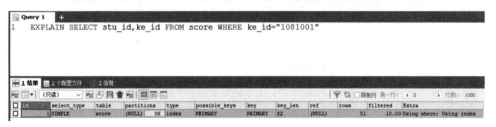

图 8-12　例 8-12 查询语句及执行结果

任务 2　分组统计查询

视频讲解

【任务描述】

MySQL 查询中经常需要按照某一特定条件进行分组并统计相关信息，这时就需要借助分组统计查询。

【任务要求】

具体操作要求如下：

（1）对 student 表按照 sex 分组并统计男女生人数。

（2）对 score 表按照 ke_id 分组查询并统计各科成绩的总分和平均分。

（3）统计查询出 score 表中成绩是非空值的每名同学的最高分和最低分。

（4）按照 ke_id 字段对 score 表分组查询并且统计 chengji 的总分并按照升序排序。

（5）对 student 表按照 college 分组并统计查询出学院学生人数在 5 人以上的信息。

【相关知识】

1．分组查询

分组查询是指将查询结果按照指定字段进行分组，字段中数据相等的分为一组，再对每一组记录分别统计。分组的目的是统计。分组查询其具体的语法格式如下：

```
SELECT 字段列表 FROM 表名 GROUP BY 分组字段[HAVING 条件表达式];
```

说明：

- GROUP BY 子句用于将查询结果按指定子句中的字段或表达式进行分组显示。
- HAVING 子句用于筛选出分组之后满足条件的数据，条件中经常包含聚合函数。

> 🔔 **微课课堂**
>
> 分组查询：
>
> （1）SELECT 后面的字段列表中的字段必须是 GROUP BY 子句中的字段或聚合函数计算表达式。
>
> （2）HAVING 子句可有可无，如果有，则用来查询分组后满足条件的记录。

2．区分 WHERE 和 HAVING 子句

在用 MySQL 查询数据表信息时，经常需要用 WHERE 子句或 HAVING 子句。这两个子句都是用来设置条件的，但又有本质的不同。WHERE 和 HAVING 子句的功能及区别如表 8-1 所示。

表 8-1　WHERE 和 HAVING 子句的功能及区别

条件子句	功　　能	是否可以包含聚合函数
WHERE 子句	在分组前设置过滤条件，将不符合 WHERE 条件的记录去掉	否
HAVING 子句	在分组后设置过滤条件，筛选满足条件的组	是

【任务实现】

【例 8-13】　对 student 表按照 sex 分组并统计男女生人数。

具体操作步骤如下：

（1）在图 4-4 的客户端 SQLyog 工作界面中，右侧 Query 窗口中输入命令。

```
SELECT sex,COUNT( * ) AS 人数 FROM student GROUP BY sex;
```

(2) 按 F9 键或单击工具栏中的"执行查询"按钮,执行结果如图 8-13 所示。

图 8-13　对 student 表按照 sex 分组并统计男女生人数

【例 8-14】　对 score 表按照 ke_id 分组查询并统计各科成绩的总分和平均分。

具体操作步骤如下:

(1) 在图 4-4 的客户端 SQLyog 工作界面中,右侧 Query 窗口中输入命令。

```
SELECT ke_id,SUM(chengji) AS 总分,AVG(chengji) AS 平均分
FROM score GROUP BY ke_id;
```

(2) 按 F9 键或单击工具栏中的"执行查询"按钮,执行结果如图 8-14 所示。

```
1    SELECT ke_id,SUM(chengji) AS 总分,AVG(chengji) AS 平均分
2    FROM score GROUP BY ke_id;
```

ke_id	总分	平均分
1081001	408	68
1081002	739	73.9
1081005	714	79.33333333333333
1091002	907	82.45454545454545
5071004	527	87.83333333333333
5071005	78	78
2071001	181	90.5
2071002	189	94.5
2071004	161	80.5
3081002	177	88.5

图 8-14　例 8-14 查询语句及执行结果

【例 8-15】　统计查询出 score 表中成绩是非空值的每名同学的最高分和最低分。

具体操作步骤如下:

(1) 在图 4-4 的客户端 SQLyog 工作界面中,右侧 Query 窗口中输入命令。

```
SELECT stu_id,MAX(chengji) 最高分 ,MIN(chengji) 最低分 FROM score
WHERE chengji IS NOT NULL
GROUP BY stu_id ;
```

(2) 按 F9 键或单击工具栏中的"执行查询"按钮,执行结果如图 8-15 所示。

【例 8-16】　按照 ke_id 字段对 score 表分组查询并且统计 chengji 的总分并按照升序排序。

具体操作步骤如下:

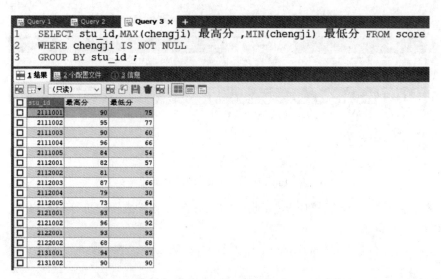

图 8-15　例 8-15 查询语句及执行结果

（1）在图 4-4 的客户端 SQLyog 工作界面中，右侧 Query 窗口中输入命令。

```
SELECT ke_id,SUM(chengji) AS 总分,AVG(chengji) AS 平均分
FROM score GROUP BY ke_id
ORDER BY SUM(chengji);
```

（2）按 F9 键或单击工具栏中的"执行查询"按钮，执行结果如图 8-16 所示。

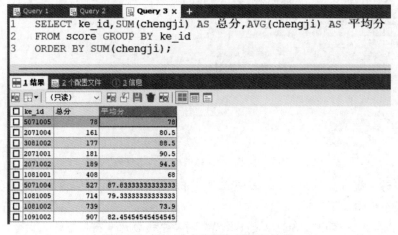

图 8-16　例 8-16 查询语句及执行结果

【例 8-17】　对 student 表按照 college 分组并统计查询出学院学生人数在 5 人以上的信息。

具体操作步骤如下：

（1）在图 4-4 的客户端 SQLyog 工作界面中，右侧 Query 窗口中输入命令。

```
SELECT college,COUNT( * ) 人数 FROM student
GROUP BY college
HAVING COUNT( * )> = 5;
```

（2）按 F9 键或单击工具栏中的"执行查询"按钮，执行结果如图 8-17 所示。

图 8-17　例 8-17 查询语句及执行结果

实训巩固

1. 查询 student 表中所有男生的信息。

2. 查询平均成绩在 75 分以上的学生学号及平均成绩。

3. 查询 student 表中姓名中带"悦"字的学生信息。

4. 统计 teacher 表中各个职称的人数。

5. 统计查询出 score 表中成绩是非空值的每名同学的总分、平均分、最高分和最低分。

知识拓展

1. 去重查询

在 MySQL 中查询经常需要去掉重复的信息。例如,查找 student 表中都有来自哪些班级的学生信息时,同一个班级的学生只需要查询显示一个班级名即可,不需要重复显示。MySQL 查询遇到类似的问题时,可以利用 DISTINCT 关键字或利用分组查询实现查询中去掉重复值。

2. 分页查询

当查询出的数据信息一页显示不全时,需要分页提交 SQL 请求。分页查询中需要借助 LIMIT 设置起始位置和偏移量。

3. 逐行查询（HANDLER 语句）

利用 SELECT 语句查询表数据通常以行的形式返回满足条件的所有记录的集合。MySQL 还可以使用 HANDLER 语句逐行浏览表中的数据。当然,HANDLER 语句逐行浏览表中的数据,仅针对存储引擎为 MyISAM 或 InnoDB 的数据表,而且 HANDLER 语句是 MySQL 专用的语句,不具备 SELECT 语句的所有功能,并不包含在 SQL 标准中。

课后习题

一、选择题

1. SELECT 语句中使用(　　)关键字可以过滤掉重复行。

A. ORDER BY　　　B. HAVING　　　C. TOP　　　　D. DISTINCT

2. 关于 SELECT 语句以下叙述中(　　)是错误的。

A. SELECT 语句用于查询一个表或多个表的数据

B. SELECT 语句属于数据操作语言（DML）

C. SELECT 语句的输出列必须是基于表的列

D. SELECT 语句可以查出数据库中一组特定的数据记录

3. SELECT 语句中用于实现设置过滤条件子句是(　　)。

A. FROM　　　　　B. WHILE　　　　C. WHERE　　　D. GROUP BY

4. 在 MySQL 的 SQL 语句查询中,用来实现模糊查询可以匹配 0 个到多个字符的通配符是(　　)。

A. *　　　　　　　B. %　　　　　　C. ?　　　　　　D. -

5. 关于 SELECT * FROM student LIMIT 5,10 的描述正确的是(　　)。

A. 获取 student 表中第 6 条到第 10 条记录

B. 获取 student 表中第 5 条到第 10 条记录

C. 获取 student 表中第 6 条到第 15 条记录

D. 获取 student 表中第 5 条到第 14 条记录

6. SELECT * FROM score WHERE chengji BETWEEN 80 AND 90 表示 chengji 在 80 至 90 之间,并且(　　)。

A. 包含 80 但不包括 90　　　　　　B. 不包含 80 但包括 90

C. 包含 80 和 90　　　　　　　　　　D. 不包含 80 也不包括 90

7. 如果要统计计算数据表中指定字段的平均值,可以使用(　　)。

A. SUM()　　　　　B. AVG()　　　　　C. MAX()　　　　　D. COUNT()

8. 用 SQL 语句查询数据表时,需要改变字段的显示名称可以借助关键字(　　)实现。

A. DISTINCT　　　B. AS　　　　　　C. WHERE　　　　D. 以上均不正确

9. 用 SQL 语句查询数据表时,分组前设置的过滤条件,用(　　)子句实现。

A. HAVING　　　　B. GROUP BY　　C. FROM　　　　　D. WHERE

10. 用 SQL 语句查询数据表时,分组后设置的过滤条件,用(　　)子句实现。

A. HAVING　　　　B. GROUP BY　　C. FROM　　　　　D. WHERE

二、填空题

1. MySQL 的 SQL 查询语句可以查询指定字段、_____、_____、改变字段的显示名称和显示计算列值等。

2. MySQL 的 SQL 查询 ORDER BY 子句用于指定排序,ASC 是升序,_____表示降序。

3. SELECT * FROM student WHERE stu_name LIKE '％张％' 表示的含义是_____。

4. 模糊查询中用关键字_____和通配符结合使用。

5. ORDER BY 子句用于排序,当设置多个字段排序时,按照_____的顺序显示记录。

三、简答题

1. 简述 MySQL 的 SQL 语句中包含哪些子句及其作用。

2. 简述 MySQL 中设置限定条件用到的 WHERE 子句和 HAVING 子句的区别。

3. 简述 MySQL 的 SQL 语句中的 WHERE 子句的作用。

4. 简述 MySQL 中使用 GROUP BY 子句实现分组查询的注意事项。

5. 简述模糊查询的作用。

四、操作题

根据 stuimfo 数据库中的数据表实现以下查询。

1. 查询姓"王"的学生名单。

2. 查询姓"李"的老师的人数。

3. 查询平均成绩大于 80 分的同学的学号和平均成绩。

4. 查询 score 表中成绩最高的学生及成绩信息。

5. 查询每个同学的学习成绩总和,并只查询总成绩大于 300 分的学生。

项目9

高级信息查询

 学习目标

（1）能灵活区分单表查询和多表查询的共同点和不同点。

（2）熟练掌握设置多表连接查询的关联关系。

（3）能熟练应用多表查询实现左外、右外和全外查询。

（4）能灵活应用统计查询实现多表汇总统计分类查询。

（5）灵活应用条件查询和连接查询综合解决生活实际问题。

 匠人匠心

（1）了解多表查询的目的和作用，引导学生要做到"知其然，更要知其所以然"。

（2）学习和实现多表查询，引导学生在生活、学习等各方面充分发动团队协作的作用，就如同多表连接查询，使学生懂得"团结就是力量"。

（3）熟练应用多个表实现复杂查询，培养学生学习不断拓宽思路和广度，复合型发展。

（4）应用统计查询实现多表汇总统计分类查询，培养学生树立"只有你想不到的，没有你做不到的"的信心，不断努力提升自我。

视频讲解

任务1 多表查询

【任务描述】

当要查询的数据分别存储在不同的数据表中时，需要对两个表或两个以上的表的信息进行查询，这就是多表查询，并且需要指定表和表之间的连接条件。

【任务要求】

具体操作要求如下：

（1）查询 student、score 表中相关的所有字段所有人的全部信息。

（2）查询 student 和 score 表中 stu_id、stu_name、ke_id 和对应的 chengji 信息。

（3）以表重命名方式连接查询 student、score、kecheng 表中 stu_id、stu_name、ke_id、ke_name 和对应的 chengji 信息。

（4）连接查询 student 和 score 表中 stu_id、ke_id 和 chengji 在 80 分以上的男生信息。

（5）左外连接查询 student 和 score 表中的 chengji 是 NULL 的信息。

（6）右外连接查询 student 和 score 表中的 chengji 是 NULL 的信息。

（7）完全外连接查询 student 和 score 表中的 chengji 是 NULL 的信息。

【相关知识】

1．多表查询

MySQL 中多表查询是对两个或两个以上的数据表进行的查询，而数据表间需要设定连接条件。因此，多表查询又称为连接查询。熟练使用连接查询，能够快速而准确地简化 SQL 语句，提高查询效率。

2．连接条件

连接条件设置的方法有两种。

（1）用 WHERE 子句指定，其具体的语法格式如下：

> SELECT 字段名列表 FROM 表 1，表 2，… WHERE 连接条件表达式…；

（2）用 JOIN 子句指定。在 SQL 查询语句的 FROM 子句中使用关键字 JOIN 将多个数据表（源）按照某种连接条件连接，其具体的语法格式如下：

> SELECT 字段名列表 FROM 表 1 连接类型 表 2 [ON 连接条件]；

3．连接类型

连接类型分为 3 种，分别是内连接、外连接和交叉连接。

1）内连接

内连接也简称为连接，是最常用的一种连接。使用内连接时，如果两个表的相关字段满足连接条件，就从这两个表中提取数据并组合成新的记录。内连接的 SQL 语句有两种表示方式：

（1）用 WHERE 子句连接，其具体的语法格式如下：

> SELECT 字段名列表 FROM 表 1，表 2 WHERE 连接条件表达式[AND 记录筛选条件表达式]；

（2）用 JOIN 子句连接，其具体的语法格式如下：

> SELECT 字段名列表 FROM 表 1[INNER]JOIN 表 2 ON 连接条件表达式[WHERE 记录筛选条件表达式]；

🔔 **微课课堂**

内连接：

（1）关键字 INNER 可以省略；

（2）连接条件中使用等号"＝"运算符比较被连接列的列值，其查询结果中包含重复列。

2）外连接

内连接的查询结果将显示满足连接条件的记录，但有时需要在多表查询时查询出其中一张表的全部信息和另外一张表的部分信息，这就需要用到外连接。外连接只限制一张表的数据必须满足连接条件，而另外一张表中的数据可以不满足连接条件。

外连接又细分为左外连接、右外连接和完全外连接3种。

（1）左外连接。左外连接使用关键字 LEFT OUTER JOIN 表示，其中 OUTER 可以省略。左外连接查询将显示左表中所有满足的记录，并在右表中找到匹配的记录；如果右表中没有相匹配的记录，则用空值（NULL）填充，其具体的语法格式如下：

```
SELECT 字段名列表 FROM 表 1 LEFT [OUTER]JOIN 表 2 ON 连接条件表达式[WHERE 记录筛选条件表达
式];
```

 微课课堂

> 左外连接：
>
> （1）关键字 OUTER 可以省略；
>
> （2）查询出左表中所有满足的记录信息，而右表可能全是空值（NULL）。

（2）右外连接。右外连接使用关键字 RIGHT OUTER JOIN 表示，其中 OUTER 可以省略。与左外连接语法类似，功能正好相反，即查询显示右表中所有满足的记录，并在左表中找到匹配的记录。如果左表中没有相匹配的记录，则用空值（NULL）填充，其具体的语法格式如下：

```
SELECT 字段名列表 FROM 表 1 RIGHT [OUTER]JOIN 表 2 ON 连接条件表达式[WHERE 记录筛选条件表达
式];
```

 微课课堂

> 右外连接：
>
> （1）关键字 OUTER 可以省略；
>
> （2）查询出右表中所有满足的记录信息，而左表可能全是空值（NULL）。

（3）完全外连接。在 MySQL 中实现完全外连接需要用关键字 UNION。完全外连接查询是将左表和右表中满足的记录全部输出。如果不能在对应表中找到匹配的数据，就用关键字 NULL 来填充，其具体的语法格式如下：

```
SELECT 字段名列表 FROM 表 1 LEFT [OUTER]JOIN 表 2 ON 连接条件表达式
UNOIN [ALL]
SELECT 字段名列表 FROM 表 1 RIGHT [OUTER]JOIN 表 2 ON 连接条件表达式
```

 微课课堂

> 完全外连接：
>
> （1）UNION 操作符用于合并两个或多个 SELECT 语句的结果集；
>
> （2）如果允许显示重复的值，则使用 UNION ALL。

3）交叉连接

交叉连接又称为笛卡儿积连接。通常的交叉连接查询如同笛卡儿积运算，是把要查询的表中所有的记录全部组合查询出来，这显然是不符合生活实际。因此，交叉连接查询经常需要借助 WHERE 子句设置表之间的关联关系才能查询出正确的结果。

4）改变查询表的表名称

在实现多个表间连接查询时，经常需要对表中重复字段设置查询来源的条件，从而导致查询语句中经常需要重复性地输入表名。为了简化录入并不改变数据表的表名，则可以对查询过程中的表的名字修改，而实际物理表的表名不变，其具体的语法格式如下：

```
原表名 [AS] 新表名
```

【任务实现】

【例 9-1】 查询 student、score 表中相关的所有字段所有人的全部信息。

具体操作步骤如下：

(1) 在图 4-4 的客户端 SQLyog 工作界面中，右侧 Query 窗口中输入命令。

```
SELECT * FROM student, score WHERE student.stu_id = score.stu_id;
```

(2) 按 F9 键或单击工具栏中的“执行查询”按钮，执行结果的部分截图如图 9-1 所示。

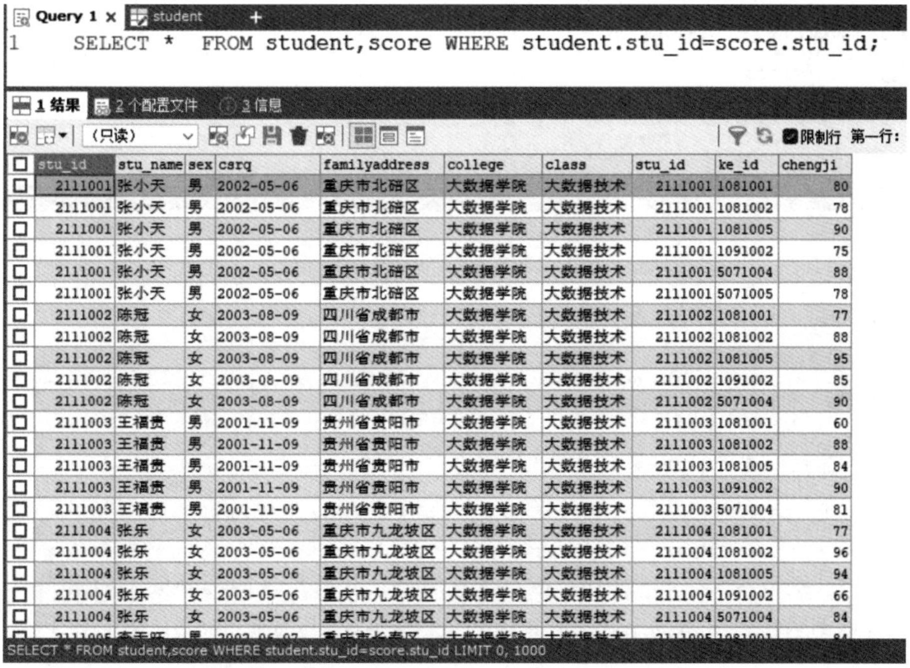

stu_id	stu_name	sex	csrq	familyaddress	college	class	stu_id	ke_id	chengji
2111001	张小天	男	2002-05-06	重庆市北碚区	大数据学院	大数据技术	2111001	1081001	80
2111001	张小天	男	2002-05-06	重庆市北碚区	大数据学院	大数据技术	2111001	1081002	78
2111001	张小天	男	2002-05-06	重庆市北碚区	大数据学院	大数据技术	2111001	1081005	90
2111001	张小天	男	2002-05-06	重庆市北碚区	大数据学院	大数据技术	2111001	1091002	75
2111001	张小天	男	2002-05-06	重庆市北碚区	大数据学院	大数据技术	2111001	5071004	88
2111001	张小天	男	2002-05-06	重庆市北碚区	大数据学院	大数据技术	2111001	5071005	78
2111002	陈冠	女	2003-08-09	四川省成都市	大数据学院	大数据技术	2111002	1081001	77
2111002	陈冠	女	2003-08-09	四川省成都市	大数据学院	大数据技术	2111002	1081002	88
2111002	陈冠	女	2003-08-09	四川省成都市	大数据学院	大数据技术	2111002	1081005	95
2111002	陈冠	女	2003-08-09	四川省成都市	大数据学院	大数据技术	2111002	1091002	85
2111002	陈冠	女	2003-08-09	四川省成都市	大数据学院	大数据技术	2111002	5071004	90
2111003	王福贵	男	2001-11-09	贵州省贵阳市	大数据学院	大数据技术	2111003	1081001	60
2111003	王福贵	男	2001-11-09	贵州省贵阳市	大数据学院	大数据技术	2111003	1081002	88
2111003	王福贵	男	2001-11-09	贵州省贵阳市	大数据学院	大数据技术	2111003	1081005	84
2111003	王福贵	男	2001-11-09	贵州省贵阳市	大数据学院	大数据技术	2111003	1091002	90
2111003	王福贵	男	2001-11-09	贵州省贵阳市	大数据学院	大数据技术	2111003	5071004	81
2111004	张乐	女	2003-05-06	重庆市九龙坡区	大数据学院	大数据技术	2111004	1081001	77
2111004	张乐	女	2003-05-06	重庆市九龙坡区	大数据学院	大数据技术	2111004	1081002	96
2111004	张乐	女	2003-05-06	重庆市九龙坡区	大数据学院	大数据技术	2111004	1081005	94
2111004	张乐	女	2003-05-06	重庆市九龙坡区	大数据学院	大数据技术	2111004	1091002	66
2111004	张乐	女	2003-05-06	重庆市九龙坡区	大数据学院	大数据技术	2111004	5071004	84

图 9-1 例 9-1 的查询语句和执行的部分结果

【例 9-2】 查询 student 和 score 表中 stu_id、stu_name、ke_id 和对应的 chengji 信息。

具体操作步骤如下：

(1) 在图 4-4 的客户端 SQLyog 工作界面中，右侧 Query 窗口中输入命令。

```
SELECT student.stu_id, stu_name, ke_id, chengji FROM student, score
WHERE student.stu_id = score.stu_id;
```

(2) 按 F9 键或单击工具栏中的“执行查询”按钮，执行结果的部分截图如图 9-2 所示。

【例 9-3】 以表重命名方式连接查询 student、score、kecheng 表中 stu_id、stu_name、

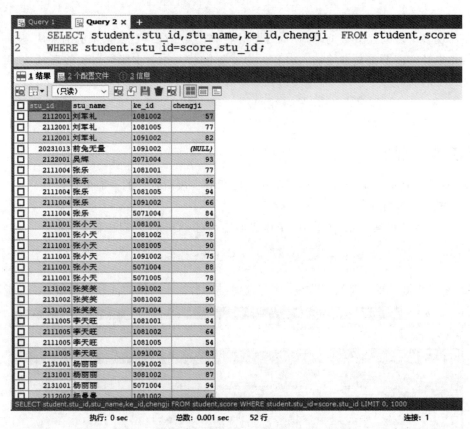

图 9-2 例 9-2 的查询语句和执行的部分结果

ke_id、ke_name 和对应的 chengji 信息。

具体操作步骤如下：

（1）在图 4-4 的客户端 SQLyog 工作界面中，右侧 Query 窗口中输入命令。

```
SELECT a. stu_id, stu_name, c. ke_id, ke_name, chengji FROM
student a, score b, kecheng c
WHERE a. stu_id = b. stu_id AND b. ke_id = c. ke_id;
```

（2）按 F9 键或单击工具栏中的"执行查询"按钮，执行结果的部分截图如图 9-3 所示。当然，本例题还可以借助 INNER JOIN 的方式实现，其对应的 SQL 语句如下。

```
SELECT a. stu_id, stu_name, c. ke_id, ke_name, chengji
FROM student a INNER JOIN score b ON a. stu_id = b. stu_id
INNER JOIN kecheng   c ON b. ke_id = c. ke_id;
```

请读者自行测试验证。

【例 9-4】 连接查询 student 和 score 表中 stu_id、ke_id 和 chengji 在 80 分以上的男生信息。

具体操作步骤如下：

（1）在图 4-4 的客户端 SQLyog 工作界面中，右侧 Query 窗口中输入命令。

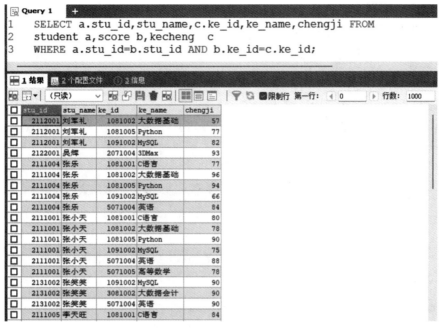

图 9-3 例 9-3 的查询语句和执行的部分结果

```
SELECT stu_name,ke_id,chengji FROM student JOIN score
ON student.stu_id = score.stu_id
WHERE chengji > 80 AND sex = '男';
```

（2）按 F9 键或单击工具栏中的"执行查询"按钮，执行结果如图 9-4 所示。

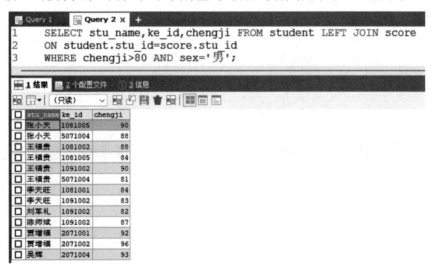

图 9-4 例 9-4 的查询语句和执行结果

当然，本例题还可以借助 WHERE 子句的方式实现，其对应的 SQL 语句如下：

```
SELECT stu_name,ke_id,chengji FROM student  JOIN score
WHERE student.stu_id = score.stu_id AND chengji > 80 AND sex = '男';
```

请读者自行测试验证。

【**例 9-5**】 左外连接查询 student 和 score 表中的 chengji 是 NULL 的信息。

具体操作步骤如下：

（1）在图 4-4 的客户端 SQLyog 工作界面中，右侧 Query 窗口中输入命令。

```
SELECT stu_name,ke_id,chengji FROM student
LEFT JOIN   score ON student.stu_id = score.stu_id
WHERE chengji IS NULL;
```

（2）按 F9 键或单击工具栏中的"执行查询"按钮，执行结果如图 9-5 所示。

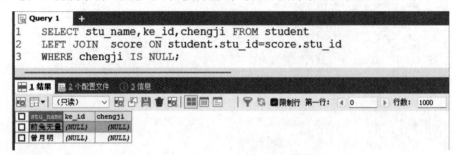

图 9-5　例 9-5 的查询语句和执行结果

【**例 9-6**】 右外连接查询 student 和 score 表中的 chengji 是 NULL 的信息。

具体操作步骤如下：

（1）在图 4-4 的客户端 SQLyog 工作界面中，右侧 Query 窗口中输入命令。

```
SELECT stu_name,ke_id,chengji FROM student
RIGHT JOIN   score ON student.stu_id = score.stu_id
WHERE chengji IS NULL;
```

（2）按 F9 键或单击工具栏中的"执行查询"按钮，执行结果如图 9-6 所示。

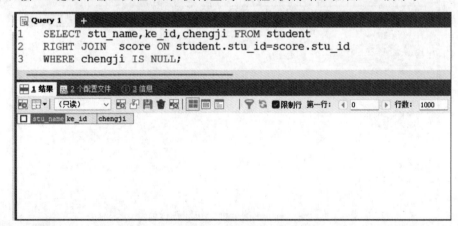

图 9-6　例 9-6 的查询语句和执行结果

【**例 9-7**】 完全外连接查询 student 和 score 表中的 chengji 是 NULL 的信息。

具体操作步骤如下：

（1）在图 4-4 的客户端 SQLyog 工作界面中，右侧 Query 窗口中输入命令。

```
SELECT * FROM student LEFT JOIN score ON student.stu_id = score.stu_id
WHERE chengji IS NULL
UNION ALL
SELECT * FROM student RIGHT JOIN score ON student.stu_id = score.stu_id
WHERE chengji IS NULL ;
```

（2）按 F9 键或单击工具栏中的"执行查询"按钮，执行结果如图 9-7 所示。

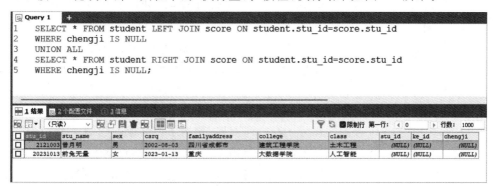

图 9-7　例 9-7 的查询语句和执行结果

任务 2　嵌套查询

视频讲解

【任务描述】

当利用连接条件实现多表查询时，尤其是当表的个数多于 3 个时，查询效率、查询性能较差。MySQL 在实际应用中，通常使用嵌套查询代替复杂的连接查询实现多表查询。

【任务要求】

具体操作要求如下：

（1）查询 student 表中比"陈师斌"年龄小的学生信息。

（2）查询 teacher 表年龄最小教师的 t_id、t_name 和 t_zhicheng 信息。

（3）查询讲授"C 语言"和"MySQL"课程的教师 t_name 和 t_zhicheng 信息。

（4）查询不讲授"C 语言"和"MySQL"课程的教师 t_name 和 t_zhicheng 信息。

（5）查询 select_id 是 23 的 stu_id、ke_id 和 chengji 信息。

（6）查询 select_id 是 23 或 7 的 stu_id、ke_id 和 chengji 信息。

（7）利用嵌套查询查找出 score 表中每个 stu_id 的最高分、最低分。

（8）利用相关子查询查找出 chengji 在 90 分以上的 stu_id、stu_name 和 familyaddress 信息。

（9）查询同时选修了"大数据基础"和"MySQL"两门课的学生的学号、姓名。

【相关知识】

1. 嵌套查询

在 MySQL 中，一个 SELECT 语句称为一个查询。将一个查询嵌套在另一个查询的

WHERE 子句、FROM 子句或 HAVING 子句的条件中的查询称为嵌套查询。换句话说，就是把内层查询结果当作外层查询参照的数据表来使用，并且这两个查询分别被称为内层查询和外层查询，也称为子查询和父查询。

2. 嵌套查询分类

嵌套查询分为按位置分类和按结果分类两种。

（1）按位置分类。子查询（SELECT 语句）在外部查询（SELECT 语句）出现的位置。子查询可能出现在 FROM 之后、WHERE 的条件中、EXISTS 里面或出现在 IN 里面。

（2）按结果分类。根据子查询得到的查询结果将数据进行分类。子查询得到的查询结果可能是标量子查询（一行一列）、列子查询（一列多行）、行子查询（一行多列），甚至是表子查询（多行多列）信息。

3. 标量子查询（一行一列）

嵌套查询中的标量子查询又称为一行一列查询，是指子查询返回的结果是一个单一值的标量（如一个数字或一个字符串）。可以使用等于（＝）、大于（＞）、小于（＜）、大于或等于（＞＝）、小于或等于（＜＝）或不等于（＜＞）操作符对子查询的标量结果进行比较。通常子查询的位置在比较表达式的右侧。

4. 列子查询（一列多行）

嵌套查询中的列子查询又称为一列多行查询，是指子查询返回的结果将是一列多行的结果（如姓名）。其结果通常来自对表的某个字段查询返回的结果，可以使用 IN、NOT IN、ANY、SOME 或 ALL 操作符。

1）IN 与 NOT IN 操作符

IN 操作符可以测试表达式的值是否与子查询返回集中的某一个值相等，其具体的语法格式如下：

```
<表达式> IN (子查询)
```

NOT IN 操作符的功能与 IN 操作符正好相反，其具体的语法格式如下：

```
<表达式> NOT IN (子查询)
```

2）ANY 操作符

ANY 操作符通常需要和等于（＝）、大于（＞）、小于（＜）、大于或等于（＞＝）、小于或等于（＜＝）或不等于（＜＞）操作符结合起来使用。在嵌套查询中使用 ANY 操作符时，只要满足内层子查询语句返回结果中任意一个就可以执行外层查询，并且 ANY 操作符和 SOME 操作符的作用是等效的，其具体的语法格式如下：

```
<列名> <比较运算符> ANY|SOME <子查询>
```

3）ALL 操作符

ALL 操作符通常也需要和等于（＝）、大于（＞）、小于（＜）、大于或等于（＞＝）、小于或等于（＜＝）或不等于（＜＞）操作符结合起来使用。当在嵌套查询中使用了 ALL 操作符，表示要大于子查询结果中的所有值，才可以执行外层查询语句。

5. 行子查询（一行多列）

嵌套查询中的行子查询是指子查询返回的结果将是一行多列的结果，并且位置在 WHERE 之后。该子查询的结果通常是对表的某行数据进行查询而返回的结果集。

6. 表子查询（多行多列）

嵌套查询中的表子查询返回的是多行多列的一个二维表，根据所在位置的不同分为两类：

（1）位置在 WHERE 之后，其具体的语法格式如下：

```
SELECT * FROM 表1 WHERE 条件 in(查询子句);
```

（2）位置在 FROM 之后，其具体的语法格式如下：

```
SELECT 字段列表 FROM (查询子句)AS 别名;
```

说明：

- 在 FROM 子句中使用子查询时，从子查询返回的结果集将用作临时表。
- 在 FROM 子句中使用子查询时，必须把 SELECT 查询到的结果集取一个别名，否则会报错。

7. 相关子查询 EXISTS 或 NOT EXISTS

相关子查询 EXISTS 用于检查子查询是否会返回数据。使用时，EXISTS 前无列名、常量和表达式。该子查询实际上并不返回任何数据，其返回值是一个布尔值（TRUE 或 FALSE）。EXISTS 子查询对内层查询的结果集进行判断，如果内层结果集不为空，则返回 TRUE，此时当前外层记录满足要求可以显示；如果内层结果集为空，则返回 FALSE，此时当前外层记录不满足要求，则不显示。而 NOT EXISTS 功能正好相反，其具体的语法格式如下：

```
[NOT] EXISTS (子查询)
```

【任务实现】

为了方便读者进一步的理解和掌握嵌套查询，以下例题将分步实现嵌套查询的过程。

【例 9-8】 查询 student 表中比"陈师斌"年龄小的学生信息。

具体操作步骤如下：

（1）在图 4-4 的客户端 SQLyog 工作界面中，右侧 Query 窗口中输入命令。

```
SELECT csrq FROM student WHERE stu_name = '陈师斌';
```

（2）按 F9 键或单击工具栏中的"执行查询"按钮，实现查询出 student 表中 stu_name 是"陈师斌"的 csrq 信息，执行结果如图 9-8 所示。

（3）输入命令。

```
SELECT * FROM student
WHERE csrq >
(SELECT csrq FROM student WHERE stu_name = '陈师斌');
```

图 9-8　查询出 student 表中"陈师斌"的 csrq 信息

（4）选中需要执行的语句，按 F9 键或单击工具栏中的"执行查询"按钮，实现查询出 student 表中 csrq 比"陈师斌"的 csrq 小的学生信息，执行结果如图 9-9 所示。

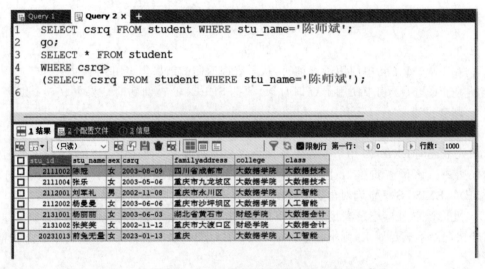

图 9-9　查询出 student 表中比"陈师斌"年龄小的学生信息

说明：查询语句中使用的分隔符 go 的作用参见本项目的知识拓展。

【例 9-9】　查询 teacher 表年龄最小教师的 t_id、t_name 和 t_zhicheng 信息。

具体操作步骤如下：

（1）在图 4-4 的客户端 SQLyog 工作界面中，右侧 Query 窗口中输入命令。

```
SELECT MIN(t_age) FROM teacher;
```

（2）按 F9 键或单击工具栏中的"执行查询"按钮，实现查询出 teacher 表中最小的 t_age 信息，执行结果如图 9-10 所示。

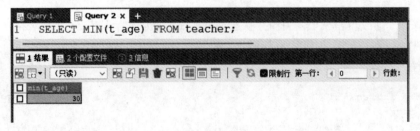

图 9-10　查询出 teacher 表中最小的 t_age 信息

（3）输入命令。

```
SELECT t_id,t_name,t_zhicheng FROM teacher
WHERE t_age =
(SELECT MIN(t_age) FROM teacher);
```

（4）按 F9 键或单击工具栏中的"执行查询"按钮，实现查询出 teacher 表中年龄最小教师的 t_id、t_name 和 t_zhicheng 信息，执行结果如图 9-11 所示。

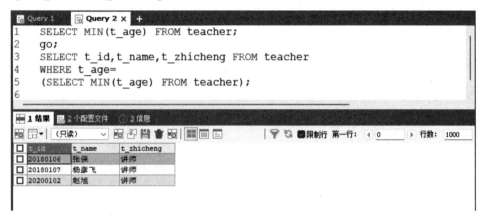

图 9-11　查询出年龄最小教师的 t_id、t_name 和 t_zhicheng 信息

【例 9-10】　查询讲授"C 语言"和"MySQL"课程的教师 t_name 和 t_zhicheng 信息。

具体操作步骤如下：

（1）在图 4-4 的客户端 SQLyog 工作界面中，右侧 Query 窗口中输入命令。

```
SELECT t_id FROM kecheng WHERE ke_name IN ('C语言','MySQL');
```

（2）按 F9 键或单击工具栏中的"执行查询"按钮，实现查询出 kecheng 表讲授"C 语言"和"MySQL"课程的教师 t_id 信息，执行结果如图 9-12 所示。

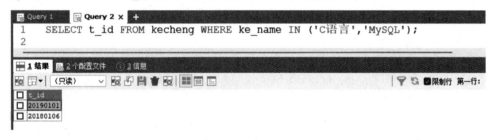

图 9-12　查询出 kecheng 表讲授"C 语言"和"MySQL"课程的教师 t_id 信息

（3）输入命令。

```
SELECT t_name,t_zhicheng FROM teacher
WHERE t_id IN
(SELECT t_id FROM kecheng WHERE ke_name IN ('C语言','MySQL'));
```

（4）按 F9 键或单击工具栏中的"执行查询"按钮，实现查询讲授"C 语言"和"MySQL"课程的教师 t_name 和 t_zhicheng 信息，执行结果如图 9-13 所示。

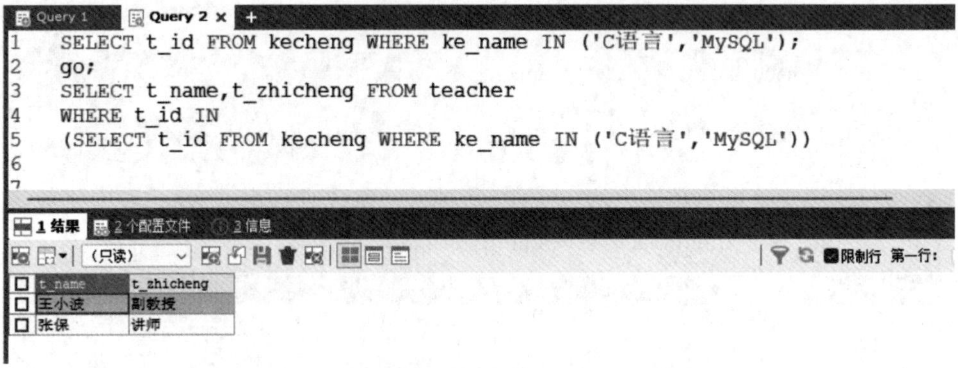

图9-13　查询讲授"C语言"和"MySQL"课程的教师 t_name 和 t_zhicheng 信息

当然本题还可以利用以下嵌套子查询实现：

```
SELECT t_name,t_zhicheng FROM teacher
WHERE t_id = ANY
(SELECT t_id FROM kecheng WHERE ke_name IN ('C语言','MySQL'));
```

请读者自行验证。

【例9-11】　查询不讲授"C语言"和"MySQL"课程的教师 t_name 和 t_zhicheng 信息。

具体操作步骤如下：

（1）在图4-4的客户端 SQLyog 工作界面中，右侧 Query 窗口中输入命令。

```
SELECT t_id FROM kecheng WHERE ke_name  IN ('C语言','MySQL');
```

（2）按 F9 键或单击工具栏中的"执行查询"按钮，实现查询 kecheng 表讲授"C语言"和"MySQL"课程的教师 t_id 信息，执行结果如图9-12所示。

（3）输入命令。

```
SELECT t_name,t_zhicheng FROM teacher
WHERE t_id  NOT IN
(SELECT t_id FROM kecheng WHERE ke_name  IN ('C语言','MySQL'));
```

（4）按 F9 键或单击工具栏中的"执行查询"按钮，实现查询不讲授"C语言"和"MySQL"课程的教师 t_name 和 t_zhicheng 信息，执行结果如图9-14所示。

当然本题还可以利用以下嵌套子查询实现：

```
SELECT t_name,t_zhicheng FROM teacher
WHERE t_id <> ALL
(SELECT t_id FROM kecheng WHERE ke_name  IN ('C语言','MySQL'));
```

请读者自行验证。

【例9-12】　查询 select_id 是 23 的 stu_id、ke_id 和 chengji 信息。

具体操作步骤如下：

（1）在图4-4的客户端 SQLyog 工作界面中，右侧 Query 窗口中输入命令。

```
SELECT stu_id,ke_id FROM select_kecheng WHERE select_id = 23;
```

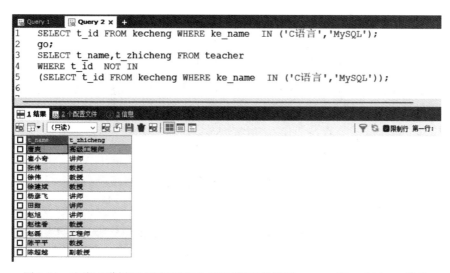

图 9-14　查询不讲授"C 语言"和"MySQL"课程的教师 t_name 和 t_zhicheng 信息

（2）按 F9 键或单击工具栏中的"执行查询"按钮，实现查询 select_kecheng 表中 select_id 是 23 的信息，执行结果如图 9-15 所示。

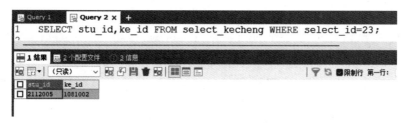

图 9-15　查询 select_kecheng 表中 select_id 是 23 的信息

（3）输入命令。

```
SELECT * FROM score
WHERE (stu_id,ke_id) =
(SELECT stu_id,ke_id FROM select_kecheng WHERE select_id = 23 );
```

（4）按 F9 键或单击工具栏中的"执行查询"按钮，实现查询 score 表中 select_id 是 23 的 stu_id、ke_id 和 chengji 信息，执行结果如图 9-16 所示。

```
1  SELECT stu_id,ke_id FROM select_kecheng WHERE select_id=23;
2  go;
3  SELECT * FROM score
4  WHERE (stu_id,ke_id) =
5  (SELECT stu_id,ke_id FROM select_kecheng WHERE select_id=23);
6
```

stu_id	ke_id	chengji
2112005	1081002	64

图 9-16　查询 score 表中 select_id 是 23 的 stu_id、ke_id 和 chengji 信息

【例 9-13】　查询 select_id 是 23 或 7 的 stu_id、ke_id 和 chengji 信息。

具体操作步骤如下：

（1）在图 4-4 的客户端 SQLyog 工作界面中，右侧 Query 窗口中输入命令。

```
SELECT stu_id,ke_id FROM select_kecheng
WHERE select_id = 23 OR select_id = 7;
```

（2）按 F9 键或单击工具栏中的"执行查询"按钮，实现查询 select_kecheng 表中 select_id 是 7 或 23 的信息，执行结果如图 9-17 所示。

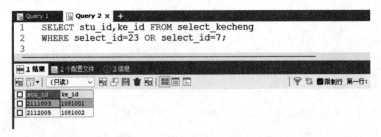

图 9-17　查询 select_kecheng 表中 select_id 是 7 或 23 的信息

（3）输入命令。

```
SELECT * FROM score
WHERE (stu_id,ke_id) = IN
(SELECT stu_id,ke_id FROM select_kecheng
WHERE select_id = 23 OR Select_id = 7);
```

（4）按 F9 键或单击工具栏中的"执行查询"按钮，实现查询 score 表中 select_id 是 23 或 7 的 stu_id、ke_id 和 chengji 信息，执行结果如图 9-18 所示。

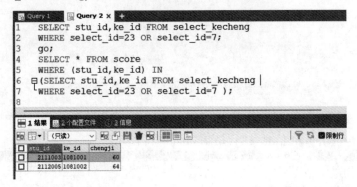

图 9-18　查询 score 表中 select_id 是 23 或 7 的 stu_id、ke_id 和 chengji 信息

【例 9-14】　利用嵌套查询查找出 score 表中每个 stu_id 的最高分、最低分。

具体操作步骤如下：

（1）在图 4-4 的客户端 SQLyog 工作界面中，右侧 Query 窗口中输入命令。

```
SELECT stu_id,MAX(chengji),MIN(chengji) FROM
(SELECT * FROM score )
AS sc
GROUP BY stu_id;
```

（2）按 F9 键或单击工具栏中的“执行查询”按钮，实现嵌套查询查找出 score 表中每个 stu_id 的最高分、最低分，执行结果如图 9-19 所示。

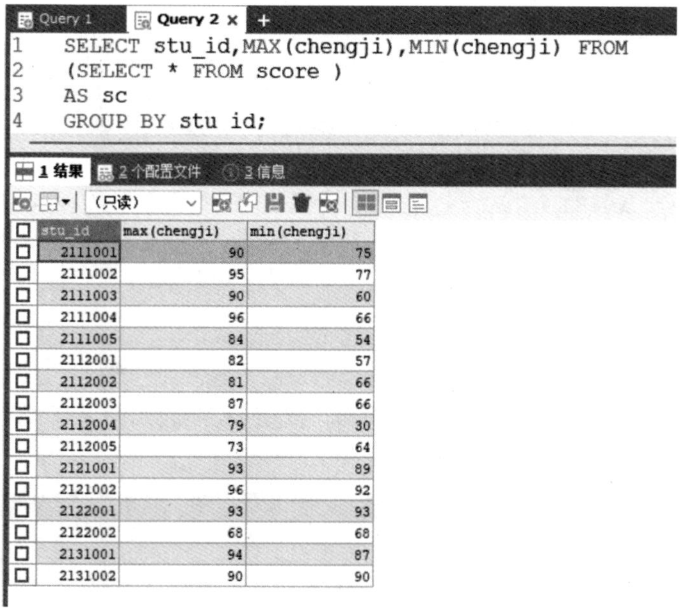

```
SELECT stu_id,MAX(chengji),MIN(chengji) FROM
(SELECT * FROM score )
AS sc
GROUP BY stu_id;
```

stu_id	max(chengji)	min(chengji)
2111001	90	75
2111002	95	77
2111003	90	60
2111004	96	66
2111005	84	54
2112001	82	57
2112002	81	66
2112003	87	66
2112004	79	30
2112005	73	64
2121001	93	89
2121002	96	92
2122001	93	93
2122002	68	68
2131001	94	87
2131002	90	90

图 9-19　利用嵌套查询查找出 score 表中每个 stu_id 的最高分、最低分

当然本题还可以利用分组查询实现：

```
SELECT stu_id,MAX(chengji),MIN(chengji) FROM score GROUP BY stu_id;
```

请读者自行验证。

【例 9-15】 利用相关子查询查找出 chengji 在 90 分以上的 stu_id、stu_name 和 familyaddress 信息。

具体操作步骤如下：

（1）在图 4-4 的客户端 SQLyog 工作界面中，右侧 Query 窗口中输入命令。

```
SELECT stu_id,stu_name,familyaddress FROM student a
WHERE EXISTS(
SELECT * FROM score b WHERE a.stu_id = b.stu_id AND chengji > 90);
```

（2）按 F9 键或单击工具栏中的“执行查询”按钮，实现利用相关子查询（EXISTS）查找出 chengji 在 90 分以上的 stu_id、stu_name 和 familyaddress 信息，执行结果如图 9-20 所示。

【例 9-16】 利用相关子查询查找出没有选修课程的学生信息。

具体操作步骤如下：

（1）在图 4-4 的客户端 SQLyog 工作界面中，右侧 Query 窗口中输入命令。

```
SELECT * FROM student a
WHERE  NOT EXISTS(
SELECT * FROM score b WHERE a.stu_id = b.stu_id );
```

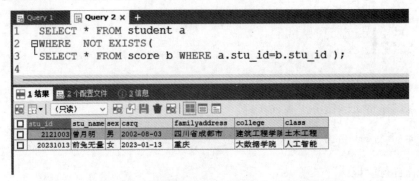

图 9-20　查找出 chengji 在 90 分以上的 stu_id、stu_name 和 familyaddress 信息

（2）按 F9 键或单击工具栏中的"执行查询"按钮，实现利用相关子查询（EXISTS）查找出没有选修课程的学生信息，执行结果如图 9-21 所示。

图 9-21　利用相关子查询（EXISTS）查找出没有选修课程的学生信息

【例 9-17】　查询同时选修了"大数据基础"和"MySQL"两门课的学生的学号、姓名。

具体操作步骤如下：

（1）在图 4-4 的客户端 SQLyog 工作界面中，右侧 Query 窗口中输入命令。

```
SELECT stu_id
FROM kecheng,select_kecheng
WHERE kecheng.ke_id = select_kecheng.ke_id AND ke_name = 'MySQL';
```

（2）按 F9 键或单击工具栏中的"执行查询"按钮，实现查询出选修了"MySQL"课程的学生 stu_id 信息，执行结果如图 9-22 所示。

（3）输入命令。

```
SELECT stu_id
 FROM kecheng,select_kecheng
 WHERE kecheng.ke_id = select_kecheng.ke_id AND ke_name = '大数据基础'
 AND stu_id IN
 (SELECT stu_id
 FROM kecheng,select_kecheng
 WHERE kecheng.ke_id = select_kecheng.ke_id AND ke_name = 'MySQL');
```

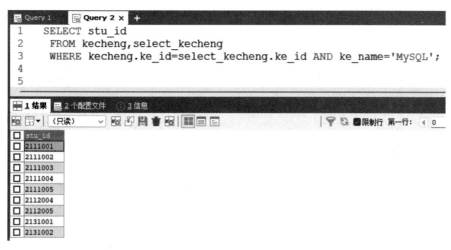

图 9-22　查询出选修了"MySQL"课程的学生 stu_id 信息

（4）按 F9 键或单击工具栏中的"执行查询"按钮，实现查询出同时选修了"大数据基础""MySQL"课程的学生 stu_id 信息，执行结果如图 9-23 所示。

图 9-23　查询出同时选修了"大数据基础""MySQL"课程的学生 stu_id 信息

（5）输入命令。

```
SELECT stu_id,stu_name
FROM student
WHERE stu_id IN
(SELECT stu_id
 FROM kecheng,select_kecheng
 WHERE kecheng.ke_id = select_kecheng.ke_id AND ke_name = '大数据基础'
 AND stu_id IN
 (SELECT stu_id
 FROM kecheng,select_kecheng
 WHERE kecheng.ke_id = select_kecheng.ke_id AND ke_name = 'MySQL'));
```

（6）按 F9 键或单击工具栏中的"执行查询"按钮，实现查询出同时选修了"大数据基础""MySQL"课程的学生 stu_id 和 stu_name 信息，执行结果如图 9-24 所示。

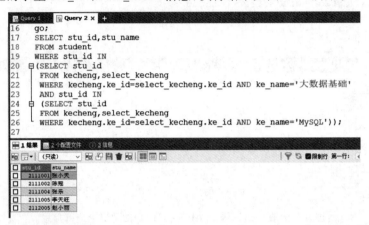

图 9-24　查询出同时选修了"大数据基础""MySQL"课程的学生 stu_id 和 stu_name 信息

实训巩固

1. 连接查询 student、score、kecheng 表中学生的学号、姓名、所学科目和对应的成绩信息。

2. 右外连接查询 student 和 score 表中 stu_id、ke_id 和 chengji 在 80 分以上的女生信息。

3. 统计查询出 score 表中成绩是非空值的每名同学的总分、平均分、最高分和最低分。

4. 对 student、teacher、kecheng 和 score 表查询出每名学生所学课程对应的老师姓名、所学科目名称和对应的成绩。

5．查询 teacher 表年龄最大教师的 t_id、t_name 和 t_zhicheng 信息。

6．查询不讲授"Python"和"3DMax"课程的教师 t_name 和 t_zhicheng 信息。

知识拓展

1．语句分隔符 go

在 MySQL 中，当查询语句和查询语句间需要分隔时，可以借助 go 语句实现，其具体的语法格式如下：

```
go;
```

微课课堂

go 说明：

（1）go 作为语句分隔符，必须是小写字母。

（2）当用 go 分隔 SQL 语句时，可以将光标放到需要运行的所在行，按 F9 键即可执行。

2．分表查询

在 MySQL 中，当表中的数据量较多，存储量在百万条数据以上时，查询速度会较为缓慢。为了提高查询效率，可以将表拆分，实现分表查询。根据业务需要，分表又分为垂直分表和水平分表两种。

3．分库查询

在 MySQL 中，当数据库中的数据量较大，一台服务器存储不下时，可以将数据库拆分。将一个数据库拆分为多个子数据库，分别部署到不同服务器上，这样也可以减小对总服务器的访问压力。

课后习题

一、选择题

1．MySQL 多表查询又称为（　　）。

A．子查询　　　　B．连接查询　　　C．多内容查询　　　D．多访问出擦洗

2．连接条件设置的方法可以用（　　）。

    A. WHERE 子句和 FROM 子句连接

    B. WHERE 子句和 JOIN 子句连接

    C. WHERE 子句和 UNION 子句连接

    D. UNION 子句和 JOIN 子句连接

3. 连接类型分为 3 种,分别是(   )。

    A. 内连接、外连接和完全外连接

    B. 左外连接、右外连接和完全外连接

    C. 内连接、外连接和交叉连接

    D. 以上均不正确

4. 外连接又细分为(   )。

    A. 左外连接、右外连接和完全外连接

    B. 内连接、外连接和交叉连接

    C. 内连接、外连接和交叉连接

    D. 以上均不正确

5. 嵌套查询是将一个查询嵌套在另一个查询的(   )的条件中的查询。

    A. WHERE 子句

    B. WHERE 子句或 FROM 子句

    C. WHERE 子句、FROM 子句或 HAVING 子句

    D. WHERE 子句或 HAVING 子句

6. 嵌套查询分为(   )两种。

    A. 按位置分类和按内容分类　　　　B. 按内容分类和按结果分类

    C. 按条件分类和按内容分类　　　　D. 按位置分类和按结果分类

7. 嵌套查询中的标量子查询又称为(   )查询。

    A. 一行一列　　　　B. 一行多列　　　　C. 一列多行　　　　D. 多行多列

8. 嵌套查询中的列子查询又称为(   )查询。

    A. 一行一列　　　　B. 一行多列　　　　C. 一列多行　　　　D. 多行多列

9. ANY 操作符和(   )作用等效。

    A. SOME　　　　B. IN　　　　C. NOT IN　　　　D. ALL

10. 相关子查询返回的结果是一个(   )值。

    A. TRUE　　　　B. FALSE　　　　C. 布尔　　　　D. NULL

二、填空题

1. MySQL 左外连接使用关键字_____表示。

2. MySQL 右外连接使用关键字_____表示。

3. 根据子查询得到的查询结果将数据进行标量子查询、列子查询、_____ 和_____ 4 种。

4. 在 MySQL 中实现完全外连接需要用关键字_____。

5. 嵌套查询分为内层查询和外层查询,内层查询又称为_____,外层查询又称为_____。

三、简答题

1. 简述 MySQL 多表查询作用和意义。

2. 简述 MySQL 内连接和外连接的分类。

3. 简述 MySQL 嵌套查询的作用。

4. 简述 MySQL 多表查询时的注意事项。

5. 简述分页查询、分表查询、分库查询的作用。

四、操作题

根据 stuimfo 数据库中的数据表实现以下查询。

1. 查询 student 表中比"杨丽丽"年龄小的学生信息。

2. 查询 teacher 表年龄最大教师的 t_name 和 t_zhicheng 信息。

3. 查询同时选修了"Python"和"MySQL"两门课的学生的学号和姓名。

4. 查询选修了全部课程的学生的学号、姓名和所在学院信息。

5. 查询没有同时选修"C 语言"和"MySQL"两门课的学生的学号和姓名信息。

6. 查询每个学生最高的成绩信息。

项目10

查询优化

 学习目标

(1) 了解视图、索引的概念及功能。

(2) 识记视图、索引基本操作的语法。

(3) 熟练创建并使用视图。

(4) 灵活创建并使用索引。

 匠人匠心

(1) 利用视图实现查询优化,引导学生不断努力进步、不断优化自己的人生。

(2) 根据需要选择视图或索引实现复杂查询,培养学生多角度、多方位思考问题的习惯。

(3) 灵活创建和使用视图,使学生明白市场需求带动技术创新,引导学生设计"提升技能,创新发展"的学习路线。

(4) 创建并使用索引,培养学生发散思维,实现一题多解,鼓励学生积极向上、不断探索创新。

视频讲解

任务1 创建和使用视图

【任务描述】

通过前面的学习不难发现,查询复杂数据时要用连接查询或嵌套查询等操作来实现,语句长并且逻辑复杂。如果数据量大,查询速度会较慢。另外,如果把数据表的所有字段开放给用户查询也不够安全。利用视图可以有效地解决以上诸多问题。

【任务要求】

为 stuimfo 数据库创建、管理视图,并使用视图查询或更新基本表的数据。

具体操作要求如下:

(1) 创建视图 stu_view,用来查看 student 表中所有的基本信息。

(2) 创建视图 stu_view,如果已存在该视图则替换,用来查看 student 表中所有女生的基本信息,并且强制以后通过该视图插入的必须是女生的记录。

(3) 创建视图 score_view,用来查看 score 表中所有成绩在 90 分以上的记录。

（4）创建视图 student_score_view，用来查看 student、score 表中 stu_name、sex、ke_id 和 score。

（5）创建视图 student_kecheng_score_view，用来查看 student、score、chengji 表中人名、对应科目名称及成绩。

【相关知识】

视图是关系数据库中为用户提供的以多种角度观察数据库中数据的重要机制。视图具有将预定义的查询作为对象存储在数据库中的能力。视图是一个虚拟表，用户可以通过视图从一个或多个表中提取一组记录，在基本表的基础上自定义数据表。数据库中只存放视图的定义，而不存放视图中对应的数据，数据仍然存放在导出视图的基本表中。

1．视图概念

视图（View）可以看作本身没有数据的逻辑表，即虚拟表。视图又称为存储的查询，其结构和数据是建立在对数据库中真实表的查询基础上。用 CREATE TABLE 语句创建的表是有数据的，为了和视图区分开，把真正存放数据的表叫作基本表；而视图的数据来自于对一个或多个基本表（或视图）查询的结果。定义视图的主体部分就是一条查询语句，打开视图看到的实际上就是执行这条查询语句所得到的结果集。

2．视图的作用

（1）简化重复代码。日常应用中可以将经常使用的查询语句定义为视图，特别是一些复杂的查询语句，从而避免重复地写同样的语句。

（2）安全性。通过视图，可以把用户和基本表隔离开，能够使特定用户只能查询或修改允许他们见到的数据，其他数据则看不到也取不到。

（3）逻辑数据独立性。可以对不同的用户设定不同的视图，从而屏蔽真实表结构变化带来的影响。例如，当其他应用程序查询数据时，如果直接查询数据表，一旦表结构发生改变，查询的 SQL 语句就会发生改变，应用程序也将随之更改。但如果为应用程序提供视图，修改表结构后只需修改视图对应的 SELECT 语句，而无须更改应用程序。

3．创建视图

创建视图用 CREATE VIEW 语句，其具体的语法格式如下：

```
CREATE [OR REPLACE] VIEW 视图名[(列 1,列 2,…)]
AS
SELECT 语句
[WITH CHECK OPTION]
```

说明：

- OR REPLACE 子句可以替换已有的同名视图。
- (列 1,列 2,…)用来声明视图中使用的列名，相当于给 SELECT 子句的各个数据项起别名。
- WITH CHECK OPTION 子句用来限制通过该视图修改的记录要符合 SELECT 语句中指定的选择条件。

4．使用视图

（1）查询数据。视图创建后，可以通过视图查询基本表的数据。这是视图最基本的应用,查询方法和查询基本表一样使用 SELECT 语句进行。

（2）更新数据。视图是虚拟表,本身没有数据,通过视图更新的是基本表中的数据。一般不建议通过视图去更新基本表的数据。如果有需要,一般也只对基于"行列子集的视图"进行数据更新,即视图是从单个基本表导出的某些行和列,并且保留了主键。

如果创建视图的时候使用了 WITH CHECK OPTION 子句,那么通过视图更新的数据必须要满足视图定义时 SELECT 语句中指定的选择条件,否则会报错。

【任务实现】

【例 10-1】 创建视图 stu_view,用来查看 student 表中所有的基本信息。

具体操作步骤如下:

（1）打开 MySQL Command Line Client,在光标闪动的位置输入安装时设置的密码"123456"。

（2）系统进入 MySQL 的命令行客户端(Command Line Client)工作界面。

（3）在图 4-6 所示的光标闪动的位置输入命令。

```
USE stuimfo;
```

实现打开 stuimfo 数据库。

（4）输入命令。

```
CREATE VIEW stu_view
AS
SELECT * FROM student;
```

实现创建视图 stu_view,用来查看 student 表中所有的基本信息,执行结果如图 10-1 所示。

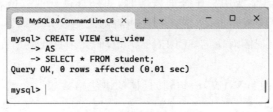

图 10-1　创建视图 stu_view

（5）输入命令。

```
SELECT * FROM stu_view;
```

实现查询 stu_view 视图中的记录,执行结果如图 10-2 所示。

【例 10-2】 创建视图 stu_view,如果已存在该视图则替换,用来查看 student 表中所有女生的基本信息,并且强制以后通过该视图插入的必须是女生的记录。

具体操作步骤如下:

（1）在图 4-6 所示的光标闪动的位置输入命令。

```
USE stuimfo;
```

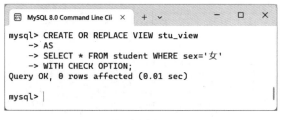

```
mysql> SELECT * FROM stu_view;
+----------+-----------+------+------------+-----------------+--------------+--------------+
| stu_id   | stu_name  | sex  | csrq       | familyaddress   | college      | class        |
+----------+-----------+------+------------+-----------------+--------------+--------------+
| 2111001  | 张小天     | 男   | 2002-05-06 | 重庆市北碚区     | 大数据学院    | 大数据技术    |
| 2111002  | 陈冠       | 女   | 2003-08-09 | 四川省成都市     | 大数据学院    | 大数据技术    |
| 2111003  | 王福贵     | 男   | 2001-11-09 | 贵州省贵阳市     | 大数据学院    | 大数据技术    |
| 2111004  | 张乐       | 女   | 2003-05-06 | 重庆市九龙坡区   | 大数据学院    | 大数据技术    |
| 2111005  | 李天旺     | 男   | 2002-06-07 | 重庆市长寿区     | 大数据学院    | 大数据技术    |
| 2112001  | 刘军礼     | 男   | 2002-11-08 | 重庆市永川区     | 大数据学院    | 人工智能      |
| 2112002  | 杨曼曼     | 女   | 2003-06-06 | 重庆市沙坪坝区   | 大数据学院    | 人工智能      |
| 2112003  | 陈师斌     | 男   | 2002-06-06 | 四川省绵阳市     | 大数据学院    | 人工智能      |
| 2112004  | 梁爽       | 女   | 2002-06-07 | 重庆市丰都县     | 大数据学院    | 人工智能      |
| 2112005  | 赵小丽     | 女   | 2002-03-06 | 贵州省遵义市     | 大数据学院    | 人工智能      |
| 2121001  | 王芳芳     | 女   | 2002-05-08 | 重庆市长寿区     | 建筑工程学院  | 土木工程      |
| 2121002  | 贾增福     | 男   | 2002-08-05 | 建筑工程学院     | 重庆市永川区  | 土木工程      |
| 2121003  | 曾月明     | 男   | 2002-08-03 | 四川省成都市     | 建筑工程学院  | 土木工程      |
| 2122001  | 吴辉       | 男   | 2001-05-04 | 湖北省武汉市     | 建筑工程学院  | 给排水工程    |
| 2122002  | 王刚       | 男   | 2002-04-05 | 重庆市武隆区     | 建筑工程学院  | 给排水工程    |
| 2131001  | 杨丽丽     | 女   | 2003-06-03 | 湖北省黄石市     | 财经学院      | 大数据会计    |
| 2131002  | 张笑笑     | 女   | 2002-11-12 | 重庆市大渡口区   | 财经学院      | 大数据会计    |
| 20231013 | 前兔无量   | 女   | 2023-01-13 | 重庆           | 大数据学院    | 人工智能      |
+----------+-----------+------+------------+-----------------+--------------+--------------+
18 rows in set (0.01 sec)

mysql>
```

图 10-2 查询 stu_view 视图中的记录

实现打开 stuimfo 数据库。

（2）输入命令。

```
CREATE OR REPLACE VIEW stu_view
AS
SELECT * FROM student WHERE sex = '女'
WITH CHECK OPTION;
```

实现该题目要求，执行结果如图 10-3 所示。

```
mysql> CREATE OR REPLACE VIEW stu_view
    -> AS
    -> SELECT * FROM student WHERE sex='女'
    -> WITH CHECK OPTION;
Query OK, 0 rows affected (0.01 sec)

mysql>
```

图 10-3 更新创建视图 stu_view

（3）输入命令。

```
SELECT * FROM stu_view;
```

实现查询 stu_view 视图中的记录，执行结果如图 10-4 所示。

（4）输入命令。

```
INSERT INTO stu_view VALUES('111','aa','女','2023-1-1','aa','大数据学院','aa');
```

实现向 stu_view 视图中插入一条新的女生记录，执行结果如图 10-5 所示。

图 10-4　查询 stu_view 视图中的记录

图 10-5　向 stu_view 视图中插入一条新的女生记录

（5）输入记录。

```
SELECT * FROM stu_view;
```

实现查询 stu_view 视图当前状态下的记录，执行结果如图 10-6 所示。

图 10-6　查询 stu_view 视图当前状态下的记录

（6）输入记录。

```
INSERT INTO stu_view VALUES('222','bb','男','2023-12-12','bb','大数据学院','bb');
```

试图实现向 stu_view 视图中插入一条男生记录，系统显示插入失败，执行结果如图 10-7 所示。

```
MySQL 8.0 Command Line Cli    ×    +    ∨                          —    □    ×

mysql>  INSERT INTO stu_view VALUES('222','bb','男','2023-12-12','bb','大数据学院','bb');
ERROR 1369 (HY000): CHECK OPTION failed 'stuimfo.stu_view'
mysql>
```

图 10-7　向 stu_view 视图中插入一条男生记录显示失败

> **🔔 微课课堂**
>
> WITH CHECK OPTION 作用：
>
> 添加了 WITH CHECK OPTION 子句,目的是强制以后通过该视图插入学生基本信息表的数据必须要满足性别为"女"的条件。

【**例 10-3**】　创建视图 score_view,用来查看 score 表中所有成绩在 90 分以上的记录。

具体操作步骤如下：

（1）在图 4-6 所示的光标闪动的位置输入命令。

```
USE stuimfo;
```

实现打开 stuimfo 数据库。

（2）输入命令。

```
CREATE VIEW score_view
AS
SELECT * FROM score WHERE chengji > 90;
```

实现该题目要求,执行结果如图 10-8 所示。

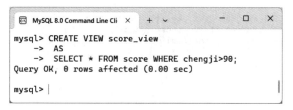

```
MySQL 8.0 Command Line Cli    ×    +    ∨              —    □    ×

mysql> CREATE VIEW score_view
    -> AS
    -> SELECT * FROM score WHERE chengji>90;
Query OK, 0 rows affected (0.00 sec)

mysql>
```

图 10-8　创建视图 score_view

（3）输入命令。

```
SELECT * FROM score_view;
```

实现查询视图 score_view 中的记录,执行结果如图 10-9 所示。

【**例 10-4**】　创建视图 student_score_view,用来查看 student、score 表中 stu_name、sex、ke_id 和 score。

具体操作步骤如下：

（1）在图 4-6 所示的光标闪动的位置输入命令。

```
USE stuimfo;
```

实现打开 stuimfo 数据库。

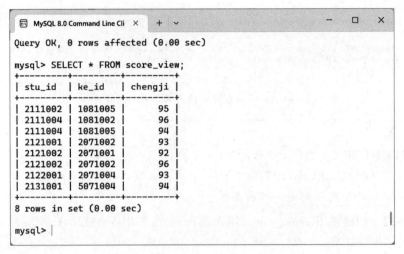

图 10-9　查询视图 score_view 中的记录

（2）输入命令。

```
CREATE VIEW student_score_view
AS
SELECT stu_name, sex, ke_id, chengji FROM student, score
WHERE student.stu_id = score.stu_id;
```

实现该题目要求，执行结果如图 10-10 所示。

```
mysql> CREATE VIEW student_score_view
    -> AS
    -> SELECT stu_name,sex, ke_id,chengji FROM student,score
    -> WHERE student.stu_id=score.stu_id;
Query OK, 0 rows affected (0.01 sec)

mysql>
```

图 10-10　创建视图 student_score_view

（3）输入命令。

```
SELECT * FROM student_score_view;
```

实现查询视图 student_score_view 中的记录，执行结果部分截图如图 10-11 所示。

【例 10-5】　创建视图 student_kecheng_score_view，用来查看 student、score、chengji 表中人名、对应科目名称及成绩。

具体操作步骤如下：

（1）在图 4-6 所示的光标闪动的位置输入命令。

```
USE stuimfo;
```

实现打开 stuimfo 数据库。

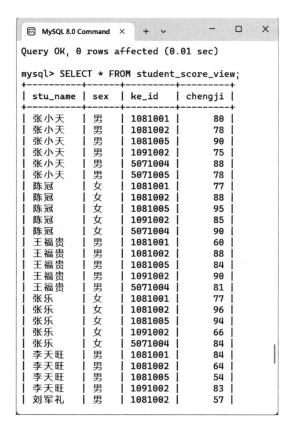

图 10-11 查询视图 student_score_view 中的部分记录

（2）输入命令。

```
CREATE VIEW student_kecheng_score_view
AS
SELECT stu_name,ke_name,chengji FROM student,kecheng,score
WHERE student.stu_id = score.stu_id AND kecheng.ke_id = score.ke_id;
```

实现该题目要求，执行结果如图 10-12 所示。

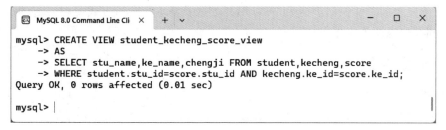

图 10-12 创建视图 student_kecheng_score_view

（3）输入命令。

```
SELECT * FROM student_kecheng_score_view;
```

实现查询视图 student_kecheng_score_view 中的记录，执行结果部分截图如图 10-13 所示。

图 10-13　查询视图 student_kecheng_score_view 中的部分记录

视频讲解

任务 2　维护视图

【任务描述】

视图只是用来查看存储在别处的数据库的对象，本身不包含数据，查看的数据也是从基本表中检索出来的。在视图创建后，可以用和数据表基本相同的方式使用（如查询、过滤、排序等）或和其他视图连接更新使用。

【任务要求】

具体操作要求如下：

（1）查看视图 stu_view 创建的详细信息。

（2）修改视图 student_score_view，把列名 stu_id、sex、ke_id、chengji 分别改为姓名、性别、课程编号和成绩并查看其详细信息。

（3）修改视图 student_score_view，用来查看每名学生的平均成绩。

（4）修改视图 student_kecheng_score_view，实现统计科目对应的平均成绩。

（5）根据 student 表创建 stu_view 视图，并通过视图更新基本表 student 的数据（包括插入、修改操作）。

（6）删除视图 stu_view。

【相关知识】

1．查看视图的创建信息

创建后的视图，可以查看视图的创建情况，其具体的语法格式如下：

```
SHOW CREATE VIEW view_name;
```

可以查看视图的定义信息，包括查看视图名称、视图的创建信息、字符集以及排序规则等。

2．查看视图的结构

查看视图的结构，其具体的语法格式如下：

```
DESC view_name;
```

可以查看视图中的字段、数据类型及长度、是否允许为空、键的设置信息、默认值以及附加信息等。

3．查看数据库中的视图

除了可以查看数据库中的表外，还可以查看数据库中的视图，并且支持模糊查询，其具体的语法格式如下：

```
SHOW TABLES [like 'view_name'];
```

4．查看视图的详细信息

对创建后的视图也可以查看其创建的详细信息，其具体的语法格式如下：

```
SHOW TABLE STATUS [{FROM|IN} db_name][LIKE 'pattern'|WHERE expr];
```

查看指定数据库下所有表的使用情况，包括可以查询表的存储引擎、版本、表的行数、创建时间、数据最近被更新的时间等。

> **微课课堂**
>
> 查看视图：
> （1）不同的参数代表从不同的角度查看视图。
> （2）查看视图可以借助模糊查询。

5．修改视图

对创建后的视图，也可以修改。修改视图可以通过两种方法实现。

（1）使用 CREATE OR REPLACE VIEW 语句修改视图，其具体的语法格式如下：

```
CREATE OR REPLACE VIEW view_name[column_list] AS
SELECT column_name FROM table_name WHERE condition
```

该语句既可以创建视图，也可以修改视图（事先已存在则修改，不存在就创建）。CREATE OR REPLACE VIEW 语句的语法结构和创建视图的 CREATE 语句语法结构具有完全相同的含义，这里不再赘述。

（2）使用 ALTER VIEW 语句修改视图，其具体的语法格式如下：

```
ALTER VIEW 视图名[(列 1,列 2,…)]
AS
SELECT 语句
[WITH CHECK OPTION]
```

 微课课堂

修改和删除后重建的不同：

如果修改，则已授出的权限不变，而删除后重建则需要重新授权。

6. 重命名视图

创建后的视图，也可以修改视图的名字，其具体的语法结构如下：

```
RENAME TABLE old_view_name TO new_view_name;
```

7. 更新视图

更新视图是指通过视图来插入、更新或删除表中的数据。由于视图是一个虚拟表，视图中是没有数据的，因此，更新视图实际上是更新基本表中的数据。对视图的更新操作包括 UPDATE、INSERT 和 DELETE。

（1）用 UPDATE 语句更新。更新视图和更新表的语法结构相同，其具体的语法格式如下：

```
UPDATE view_name SET column_name = 值 where condition;
```

（2）用 INSERT 语句更新。插入视图记录实际上是向基本表中插入新的记录，其具体的语法格式如下：

```
INSERT INTO view_name VALUES(值 1,值 2,…);
```

（3）删除视图。对创建后的视图，可以用 DROP VIEW 命令删除，其具体的语法格式如下：

```
DROP VIEW [IF EXISTS] <视图名 1>[,<视图名 2>]…;
```

【任务实现】

【例 10-6】 查看视图 stu_view 创建的详细信息。

具体操作步骤如下：

（1）在图 4-6 所示的光标闪动的位置输入命令。

```
USE stuimfo;
```

实现打开 stuimfo 数据库。

（2）输入命令。

```
SHOW CREATE VIEW stu_view;
```

实现查看视图创建的详细信息,执行结果如图 10-14 所示。

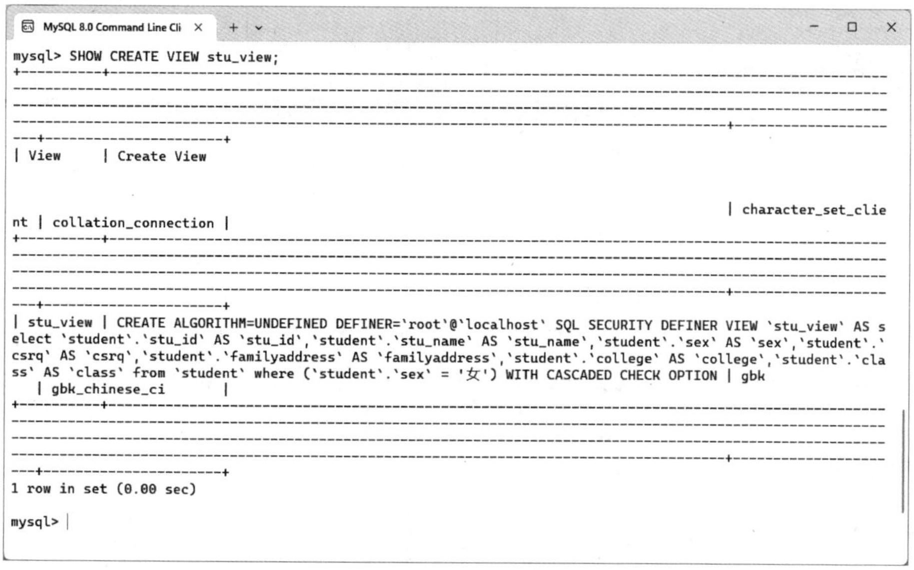

```
mysql> SHOW CREATE VIEW stu_view;
```

| View | Create View | character_set_clie
nt | collation_connection |

| stu_view | CREATE ALGORITHM=UNDEFINED DEFINER='root'@'localhost' SQL SECURITY DEFINER VIEW `stu_view` AS s
elect `student`.`stu_id` AS `stu_id`,`student`.`stu_name` AS `stu_name`,`student`.`sex` AS `sex`,`student`.`
csrq` AS `csrq`,`student`.`familyaddress` AS `familyaddress`,`student`.`college` AS `college`,`student`.`cla
ss` AS `class` from `student` where (`student`.`sex` = '女') WITH CASCADED CHECK OPTION | gbk
| gbk_chinese_ci |

```
1 row in set (0.00 sec)

mysql>
```

图 10-14　查看视图 stu_view 创建的详细信息

【**例 10-7**】　修改视图 student_score_view,把列名 stu_id、sex、ke_id、chengji 分别改为姓名、性别、课程编号和成绩并查看其详细信息。

具体操作步骤如下:

(1) 在图 4-6 所示的光标闪动的位置输入命令。

```
USE stuimfo;
```

实现打开 stuimfo 数据库。

(2) 输入命令。

```
CREATE OR REPLACE VIEW student_score_view (姓名,性别,课程编号,成绩)
AS
SELECT stu_name,sex, ke_id,chengji FROM student INNER JOIN score ON student.stu_id = score.stu_id;
```

实现修改视图 student_score_view 相关信息,执行结果如图 10-15 所示。

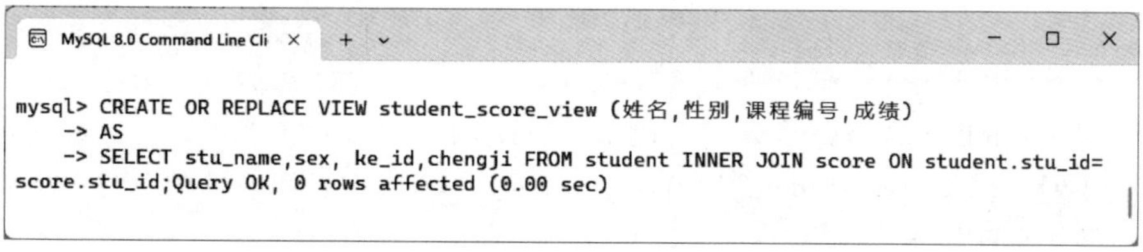

```
mysql> CREATE OR REPLACE VIEW student_score_view (姓名,性别,课程编号,成绩)
    -> AS
    -> SELECT stu_name,sex, ke_id,chengji FROM student INNER JOIN score ON student.stu_id=
score.stu_id;Query OK, 0 rows affected (0.00 sec)
```

图 10-15　修改视图 student_score_view 相关信息

(3) 输入命令。

```
SHOW TABLE STATUS FROM stuimfo LIKE 'student_score_view';
```

实现查看视图 student_score_view 中的详细信息，执行结果如图 10-16 所示。

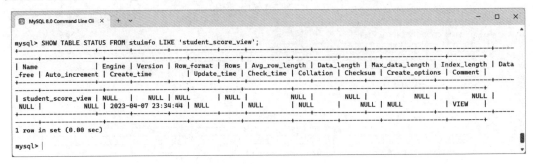

图 10-16　查看视图 student_score_view 中的详细信息

【**例 10-8**】　修改视图 student_score_view，用来查看每名学生的平均成绩。

具体操作步骤如下：

（1）在图 4-6 所示的光标闪动的位置输入命令。

```
USE stuimfo;
```

实现打开 stuimfo 数据库。

（2）输入命令。

```
CREATE OR REPLACE VIEW student_score_view(姓名,平均成绩)
AS
SELECT stu_name,AVG(chengji) FROM student INNER JOIN score ON student. stu_id = score. stu_id
GROUP BY student.stu_id;
```

实现修改视图，查看每名学生的平均成绩，执行结果如图 10-17 所示。

```
mysql> CREATE OR REPLACE VIEW student_score_view(姓名,平均成绩)
    -> AS
    -> SELECT stu_name,AVG(chengji) FROM student INNER JOIN score ON student.stu_id=score.stu_id GROUP BY student.stu_id;
Query OK, 0 rows affected (0.01 sec)

mysql>
```

图 10-17　修改视图 student_score_view

（3）输入命令。

```
SELECT * FROM student_score_view;
```

实现查看视图 student_score_view 中的记录，执行结果如图 10-18 所示。

【**例 10-9**】　修改视图 student_kecheng_score_view，实现统计科目对应的平均成绩。

具体操作步骤如下：

（1）在图 4-6 所示的光标闪动的位置输入命令。

```
USE stuimfo;
```

实现打开 stuimfo 数据库。

图 10-18 查看视图 student_score_view 中的记录

（2）输入命令。

```
CREATE OR REPLACE VIEW student_kecheng_score_view(科目,平均成绩)
AS
SELECT ke_name,AVG(chengji) FROM student INNER JOIN score
ON student.stu_id = score.stu_id JOIN kecheng
ON kecheng.ke_id = score.ke_id GROUP BY ke_name;
```

实现修改视图 student_kecheng_score_view，统计科目对应的平均成绩，执行结果如图 10-19
所示。

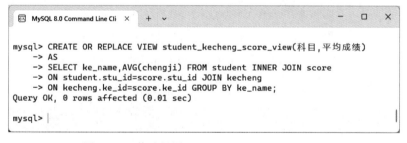

图 10-19 修改视图 student_kecheng_score_view

（3）输入命令。

```
SELECT * FROM student_kecheng_score_view;
```

实现查看视图 student_kecheng_score_view 中的记录，执行结果如图 10-20 所示。

【**例 10-10**】 根据 student 表创建 stu_view 视图，并通过视图更新基本表 student 的数
据（包括插入、修改操作）。

具体操作步骤如下：

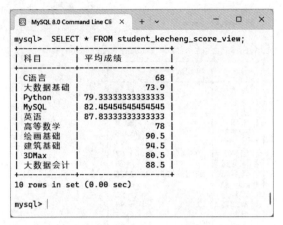

图 10-20　查看视图 student_kecheng_score_view 中的记录

（1）在图 4-6 所示的光标闪动的位置输入命令。

```
USE stuimfo;
```

实现打开 stuimfo 数据库。

（2）输入命令。

```
CREATE OR REPLACE VIEW stu_view
AS
SELECT * FROM student;
```

实现根据 student 表创建 stu_view 视图，执行结果如图 10-21 所示。

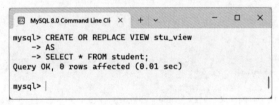

图 10-21　根据 student 表创建 stu_view 视图

（3）输入命令。

```
SELECT * FROM stu_view;
```

实现查看视图 stu_view 中的记录，执行结果如图 10-22 所示。

（4）输入命令。

```
INSERT INTO stu_view VALUES('20231014','兔八哥','男','2023 - 1 - 13','重庆','大数据学院','人工智能');
```

实现向视图 stu_view 中插入一条新的记录，执行结果如图 10-23 所示。

（5）输入命令。

```
SELECT * FROM stu_view;
```

图 10-22　查看视图 stu_view 中的记录

图 10-23　向视图 stu_view 中插入一条新的记录

实现查看插入新记录后的视图 stu_view 中的记录，执行结果如图 10-24 所示。

图 10-24　查看插入新记录后的视图 stu_view 中的记录

（6）输入命令。

```
UPDATE stu_view SET stu_name = '兔飞猛进',sex = '女' where stu_id = '20231014';
```

实现修改视图 stu_view 中的姓名和性别字段的记录，执行结果如图 10-25 所示。

图 10-25　修改视图 stu_view 中的姓名和性别字段的记录

（7）输入命令。

```
SELECT * FROM student;
```

实现查看基本表 student 中的记录，执行结果如图 10-26 所示。

图 10-26　查看基本表 student 中的记录

【例 10-11】　删除视图 stu_view。

具体操作步骤如下：

（1）在图 4-6 所示的光标闪动的位置输入命令。

```
USE stuimfo;
```

实现打开 stuimfo 数据库。

（2）输入命令。

```
DROP VIEW stu_view;
```

实现删除视图 stu_view，执行结果如图 10-27 所示。

图 10-27　删除视图 stu_view

（3）输入命令。

```
SHOW TABLES;
```

实现查看数据库中的对象，执行结果如图 10-28 所示。

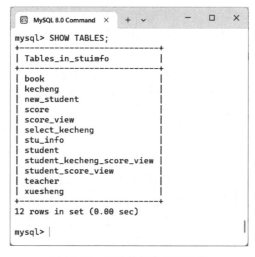

图 10-28　查看数据库中的对象

任务3　创建索引

视频讲解

【任务描述】

索引是一种特殊的数据库结构，由数据表中的一列或多列组合而成，可以用来快速查询数据表中有某一特定值的记录。

【任务要求】

具体操作要求如下：

（1）创建带主键和唯一键约束的 stu 表。

（2）为 student 表的 stu_name 字段创建普通索引。

（3）为 teacher 表的 t_name、t_zhicheng 字段创建唯一索引。

（4）为 kecheng 表的 ke_name 字段创建全文索引。

【相关知识】

1. 索引的分类

MySQL 按数据结构将索引分类可以分为 B+树索引、Hash 索引、全文索引；按物理存储分类可以分为聚簇索引、二级索引（辅助索引）。按字段特性分类可以分为主键索引、唯一索引、普通索引、全文索引和空间索引。按字段个数分类可以分为单列索引、联合索引（复合索引、组合索引）。

2. 索引的作用

在数据库的数据表中查找某条记录时，如果没有索引，则 MySQL 必须从第一条记录开始，依次顺序查找，直到找到相关的记录为止。如果表记录量大，则查找表记录所耗费的时间就越长。如果有索引，MySQL 就可以快速定位目标记录所在的位置，而不必浏览表中的每一条记录，从而查找记录的效率大大提高。

索引就是根据表中的一列或若干列按照一定顺序建立的列值和记录行之间的对应关系表。实质上，索引就是一张描述索引列的列值和原表中记录行之间一一对应关系的有序表。

3. 索引的特点

索引有优点，也有缺点。索引可以提高查询速度，但也会影响插入记录的速度。例如，向有索引的表中插入记录时，数据库系统会按照索引进行排序，这样就降低了插入记录的速度，尤其是当插入大量记录时速度会更加明显减慢。

（1）索引的优点。

① 可以大大加快数据的查询速度。

② 通过创建唯一索引可以保证数据库表中每一行数据的唯一性。

③ 可以给所有的 MySQL 列类型设置索引。

④ 在实现数据的参考完整性方面可以加速表和表之间的连接。

⑤ 在使用分组和排序子句进行数据查询时也可以显著减少查询中分组和排序的时间。

（2）索引的缺点。

① 创建和维护索引要耗费时间，并且随着数据量的增加所耗费的时间也会增加。

② 索引需要占磁盘空间，除了数据表占数据空间以外，每一个索引还要占一定的物理空间。如果有大量的索引，则索引文件可能比数据文件更快达到最大文件尺寸。

③ 当对表中的数据进行增加、删除和修改时，索引也要动态维护，这样就降低了数据的维护速度。

4. 创建索引

创建索引是指在某个表的一列或多列上建立索引，提高对表的访问速度。

创建索引可以通过三种方法实现。

（1）使用 CREATE INDEX 语句。使用 CREATE INDEX 语句可以在一个已有的表上创建索引，其具体的语法格式如下：

```
CREATE <索引名> ON <表名> (<列名> [<长度>] [ ASC | DESC])
```

（2）使用 CREATE TABLE 语句。在创建表的同时创建索引，其具体的语法格式如下：

```
CREATE TABLE table_name(
column_name1 data_type,
column_name2 data_type,
… )
[INDEX|KEY]|[UNIQUE]|[PRIMARY KEY][FULLTEXT][SPATIAL] [index_name][index_type](column_name
[(length)][ASC|DESC])
```

🔔 **微课课堂**

创建索引：

（1）语法结构中选择不同的关键字代表创建不同的索引。INDEX 表示普通索引，UNIQUE 表示唯一索引，PRIMARY KEY 表示主键索引，FULLTEXT 表示全文索引，SPATIAL 表示空间索引。

（2）创建全文索引字段的数据类型必须是 CHAR、VARCHAR 或 TEXT；空间索引字段的数据类型必须是空间数据类型，例如，GEOMETRY、POINT、LINESTRING、POLYGON 且该字段必须设置为非空类型。

（3）使用 ALTER TABLE 语句。在使用 ALTER TABLE 语句修改表的同时，可以向已有的表添加索引。具体的做法是在 ALTER TABLE 语句中添加以下语法成分的某一项或几项，其具体的语法格式如下：

```
ALTER TABLE table_name
ADD INDEX|KEY[index_name][index_type](column_name1)[(length)][ASC|DESC],
column_name2[(length)][ASC|DESC], … ]
|ADD UNIQUE[INDEX|KEY][index_name][index_type](column_name1)[(length)[ASC|DESC],
column_name2[(length)][ASC|DESC], … ]
|ADD PRIMARY KEY[index_type](column_name1)[(length)[ASC|DESC],]
column_name2[(length)][ASC|DESC], … ]
|ADD [FULLTEXT|SPATIAL][index|key][index_name](column_name1)[(length)][ASC|DESC],column_
name2[(length)][ASC|DESC], … ]
```

5. 复合索引

复合索引又称为组合索引，是在建立索引时使用多个字段。例如，同时使用身份证号和手机号建立索引，同样可以建立为普通索引或唯一索引，其具体的语法格式如下：

```
ALTER TABLE table_name ADD INDEX 索引名(index_name) (列名1,列名2,…);
```

【任务实现】

【例 10-12】 创建带主键和唯一键约束的 stu 表。

具体操作步骤如下：

（1）在图 4-6 所示的光标闪动的位置输入命令。

```
USE stuimfo;
```

实现打开 stuimfo 数据库。

（2）输入命令。

```
CREATE TABLE   stu
(s_id int(10) primary key,
s_name varchar(6) unique,
s_sex char(2)
);
```

实现创建带主键和唯一键约束的 stu 表，执行结果如图 10-29 所示。

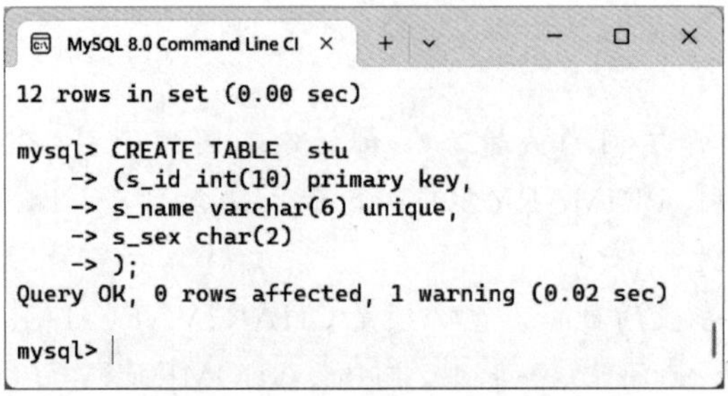

图 10-29　创建带主键和唯一键约束的 stu 表

【例 10-13】　为 student 表的 stu_name 字段创建普通索引。

具体操作步骤如下：

（1）在图 4-6 所示的光标闪动的位置输入命令。

```
USE stuimfo;
```

实现打开 stuimfo 数据库。

（2）输入命令。

```
CREATE INDEX index_stu_name ON student(stu_name);
```

实现为 student 表的 stu_name 字段创建普通索引，执行结果如图 10-30 所示。

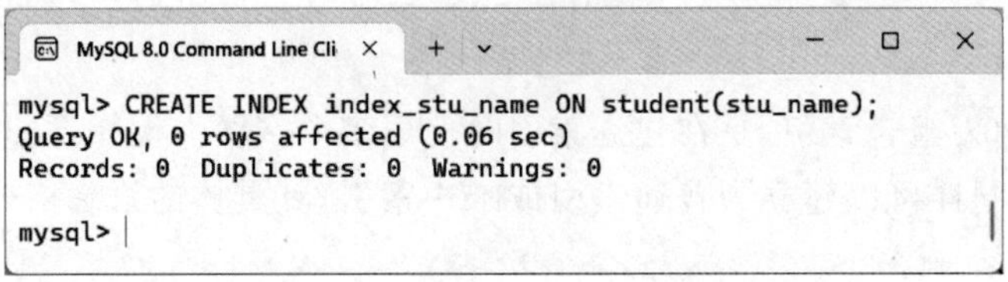

图 10-30　为 student 表的 stu_name 字段创建普通索引

【例 10-14】　为 teacher 表的 t_name、t_zhicheng 字段创建唯一索引。

具体操作步骤如下：

（1）在图 4-6 所示的光标闪动的位置输入命令。

```
USE stuimfo;
```

实现打开 stuimfo 数据库。

（2）输入命令。

```
CREATE UNIQUE INDEX index_name_zhicheng ON teacher(t_name,t_zhicheng);
```

实现为 teacher 表的 t_name、t_zhicheng 字段创建唯一索引，执行结果如图 10-31 所示。

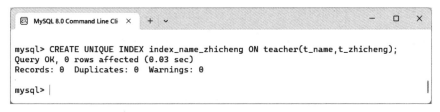

图 10-31   为 teacher 表的 t_name、t_zhicheng 字段创建唯一索引

【例 10-15】   为 kecheng 表的 ke_name 字段创建全文索引。

具体操作步骤如下：

（1）在图 4-6 所示的光标闪动的位置输入命令。

```
USE stuimfo;
```

实现打开 stuimfo 数据库。

（2）输入命令。

```
ALTER TABLE kecheng ADD FULLTEXT INDEX index_ke_name(ke_name);
```

实现为 kecheng 表的 ke_name 字段创建全文索引，执行结果如图 10-32 所示。

图 10-32   为 kecheng 表的 ke_name 字段创建全文索引

任务 4   查看和维护索引

【任务描述】

创建索引后可以查看和维护索引，用户既可以在终端利用命令的方式，也可以借助图形化工具来实现。

【任务要求】

具体操作要求如下：

（1）查看 student 表的索引。

（2）使用图形化工具 SQLyog 为 student 表的 college 字段增加普通索引并查看索引。

（3）删除 kecheng 表的 ke_name 字段的全文索引。

【相关知识】

1. 查看索引信息

索引创建后,可以查看索引信息,其具体的语法结构如下:

```
SHOW INDEX FROM table_name [FROM db_name]
```

或

```
SHOW INDEX FROM [db_name.]table_name
```

> **微课课堂**
>
> 查看索引前,如果没有指定当前数据库,则可以使用两种方式查看:
> （1）SHOW INDEX FROM table_name［FROM db_name］,数据库名放在最后;
> （2）SHOW INDEX FROM［db_name.］table_name,数据库名引领。

2. 修改索引

在 MySQL 中并没有提供修改索引的直接命令。一般情况下,需要先删除原索引,再根据需要创建一个同名的索引,从而变相地实现修改索引操作。

3. 删除索引

当不再需要索引时,可以使用 DROP INDEX 语句或 DROP…INDEX 语句来对索引进行删除。

（1）使用 DROP INDEX 语句,其具体的语法格式如下:

```
DROP INDEX <索引名> ON <表名>
```

（2）使用 DROP…INDEX 语句,其具体的语法格式如下:

```
DROP PRIMARY KEY|INDEX index_name|FOREIGN KEY fk_symbol
```

删除表中的主键约束或删除名称为 index_name 的索引或删除外键约束。

> **微课课堂**
>
> 删除索引:
> （1）如果删除的列是索引的组成部分,那么在删除该列时,也会将该列从索引中删除。
> （2）如果组成索引的所有列都被删除,那么整个索引将被删除。

【任务实现】

【例 10-16】 查看 student 表的索引。

具体操作步骤如下:

在图 4-6 所示的光标闪动的位置输入命令。

```
SHOW INDEX FROM student FROM stuimfo;
```

实现查看 student 表的索引的相关信息,执行结果如图 10-33 所示。

```
MySQL 8.0 Command Line Cli  ×  +  ∨                                    —  □  ×

mysql> SHOW INDEX FROM student FROM stuimfo;
+---------+------------+--------------+--------------+-------------+-----------+-------------+----------+--------+------+
| Table   | Non_unique | Key_name     | Seq_in_index | Column_name | Collation | Cardinality | Sub_part | Packed | Null |
| Index_type | Comment | Index_comment | Visible | Expression |
+---------+------------+--------------+--------------+-------------+-----------+-------------+----------+--------+------+
| student |          0 | PRIMARY      |            1 | stu_id      | A         |          17 | NULL     | NULL   |      |
| BTREE   |         |              | YES     | NULL       |
| student |          1 | index_stu_name |          1 | stu_name    | A         |          19 | NULL     | NULL   | YES  |
| BTREE   |         |              | YES     | NULL       |
+---------+------------+--------------+--------------+-------------+-----------+-------------+----------+--------+------+
2 rows in set (0.00 sec)

mysql>
```

图 10-33　查看 student 表的索引的相关信息

【例 10-17】　使用图形化工具 SQLyog 为 student 表的 college 字段增加普通索引并查看索引。

具体操作步骤如下:

(1) 在图 4-4 所示的 SQLyog 的图形化界面的左侧列表中选择 stuimfo 数据库中的 student 表,如图 10-34 所示。

(2) 右键选择 student 表的"管理索引",如图 10-35 所示。

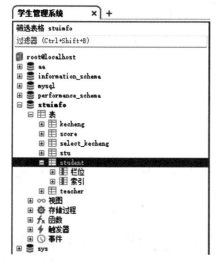

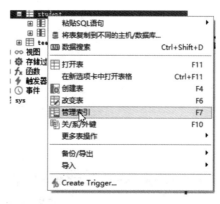

图 10-34　选择 stuimfo 数据库中的 student 表　　　　图 10-35　student 的快捷菜单

(3) 在 SQLyog 的屏幕右侧显示如图 10-36 所示的界面。

(4) 在"索引名"中输入需要创建索引的名字,这里设置为 index_college;在"栏位"单击"…"按钮,系统弹出"栏位"对话框,如图 10-37 所示,这里选中 college 字段并单击"确定"按钮。

(5) 在"索引类型"中选择 KEY,如图 10-38 所示。

(6) 在 Visibility 中选择 Visible;在"注释"中设置注释内容,设置后的界面如图 10-39 所示。

(7) 单击屏幕右下角的"保存"按钮,系统弹出如图 10-40 所示的"表已成功修改"对话框,单击"确定"按钮实现创建成功。

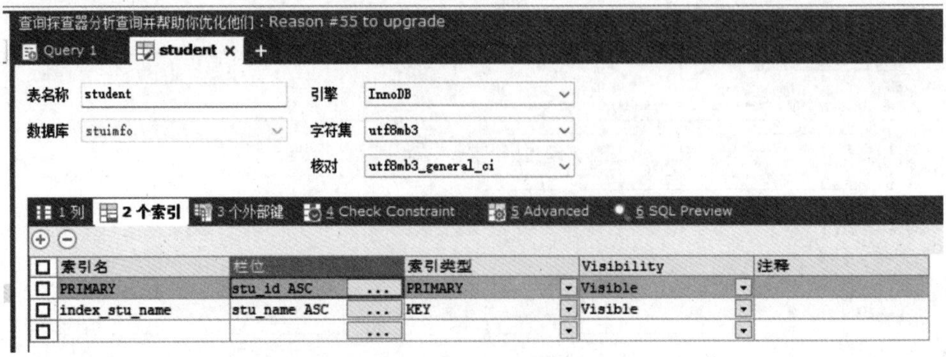

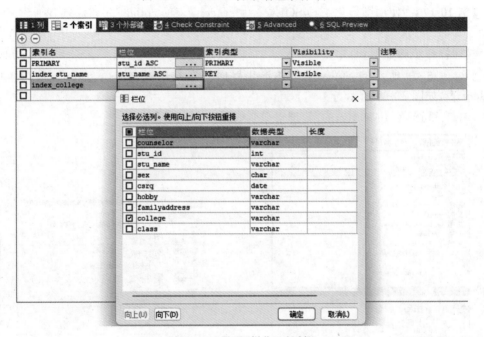

图 10-36　student 表的"管理索引"窗口

图 10-37　设置"栏位"对话框

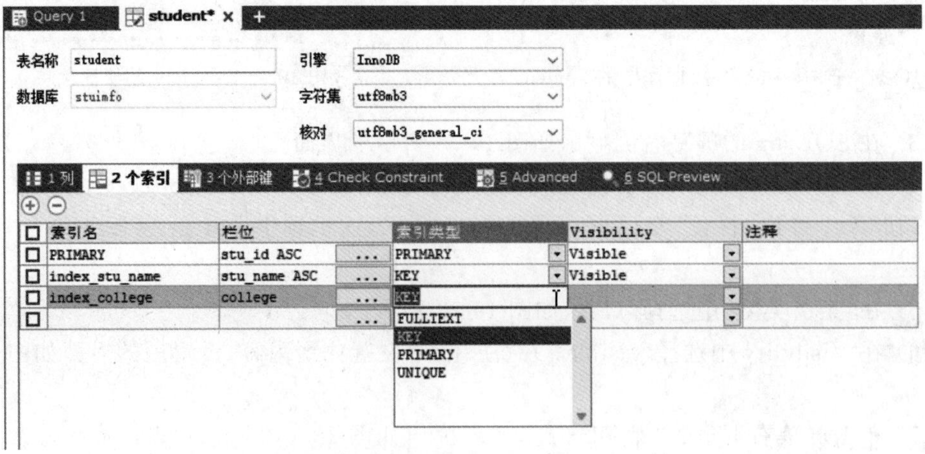

图 10-38　设置"索引类型"

图 10-39 为 student 表的 college 添加普通索引

（8）单击左侧 student 目录树的"索引"项，查看 student 表的索引，如图 10-41 所示。

图 10-40 "表已成功修改"对话框

图 10-41 查看 student 表的索引

【例 10-18】 删除 kecheng 表的 ke_name 字段的全文索引。

具体操作步骤如下：

（1）在图 4-6 所示的光标闪动的位置输入命令。

```
USE stuimfo;
```

实现打开 stuimfo 数据库。

（2）输入命令。

```
DROP INDEX index_ke_name on kecheng;
```

实现删除 kecheng 表的 ke_name 的全文索引，执行结果如图 10-42 所示。

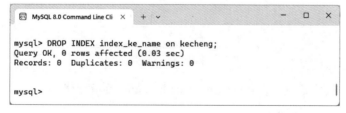

图 10-42 删除 kecheng 表的 ke_name 的全文索引

（3）输入命令。

```
SHOW INDEX FROM kecheng;
```

实现查看 kecheng 表的索引信息，执行结果如图 10-43 所示。

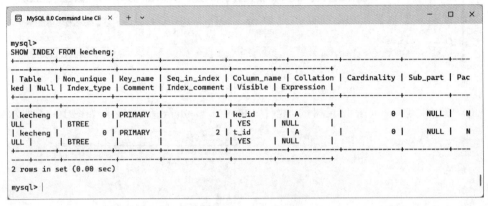

图 10-43　查看 kecheng 表的索引信息

实训巩固

1. 在数据库 stuimfo 中，基于 student 表创建一个名为 student_view 的视图，该视图实现查找出学号、姓名的女生记录。

_____

_____

_____

2. 在 stuimfo 数据库中，基于 teacher 表创建视图 teacher_view，该视图实现以职称分组显示每类职称的教师人数。

_____

_____

_____

3. 在 stuimfo 数据库中，基于 student、kecheng、select_kecheng 表创建视图 student_kecheng_select_kecheng_view，该视图实现显示每位学生所选课程所对应的成绩。

_____

_____

_____

4. 在 stuimfo 数据库中，基于 kecheng 表的 ke_name 字段创建 index_studen、t_kecheng 普通索引并查看创建后的索引。

5. 在 stuimfo 数据库中，基于 select_kecheng 表的 stu_id 字段创建全文索引 index_select_kecheng 并查看。

知识拓展

1. Mysqltuner-Pl

Mysqltuner-Pl 是 MySQL 一个常用的数据库性能诊断工具，主要检查参数设置的合理性，包括日志文件、存储引擎、安全建议及性能分析。针对潜在的问题，Mysqltuner-Pl 将给出改进的建议，是 MySQL 优化的好帮手。

2. Tuning-Primer.sh

Tuning-Primer.sh 是 MySQL 的另一个优化工具，可以实现查询日志、最大连接数、查询缓存、排序缓冲区、表锁定和表扫描等功能。

3. Pt-Variable-Advisor

Pt-Variable-Advisor 是 Pt 工具集的一个子工具，主要用来诊断参数设置是否合理，分析 MySQL 变量并就可能出现的问题给出合理的建议。

课后习题

一、选择题

1. MySQL 的视图是从(   )中导出的。

    A. 基本表   B. 视图   C. 数据库   D. 基本表或视图

2. 用于创建视图的 SQL 语句为(   )。

    A. CREATE DATABASE   B. CREATE VIEW

    C. CREATE TRIGGER   D. CREATE TABLE

3. 用于修改视图的 SQL 语句为(   )。

    A. ALTER TABLE   B. ALTER TRIGGER

    C. ALTER DATABASE   D. ATLER VIEW

4. 索引是一种特殊的(   )，由数据表中的一列或多列组合而成，可以用来快速查询数据表中有某一特定值的记录。

    A. 数据库   B. 数据库结构

    C. 数据结构   D. 数据

5. 修改视图时，使用(   )选项，可以对 CREATE VIEW 的文本进行加密。

A. WITH ENCRYPTION   B. WITH CHECK OPTION

C. VIEW_METADATE   D. AS SQL 语句

二、填空题

1. 对视图的操作和对基本表的操作一样，都可以对其进行创建、_____和_____，但是对于数据的操作要满足一定的条件。当对通过视图看到的数据进行修改时，相应的基本表的数据也会发生变化，同样，如果基本表中的数据发生变化，也会自动反映到_____中。

2. 通过视图修改数据行时，_____可以确保提交修改后，仍然可以通过视图看到修改的数据。

3. 视图是_____，本身没有数据，通过视图更新的是基本表的数据。

4. 查看视图_____，可以查看其创建的详细信息，可查询表的存储引擎、版本、表的行数、创建时间、数据最近被更新的时间等。

5. _____可以查看索引信息。

三、简答题

1. 什么是视图？其优势体现在哪里？

2. 视图和基本表的区别在哪里？它们之间有何联系？

3. 什么是索引？

4. 索引有何优缺点？

5. 简述索引的分类。

项目 11 存储过程和存储函数

学习目标

（1）理解存储过程和存储函数的概念。

（2）掌握存储过程和存储函数的基础知识。

（3）能创建和使用存储过程、存储函数。

（4）理解游标的概念。

（5）掌握游标的使用。

（6）掌握存储函数的调用方法。

匠人匠心

（1）在数据库操作中经常会用到函数，MySQL 提供了大量、丰富的函数，使其功能更加强大、灵活，以此引导学生努力学习，增强自身本领，勤学苦练。

（2）MySQL 函数从功能方面划分有多种函数，通过各类函数的使用让 MySQL 数据库能更加灵活地满足不同用户的需求，引导学生在学习技术技能知识时，努力挖掘自身潜能，提高综合素养。

（3）存储过程可以实现高效、便捷地解决一些数据库请求，不至于每次运行 SQL 语句重新修改，引导学生在生活、学习中发散思维，注重提高学习效率和强化创新精神。

（4）为对查询结果集中的每条数据进行单独处理，需要利用游标来实现，以此引导学生学习时多向他人学习，取长补短，逐渐进步。

任务 1 存储过程和存储函数基本概念

【任务描述】

在实际应用中，经常会遇见为完成一个请求，需要执行多个 SQL 语句的情况。为了高效、便捷地解决此类问题，而不至于每次运行 SQL 语句重新修改，就可以使用存储过程。在使用时只需要调用这个存储过程，就可以实现多次执行重复的操作。本任务介绍存储过程和函数的基本概念。

【任务要求】

在 MySQL 的命令行客户端的环境下实现，具体要求如下：

（1）利用命令形式定义一个用户变量，名为 stuId。

（2）利用命令形式查看当前 MySQL 中的系统变量。

（3）利用命令形式查看当前 MySQL 的版本。

【相关知识】

1．过程式数据库对象

在 MySQL 中，存储过程、存储函数、触发器和事件等都是 MySQL 支持的过程式数据库对象。所谓过程式数据库对象，指的是能将多条 SQL 命令组合在一起，并一次性执行的程序。这个程序可以重复使用，提高操作效率。此外，也可以设定程序的权限，实现限制用户对程序的使用，从而提高安全性。

2．存储过程和存储函数概述

存储过程被定义为一组能完成特定功能的 SQL 语句集。它是一段经过编译后存放在数据库服务器端的代码。通常将需要经常执行的 SQL 语句写成存储过程，调用时通过存储过程名即可使用。存储函数和存储过程一样，都是在数据库中定义一些 SQL 语句的集合。存储函数可以通过 RETURN 语句返回函数值，主要用于计算并返回一个值。而存储过程可以有多个返回值，也可以没有返回值，主要用于执行操作。

存储过程主要由声明式 SQL 语句（如 CREATE、SELECT、INSERT）和过程式 SQL 语句（如 IF…THEN…ELSE）组成。在实际应用中，其优势主要有：

（1）减少客户端和服务端的数据传输，可以提高访问速度。

（2）编译好的存储过程存放在缓存中，可以提高执行速度。

（3）通过设置权限实现数据访问权限限制，可以提高数据安全性。

（4）过程式 SQL 语句的使用，使得存储过程具有很强的灵活性。

（5）可以重复调用，减少重复编写情况，具有高复用性。

3．常量

MySQL 数据库中使用的语言遵循了 SQL 标准，但为了便于程序编写，提高效率，MySQL 也有一些自己特有的语言和标准。使用存储过程还需掌握相应的基本知识，包含常量、变量和常用的流程控制语句。

从广义上说，常量指的是"不变化的量"，也就是在程序运行期间，不会被程序修改的量。在 MySQL 中，常量主要有字符串常量、数值常量、日期时间常量和布尔值 4 种。

（1）字符串常量。字符串常量指的是用单引号或双引号括起来的 0 个或多个字符序列。分为 ASCII 字符串常量和 Unicode 字符串常量。其中，ASCII 字符串常量是用单引号括起来，由 ASCII 字符组成，每个 ASCII 字符用一个字节存储（如 'my sql'）。

（2）数值常量。数值常量可以分为整数常量和浮点数常量。例如，123、300 等是整数常量；3.14、2.56 是浮点数常量。

（3）日期时间常量。日期时间常量指的是用单引号将表示日期时间的字符串括起来的常量，包括年、月、日、小时、分钟、秒、微秒等信息。其中，日期型常量主要包含年、月、日，用 DATE 类型表示；时间型常量主要包含小时、分钟、秒、微秒，用 time 类型表示。MySQL 也支持日期和时间的组合方式，数据类型为 DATETIME 或 TIMESTAMP（如 '2022-11-17 13:15:26'）。

（4）布尔值。布尔值可以是真（TRUE）或假（FALSE）。其中，FALSE 的数字值为 0，TRUE 的数字值为 1。

4. 变量

变量是指在程序运行期间可以被改变的量。一般来说，一个变量拥有变量名和数据类型两个属性。在 MySQL 中，变量分为用户变量和系统变量两种。

（1）用户变量。用户变量是用户自己定义的变量。当用户退出时，变量将被自动释放，其具体的语法格式如下：

```
SET @user_var1 = 表达式 1[,user_var2 = 表达式 2,… ]
```

说明：

- SET 语句的作用是定义和初始化用户变量。
- user_var1、user_var2 为用户变量名。
- 表达式 1、表达式 2 为将赋给变量的值。
- @符号需要放在用户变量前面。
- ［ ］中括号里面的内容为可选项，当需要同时定义多个变量时，中间用逗号隔开（如 SET @a_b1＝3，@a_b2＝4）。

（2）系统变量。系统变量是 MySQL 设置的固定的值，在 MySQL 服务器启动时就被初始化。它也有变量名和数据类型。大多数的系统变量在使用时需要在变量名前添加两个 @符号，才能返回该变量的值，如 SELECT @@VERSION，该语句可以返回当前 MySQL 的版本。如果想查看当前 MySQL 中的系统变量，可以使用 SHOW VARIABLES 语句。

【任务实现】

【例 11-1】 利用命令形式定义一个用户变量，名为 stuId。

具体操作步骤如下：

（1）打开 MySQL Command Line Client，在光标闪动的位置输入安装时设置的密码"123456"。

（2）系统进入 MySQL 的命令行客户端（Command Line Client）工作界面。

（3）在光标闪动的位置输入命令。

```
SET @stuId = 201;
```

实现定义一个用户变量，执行结果如图 11-1 所示。

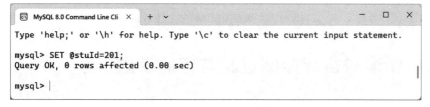

图 11-1　定义一个用户变量

【例 11-2】 利用命令形式查看当前 MySQL 中的系统变量。

具体操作步骤如下：

进入 MySQL 命令行客户端工作界面后，在光标闪动的位置输入命令。

```
SHOW VARIABLES;
```

实现查看当前的系统变量，执行结果部分截图如图 11-2 所示。

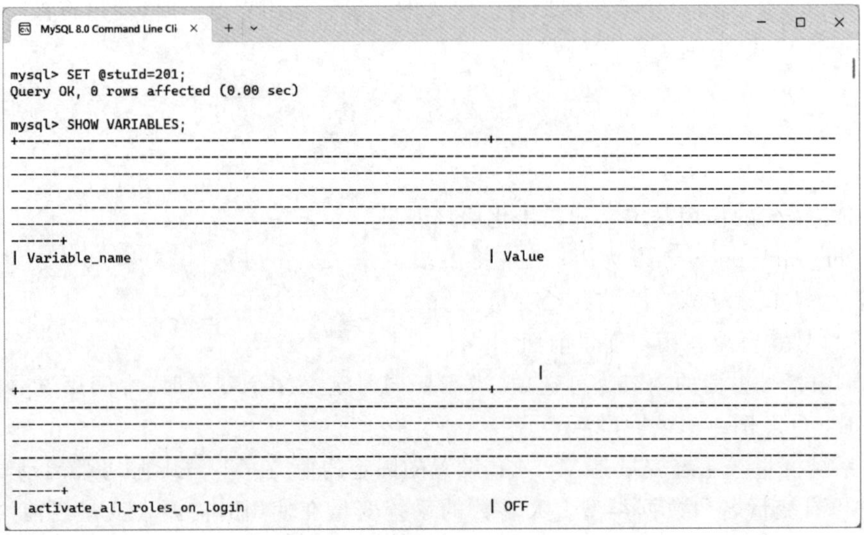

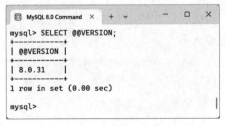

图 11-2　查看当前的系统变量

视频讲解

【例 11-3】　利用命令形式查看当前 MySQL 的版本。

具体操作步骤如下：

进入 MySQL 命令行客户端工作界面后，在光标闪动的位置输入命令。

```
SELECT @@VERSION;
```

实现查看当前 MySQL 的版本，执行结果如图 11-3 所示。

图 11-3　查看当前 MySQL 的版本

任务 2　创建和执行存储过程与存储函数

【任务描述】

前面已经简要介绍了存储过程由声明式 SQL 语句和过程式 SQL 语句组成。在实际应用中,还需掌握存储过程和存储函数的创建和具体使用的方法。例如,创建、显示、调用和删除存储过程,创建和调用存储函数。

【任务要求】

具体要求如下:

(1) 利用客户端 SQLyog 软件,创建名为 pro_search1 的存储过程。

(2) 编辑 pro_search1 存储过程,使得其带输入参数,能完成查询某个学生所选课程门数,学生学号为输入参数,所选课程门数为输出参数,然后执行该存储过程。

(3) 修改已经建好的存储过程 pro_search1,使得其读写权限改为 MODIFIES SQL DATA,并指明调用者可以执行,修改后执行代码,查看修改后的信息。

(4) 利用客户端 SQLyog 软件,创建和调用存储函数 fun_search1,该函数能实现查询某学生的学号,其中学生姓名为输入参数。

【相关知识】

1. 创建存储过程

在使用存储过程之前,首先需要创建存储过程。

在 MySQL 中,使用 CREATE PROCEDURE 语句创建存储过程,其具体的语法格式如下:

```
CREATE PROCEDURE 存储过程名([参数)
        存储过程体
```

在 MySQL 中,服务器处理 SQL 语句是以分号作为结束标识。但在存储过程体中,通常包含多个 SQL 语句,每个语句用分号作为结尾。这样会造成服务器在执行程序时,遇见第一个分号就会认为程序结束。为避免这样的情况发生,MySQL 提供 DELIMITER 命令,将 MySQL 语句的结束标识修改为其他符号,其具体的语法格式如下:

```
DELIMITER //
```

这样就实现了将结束符修改为"//"。如果需要恢复结束标识为分号,则输入如下命令:

```
DELIMITER;
```

 微课课堂

DELIMETER 语句:

DELIMETER 是系统修改默认结束符的语句,通常被用在存储过程、触发器或函数中。

2. 存储过程的参数

从创建存储过程的语法格式中可以发现,存储过程的参数可有可无,甚至有多个参数。参数包括如下 3 种格式:

(1) IN(输入参数)。须在调用存储过程时指定,在存储过程中可以使用,但不能被返回。

（2）OUT（输出参数）。在存储过程中可以改变并返回。

（3）INOUT（输入和输出参数）。要求在调用存储过程时指定，在存储过程中可以改变并返回，可以充当输入参数，也可以充当输出参数。

存储过程定义参数，其具体的语法格式如下：

```
[IN|OUT|INOUT] 参数名 类型
```

3. 存储过程体

存储过程体是存储过程的核心主体部分，因其包含存储过程的多个执行语句，故需要有开始（BEGIN）和结束（END）标志。需要注意的是，在 END 后面需要添加用 DELIMITER 命令设置的结束符。

有时为了存储临时结果，也可以在存储过程体中使用局部变量。在 MySQL 中，使用 DECLARE 语句声明局部变量，并可以赋值。局部变量的生存期仅在其声明的 BEGIN…END 语句块中，其具体的语法格式如下：

```
DECLARE 局部变量名[,…] 类型 [DEFAULT 默认值]
```

如果要对局部变量赋值，可以使用 SET 语句，其具体的语法格式如下：

```
SET 局部变量名 1 = 值 1[,局部变量名 2 = 值 2…]
```

在存储过程体中，可以使用 SELECT…INTO 语句，将选定的列值直接存储到局部变量中，但此时返回的结果只有一行，其具体的语法格式如下：

```
SELECT 列名[,…] INTO 局部变量名[,…] FROM 子句及其后面语法内容
```

4. 显示存储过程

在调用存储过程之前，如果需要查看数据库中的存储过程，可以使用 SHOW PROCEDURE STATUS 语句显示所有存储过程。也可以使用 SHOW CREATE PROCEDURE 语句查看某一个存储过程的详细信息，其具体的语法格式如下：

```
SHOW CREATE PROCEDURE 存储过程名
```

5. 调用存储过程

在 MySQL 中，使用 CALL 语句调用存储过程，其具体的语法格式如下：

```
CALL 存储过程名([参数[,…]])
```

6. 删除存储过程

如果不需要某个存储过程，也可以将其删除，其具体的语法格式如下：

```
DROP PROCEDURE [IF EXISTS] 存储过程名
```

7. 修改存储过程

在 MySQL 中通过 ALTER PROCEDURE 语句来修改存储过程，其具体的语法格式如下：

ALTER PROCEDURE 存储过程名 [特征 …]

特征指定了存储过程的特性,具体特征取值及作用如表 11-1 所示。

表 11-1　特征取值及作用

特　　征	作　　用
CONTAINS SQL	子程序包含 SQL 语句,但不包含读或写数据的语句
NO SQL	子程序中不包含 SQL 语句
READS SQL DATA	子程序中包含读数据的语句
MODIFIES SQL DATA	子程序中包含写数据的语句
SQL SECURITY 〔 DEFINER | INVOKER 〕	指明权限拥有者。DEFINER 只有定义者自己才能够执行;INVOKER 调用者可以执行
COMMENT 'string'	注释信息

8. 创建存储函数

在 MySQL 中,使用 CREATE FUNCTION 语句创建存储函数,其具体的语法格式如下:

CREATE FUNCTION 存储函数名([参数])
　　RETURNS 返回值类型
存储函数体

存储函数含有返回值,RETURNS 语句表示函数返回值的类型。在存储函数体中,和存储过程类似,当函数体中有多个语句时,需要有开始(BEGIN)和结束(END)标志。

此外,创建函数和创建存储过程一样,需要通过命令“DELIMITER //”将 SQL 语句的结束符由“;”修改为“//”,最后通过命令“DELIMITER ;”将结束符修改成 SQL 语句中默认的结束符。

9. 执行存储函数

执行存储函数使用的是 SELECT 关键字,可以同时执行多个存储函数,其具体的语法格式如下:

SELECT 存储函数名([参数])

 微课课堂

　　存储函数和存储过程:

　　存储函数和存储过程一样,都是在数据库中定义一些 SQL 语句的集合,但两者有着显著区别。

【任务实现】

【例 11-4】　利用客户端 SQLyog 软件,创建名为 pro_search1 的存储过程。

具体操作步骤如下:

(1) 在图 4-4 的客户端 SQLyog 工作界面中,在窗口左侧目录树中选中数据库 stuimfo。

(2) 选中目录树中的“存储过程”,并右键选择“创建存储过程”,如图 11-4 所示。

(3) 输入存储过程名 pro_search1,如图 11-5 所示,再单击“创建”按钮。

视频讲解

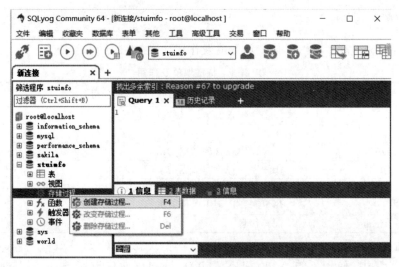

图 11-4　创建存储过程

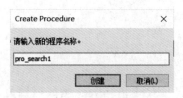

图 11-5　输入存储过程名

【例 11-5】　编辑 pro_search1 存储过程，使得其带输入参数，能完成查询某个学生所选课程门数，学生学号为输入参数，所选课程门数为输出参数，然后执行该存储过程。

具体操作步骤如下：

（1）在完成例 11-4 的步骤后，在"pro_search1"编辑窗口中输入命令。

```
DELIMITER $$
CREATE
    PROCEDURE stuimfo.pro_search1(IN stuId INT, OUT keNum INT)
    BEGIN
    SELECT (COUNT(ke_id)) INTO keNum FROM select_kecheng WHERE stu_id = stuId;
    END $$
DELIMITER;
```

（2）在编辑窗口中，右键选择"执行所有查询"，如图 11-6 所示。

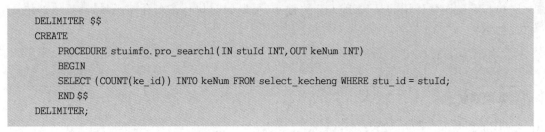

图 11-6　执行所有查询

（3）执行成功后，在窗口下方会显示执行信息，执行结果如图 11-7 所示。

（4）切换到查询窗口，输入命令。

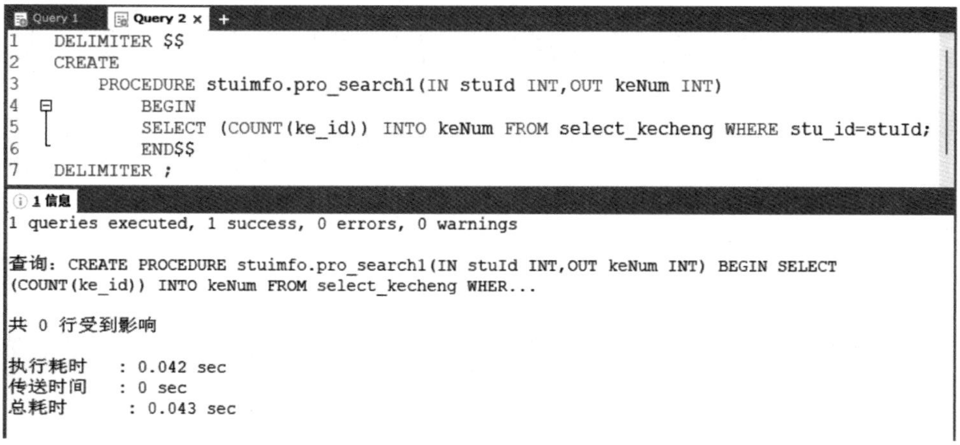

图 11-7 执行信息

```
CALL pro_search1(2111001,@keNum);
SELECT @keNum;
```

实现调用存储过程,执行结果如图 11-8 所示。

图 11-8 例 11-5 调用存储过程及执行结果

【例 11-6】 修改已经建好的存储过程 pro_search1,使得其读写权限改为 MODIFIES SQL DATA,并指明调用者可以执行,修改后执行代码,查看修改后的信息。

具体操作步骤如下:

(1) 在 SQLyog 查询窗口中输入命令。

```
ALTER PROCEDURE pro_search1 MODIFIES SQL DATA SQL SECURITY INVOKER;
```

(2) 编辑完成后,右键选择"执行所有查询",执行结果如图 11-9 所示。

(3) 在 SQLyog 查询窗口中输入命令。

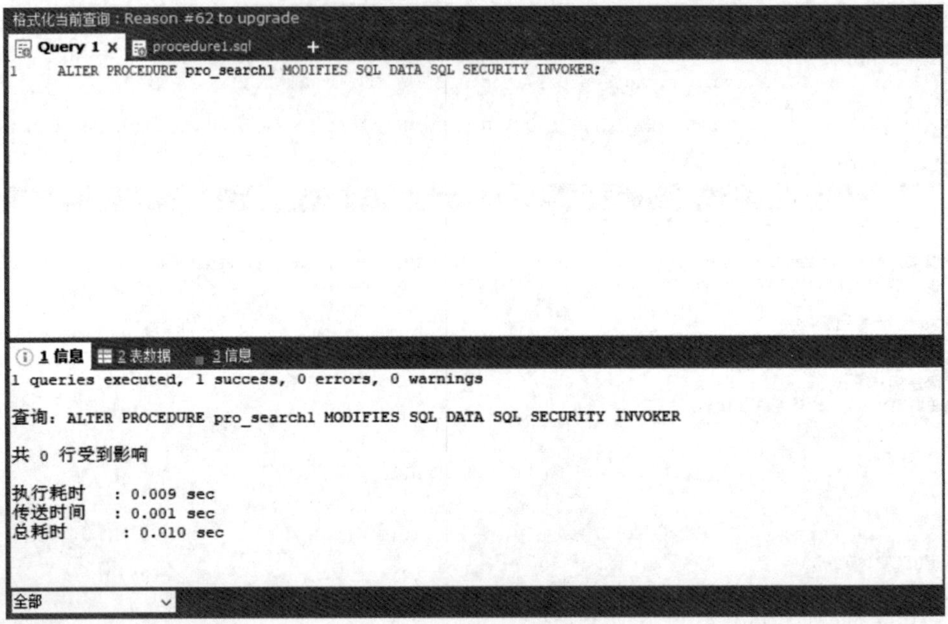

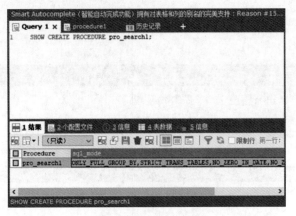

图 11-9　修改存储过程

```
SHOW CREATE PROCEDURE pro_search1;
```

　　然后在查询窗口中，右键选择"执行查询"。在执行结果窗口能看到当前 pro_search1 存储过程修改后的特征，执行结果如图 11-10 所示。

图 11-10　查看执行结果

　　【例 11-7】　利用客户端 SQLyog 软件，创建和调用存储函数 fun_search1，该函数能实现查询某学生的学号，其中学生姓名为输入参数。

　　具体操作步骤如下：

　　（1）在客户端 SQLyog 工作界面中，在窗口左侧目录树中选中数据库 stuimfo。

　　（2）选中目录树中的"函数"并右键选择"创建函数"，如图 11-11 所示。

　　（3）输入函数名。这里输入的是 fun_search1，如图 11-12 所示，然后单击"创建"按钮。

　　（4）在编辑窗口中输入命令。

图 11-11　创建函数

图 11-12　输入函数名

```
DELIMITER $$
CREATE
    FUNCTION stuimfo.fun_search1 (stuName VARCHAR(10))
    RETURNS INT
    BEGIN
    DECLARE outStuId INT;
    SET outStuId = 0;
    SELECT stu_id INTO outStuId FROM student WHERE stu_name = stuName;
    RETURN outStuId;
    END $$
DELIMITER;
```

（5）按 F9 键或单击工具栏中的"执行查询"按钮，执行结果如图 11-13 所示。

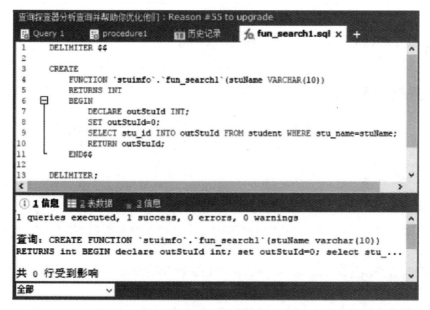

图 11-13　执行结果

（6）切换到查询窗口输入命令。

```
SELECT fun_search1('张乐');
```

实现调用编写好的存储函数，查询姓名为"张乐"的学号，执行结果如图 11-14 所示。

图 11-14　调用编写好的存储函数及执行结果

 微课课堂

创建存储函数纠错：

首次创建存储函数，创建失败，报错时提示 1418 时，需要开启创建函数功能。

任务3　存储过程的流程控制语句

【任务描述】

在 MySQL 中使用存储过程时，通常会用到流程控制语句。流程控制语句主要有 IF 语句、CASE 语句、LOOP 语句、WHILE 语句、REPEAT 语句和 LEAVE 语句。

【任务要求】

(1) 利用客户端 SQLyog 软件，创建含 IF 语句的存储过程。该存储过程能实现判断某位教师的年龄层次（老年、中年、青年）。其中，60 岁及以上为老年，45 岁及以上并且小于 60 岁为中年，45 岁以下为青年。

(2) 利用客户端 SQLyog 软件，创建含 CASE 语句的存储过程。使得该存储过程能实现判断某位教师的年龄层次（老年、中年、青年）。

(3) 利用客户端 SQLyog 软件，创建含 LOOP、LEAVE 语句的存储过程。该存储过程能实现计算从 1 累加到 100 的和值。

(4) 利用客户端 SQLyog 软件，创建含 WHILE 语句的存储过程。该存储过程能实现计算从 1 累加到 100 的和值。

(5) 利用客户端 SQLyog 软件，创建含 REPEAT 语句的存储过程。该存储过程能实现计算从 1 累加到 100 的和值。

【相关知识】

MySQL 中的流程控制语句主要有 IF 语句、CASE 语句、LOOP 语句、WHILE 语句、REPEAT 语句、LEAVE 语句。其中,IF 语句、CASE 语句为条件判断语句;LOOP 语句、WHILE 语句、REPEAT 语句为循环语句;LEAVE 语句在退出循环时使用。

1. IF 语句

IF 语句完整写法是 IF…THEN…ELSE,是条件判断语句中的一种,也是最常用的一种条件判断语句,其具体的语法格式如下:

```
IF 条件 1 THEN 语句 1
    [ELSEIF 条件 2 THEN 语句 2]
    [ELSE 语句 3]
END IF;
```

2. CASE 语句

CASE 语句是条件判断语句的另一种语句,有两种语法格式,其具体的语法格式如下:

```
CASE
WHEN 条件 1 THEN 语句 1
[WHEN 条件 2 THEN 语句 2]
[ELSE 语句 3]
END CASE
```

或

```
CASE 表达式
WHEN 值 1 THEN 语句 1
[WHEN 值 2 THEN 语句 2]
[ELSE 语句 3]
END CASE
```

这两种格式的区别主要在于,第一种是将条件判断放在 WHEN 语句中,第二种是将条件判断放在 CASE 语句后。

如果每一个 WHEN 语句中的条件都不满足或值不匹配,则执行 ELSE 语句中的内容。此外,在 CASE 语句中,只返回第一个符合条件的值,剩下的条件语句会被忽略。

3. LOOP 语句

LOOP 语句是 MySQL 支持的一种循环语句,它允许特定语句或语句块重复执行,其具体的语法格式如下:

```
[开始标签:] LOOP
语句列表
END LOOP [结束标签]
```

4. WHILE 语句

WHILE 语句是 MySQL 支持的又一种循环语句,是使用最普遍的循环语句,其具体的语法格式如下:

```
WHILE 条件 DO
语句列表
END WHILE
```

在 WHILE 语句中,先判断条件是否成立,若成立则执行循环中的语句内容。

5. REPEAT 语句

REPEAT 语句和 LOOP 语句类似,在不判断条件是否成立的情况下就可以进入循环体。但和 LOOP 语句不同的是,它是在执行一次循环体语句后,判断条件是否成立。如果成立,则结束循环。如果不成立,则继续进行下一次循环操作,其具体的语法格式如下:

```
REPEAT
语句列表
UNTIL 条件
END REPEAT
```

6. LEAVE 语句

LEAVE 语句用于退出整个循环,与之对应的还有 ITERATE 语句。ITERATE 语句是结束当前循环,然后开始下一个循环,其具体的语法格式如下:

```
LEAVE 语句标签
```

【任务实现】

视频讲解

【例 11-8】 利用客户端 SQLyog 软件,创建含 IF 语句的存储过程。该存储过程能实现判断某位教师的年龄层次(老年、中年、青年)。其中,60 岁及以上为老年,45 岁及以上并且小于 60 岁为中年,45 岁以下为青年。

具体操作步骤如下:

(1) 按照任务 2 中创建存储过程的方法,输入命令,实现创建 pro_search2 存储过程。

```
DELIMITER $$
CREATE
    PROCEDURE stuimfo.pro_search2 (IN tName VARCHAR(10),OUT tAgeChar VARCHAR(10))
BEGIN
DECLARE tAge INT;
SELECT t_age INTO tAge FROM teacher WHERE t_name = tName;
IF tAge > = 60 THEN
    SET tAgeChar = '老年';
ELSE
    IF tAge > = 45 THEN
        SET tAgeChar = '中年';
    ELSE
        SET tAgeChar = '青年';
    END IF;
END IF;
END $$
DELIMITER;
```

(2) 按 F9 键或单击工具栏中的"执行查询"按钮,执行结果如图 11-15 所示。

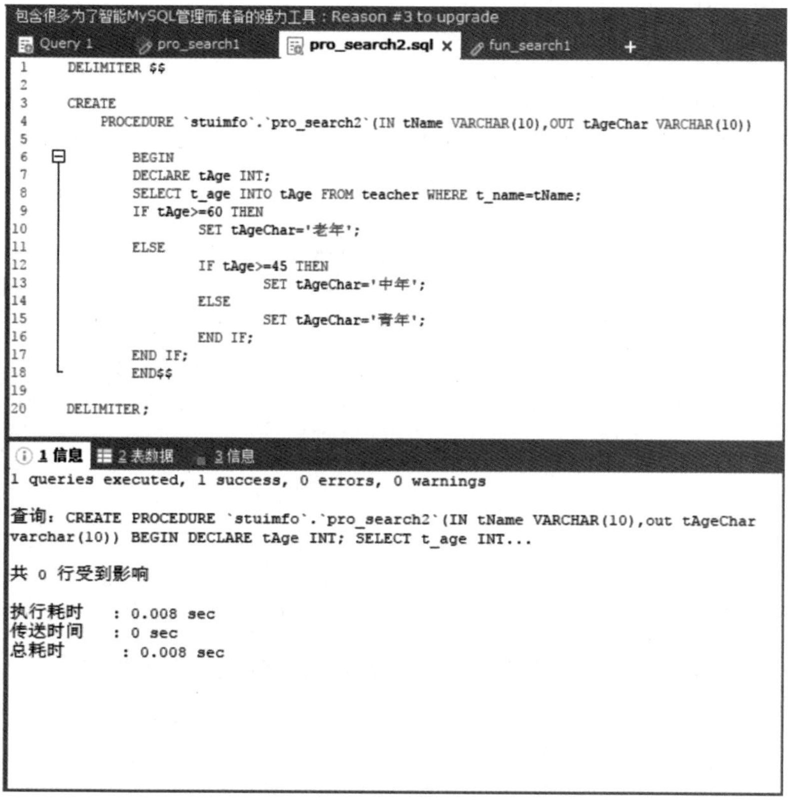

包含很多为了智能MySQL管理而准备的给力工具：Reason #3 to upgrade

```
     Query 1        pro_search1      pro_search2.sql ×    fun_search1    +
1       DELIMITER $$
2
3    CREATE
4       PROCEDURE `stuimfo`.`pro_search2`(IN tName VARCHAR(10),OUT tAgeChar VARCHAR(10))
5
6       BEGIN
7          DECLARE tAge INT;
8          SELECT t_age INTO tAge FROM teacher WHERE t_name=tName;
9          IF tAge>=60 THEN
10             SET tAgeChar='老年';
11         ELSE
12             IF tAge>=45 THEN
13                 SET tAgeChar='中年';
14             ELSE
15                 SET tAgeChar='青年';
16             END IF;
17         END IF;
18      END$$
19
20   DELIMITER;
```

ⓘ 1信息 ▦ 2 表数据 ▤ 3 信息

1 queries executed, 1 success, 0 errors, 0 warnings

查询: CREATE PROCEDURE `stuimfo`.`pro_search2`(IN tName VARCHAR(10),out tAgeChar varchar(10)) BEGIN DECLARE tAge INT; SELECT t_age INT...

共 0 行受到影响

执行耗时   : 0.008 sec
传送时间   : 0 sec
总耗时   : 0.008 sec

图 11-15　创建并编译存储过程

（3）切换到查询窗口，输入命令调用存储过程。

```
CALL pro_search2('徐建斌',@tAgeChar);
SELECT @tAgeChar;
```

实现查询一位教师所属年龄层次，执行结果如图 11-16 所示。

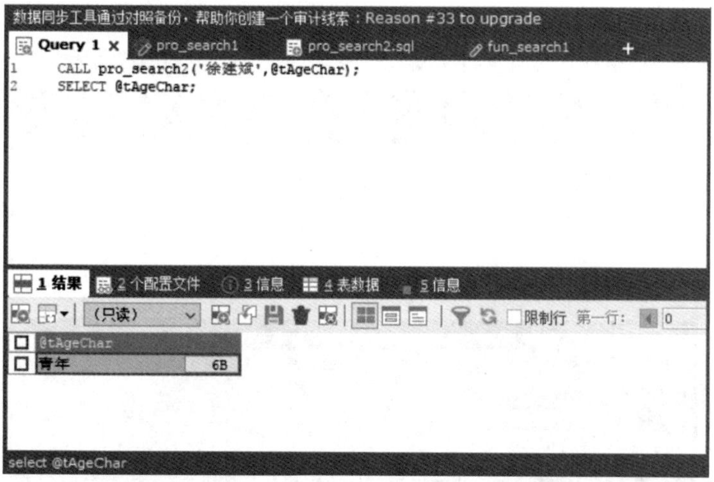

数据同步工具通过对照备份，帮助你创建一个审计线索：Reason #33 to upgrade

```
     Query 1 ×      pro_search1      pro_search2.sql    fun_search1    +
1       CALL pro_search2('徐建斌',@tAgeChar);
2       SELECT @tAgeChar;
```

▦ 1结果 ▨ 2 个配置文件 ⓘ 3信息 ▦ 4 表数据 ▤ 5 信息

(只读)

☐ @tAgeChar
☐ 青年   6B

select @tAgeChar

图 11-16　例 11-8 调用存储过程及执行结果

234

【例 11-9】　利用客户端 SQLyog 软件，创建含 CASE 语句的存储过程。使得该存储过程能实现判断某位教师的年龄层次（老年、中年、青年）。

具体操作步骤如下：

（1）按照任务 2 中创建存储过程的方法，输入命令，实现创建 pro_search3 存储过程。

```
DELIMITER $$
CREATE
    PROCEDURE stuimfo.pro_search3 (IN tName VARCHAR(10),OUT tAgeChar VARCHAR(10))
BEGIN
DECLARE tAge INT;
SELECT t_age INTO tAge FROM teacher WHERE t_name = tName;
CASE
    WHEN tAge > = 60 THENSET tAgeChar = '老年';
    WHEN tAge > = 45 THENSET tAgeChar = '中年';
    ELSE    SET tAgeChar = '青年';
END CASE;
END $$
DELIMITER;
```

（2）按 F9 键或单击工具栏中的"执行查询"按钮，执行结果如图 11-17 所示。

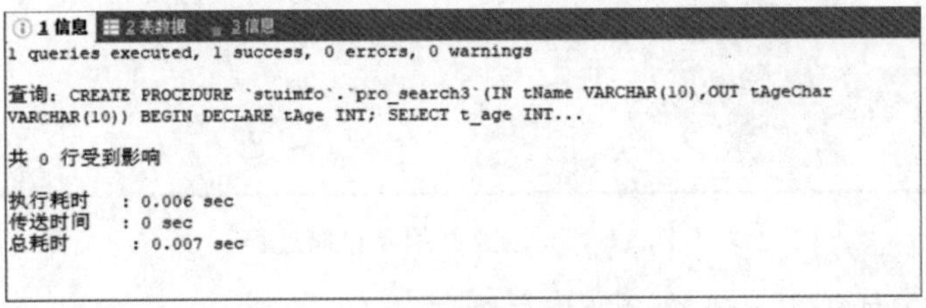

图 11-17　创建并编译存储过程

（3）切换到查询窗口，输入命令调用存储过程。

```
CALL pro_search3('赵旭',@tAgeChar);
SELECT @tAgeChar;
```

实现查询姓名为"赵旭"的所属年龄层次，执行结果如图 11-18 所示。

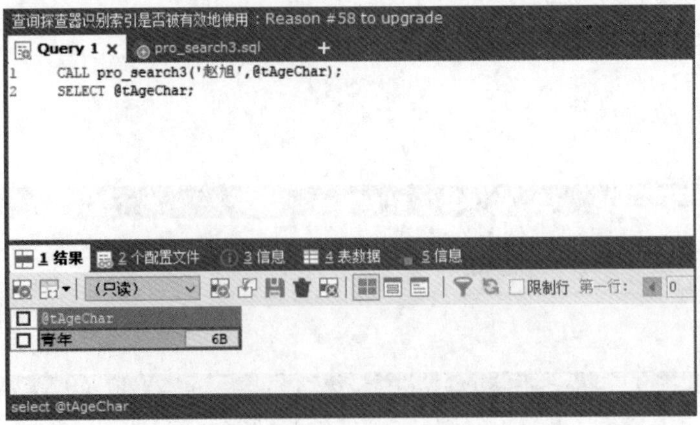

图 11-18　例 11-9 调用存储过程及执行结果

【例 11-10】 利用客户端 SQLyog 软件,创建含 LOOP、LEAVE 语句的存储过程。该存储过程能实现计算从 1 累加到 100 的和值。

具体操作步骤如下:

(1) 按照任务 2 中创建存储过程的方法,输入命令实现创建 pro_search4 存储过程。

```
DELIMITER $$
CREATE
    PROCEDURE stuimfo.pro_search4 (OUT sum_out INT)
BEGIN
    DECLARE st_n INT DEFAULT 1;
    DECLARE sum_n INT DEFAULT 0;
    label:LOOP
        SET sum_n = sum_n + st_n;
        SET st_n = st_n + 1;
        IF st_n > 100 THEN
            LEAVE label;
        END IF;
    END LOOP label;
    SET sum_out = sum_n;
END $$
DELIMITER;
```

(2) 按 F9 键或单击工具栏中的"执行查询"按钮,执行完成后,切换到查询窗口,输入命令调用存储过程。

```
CALL pro_search4(@sum_n);
SELECT @sum_n;
```

实现计算从 1 累加到 100 的和值,执行结果如图 11-19 所示。

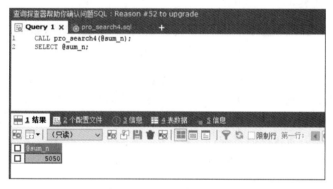

图 11-19 例 11-10 调用存储过程及执行结果

【例 11-11】 利用客户端 SQLyog 软件,创建含 WHILE 语句的存储过程。该存储过程能实现计算从 1 累加到 100 的和值。

具体操作步骤如下:

(1) 按照任务 2 中创建存储过程的方法,输入命令实现创建 pro_search5 存储过程。

```
DELIMITER $$
CREATE
```

```
     PROCEDURE   stuimfo.pro_search5 (OUT sum_out INT)
BEGIN
     DECLARE st_n INT DEFAULT 1;
     DECLARE sum_n INT DEFAULT 0;
     WHILE st_n <= 100 DO
          SET sum_n = sum_n + st_n;
          SET st_n = st_n + 1;
     END WHILE;
     SET sum_out = sum_n;
END $$
DELIMITER;
```

（2）按 F9 键或单击工具栏中的"执行查询"按钮，执行完成后，切换到查询窗口，输入命令调用存储过程。

```
CALL pro_search5(@sum_n);
SELECT @sum_n;
```

实现用 WHILE 语句计算从 1 累加到 100 的和值，执行结果如图 11-20 所示。

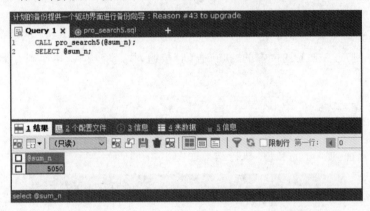

图 11-20　例 11-11 调用存储过程及执行结果

【例 11-12】　利用客户端 SQLyog 软件，创建含 REPEAT 语句的存储过程。该存储过程能实现计算从 1 累加到 100 的和值。

具体操作步骤如下：

（1）按照任务 2 中创建存储过程的方法，输入命令实现创建 pro_search6 存储过程。

```
DELIMITER $$
CREATE
     PROCEDURE stuimfo.pro_search6(OUT sum_out INT)
BEGIN
     DECLARE st_n INT DEFAULT 1;
     DECLARE sum_n INT DEFAULT 0;
     label:REPEAT
          SET sum_n = sum_n + st_n;
          SET st_n = st_n + 1;
     UNTIL st_n > 100
     END REPEAT label;
```

```
        SET sum_out = sum_n;
END $$
DELIMITER;
```

（2）按 F9 键或单击工具栏中的"执行查询"按钮，执行完成后，切换到查询窗口，输入命令调用存储过程。

```
CALL pro_search6(@sum_n);
SELECT @sum_n;
```

实现用 REPEAT 语句计算从 1 累加到 100 的和值，执行结果如图 11-21 所示。

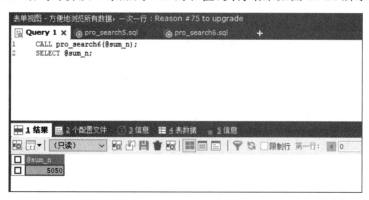

图 11-21　例 11-12 调用存储过程及执行结果

任务 4　存储过程和游标

【任务描述】

在很多应用中需要对查询到的结果集进行处理。那么，怎样对结果集中的每条记录进行单独处理呢？这就需要用到游标。游标能实现遍历 SELECT 语句返回结果的每行数据，并对每行数据做相应处理。在遍历过程中，游标充当一个指针的角色，一次指向一行。当游标在结果集中移动时，即可实现行数据遍历。

【任务要求】

使用游标完成查询某位学生所修课程成绩取得优良（成绩大于 80 分）的门数。

【相关知识】

1．游标的概念

游标是 SELECT 语句检索出来的结果集。在 MySQL 中，允许在存储过程中使用游标但不能单独在查询语句中使用。

2．游标的使用步骤

游标的使用主要有 4 个步骤，具体操作步骤如下：

（1）声明游标。主要使用 DECLARE 语句声明，其具体的语法格式如下：

```
DECLARE 游标名称 CURSOR FOR   SELECT 语句
```

说明：

- SELECT 语句不能包含 INTO 语句；
- 对游标的声明必须在变量的声明之后。

（2）打开游标。使用 OPEN 语句打开一个已经声明的游标，其具体的语法格式如下：

```
OPEN 游标名称
```

（3）提取数据。使用 FETCH 语句把结果提取到存储过程的变量中去。FETCH 语句每次从结果集中提取一条行记录，再执行时则提取下一条记录。通常，FETCH 语句需和循环语句同时使用，才能实现遍历所有数据，其具体的语法格式如下：

```
FETCH 游标名称 INTO 变量列表
```

当使用 FETCH 语句从游标中提取最后一条记录后，如果再执行 FETCH 语句，系统会报错。此时，可以声明一个 NOT FOUND 处理程序来解决此类问题，并注意该声明必须在存储过程的变量和游标声明之后进行，其具体的语法格式如下：

```
DECLARE [CONTINUE] HANDLER FOR [NOT FOUND] 处理程序
```

其中，CONTINUE 为错误处理类型，通常有 CONTINUE 和 EXIT 两种取值类型，即继续或退出。NOT FOUND 为错误触发条件，通常有 SQLWARNING、NOT FOUND、SQLEXCEPTION、MySQL 错误代码 4 种类型。处理程序表示当错误发生时 MySQL 执行的 SQL 语句。

说明：FETCH 语句后的变量列表中的变量数目需和声明游标时的 SELECT 语句结果集的字段数保持一致。

（4）关闭游标。在提取数据后，需要关闭打开的游标，目的是释放打开时产生的数据集，节省服务器的存储空间，其具体的语法格式如下：

```
CLOSE 游标名称
```

视频讲解

【任务实现】

【例 11-13】　使用游标完成查询某位学生所修课程成绩取得优良（成绩大于 80 分）的门数。

具体操作步骤如下：

（1）按照任务 2 中创建存储过程的方法，输入命令实现创建 pro_search7 存储过程。

```
DELIMITER $$
CREATE
    PROCEDURE stuimfo.pro_search7 (IN stuName VARCHAR(10),OUT gNum INT)
```

```
BEGIN
    DECLARE stuChengji INT;
    DECLARE cNum INT DEFAULT 0;
    DECLARE done INT DEFAULT FALSE;
    DECLARE cCursor CURSOR FOR SELECT chengji FROM student stu LEFT JOIN score sco ON sco.stu_id
= stu.stu_id WHERE stu.stu_name = stuName;
    DECLARE CONTINUE HANDLER FOR NOT FOUND SET done = TRUE;
    OPEN cCursor;
    FETCH cCursor INTO stuChengji;
    WHILE (NOT done) DO
        IF stuChengji >= 80 THEN
        SET cNum = cNum + 1;
        END IF;
    FETCH cCursor INTO stuchengji;
    END WHILE;
    CLOSE cCursor;
    SET gNum = cNum;
END $$
DELIMITER;
```

（2）按 F9 键或单击工具栏中的"执行查询"按钮，执行完成后，切换到查询窗口，输入命令调用存储过程。

```
CALL pro_search7('刘军礼',@g_num);
SELECT @g_num;
```

实现查询某位学生所修课程成绩取得优良的门数，执行结果如图 11-22 所示。

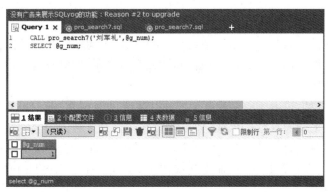

图 11-22　例 11-13 调用存储过程及执行结果

实训巩固

1. 创建名为 test1 的存储过程，实现查询 stuimfo 数据库中学生总人数。

_____
_____
_____

2. 创建名为 test2 的存储过程,实现查询 stuimfo 数据库中全体学生选修某门课程(输入课程名)的成绩。

3. 创建名为 test3 的存储过程,实现查询 stuimfo 数据库中某位学生(输入学生姓名)选修的课程学分总和。

4. 创建名为 test4 的存储函数,实现统计某门课程(输入课程名称)的及格率,及格率按照：及格人数/选修总人数计算。

知识拓展

1. 存储过程的嵌套

存储过程和存储函数是在数据库中定义一些 SQL 语句的集合,是能完成特定功能的一段程序。存储过程能像函数一样被其他存储过程直接调用,此时称为存储过程的嵌套。

2. 存储过程的修改

在 MySQL 中,ALTER PROCEDURE 可以修改已经创建的存储过程,但只能修改创建存储过程时定义的相关属性。因此,如果需要修改存储过程的内容,则只能先删除原存储过程再重新创建。例如,修改存储过程中的名字,需要先删除已经创建好的存储过程,再重新创建。因此,在创建存储过程时,通常建议使用 DROP…IF EXISTS 语句。

3. RETURN 语句

存储函数必须包含一条 RETURN 语句,用于返回一个特定的值,类似于存储过程中的输出参数。

课后习题

一、选择题

1. (　　　)语句是创建存储过程。

A. CREATE FUNCTION　　　　　B. CREATE PROCEDURE

C. CREATE CURSOR　　　　　　D. CREATE DELIMITER

2. MySQL 中,结束整个循环的语句是(　　　)。

　　A. EXIT　　　　　　B. BREAK　　　　　C. LEAVE　　　　　D. CONTINUE

3. 查看某个存储过程的详细信息,使用的语句是(　　　)。

　　A. SHOW PROCEDURE STATUS　　B. SHOW STATUS

　　C. SHOW PROCEDURE　　　　　　D. SHOW CREATE PROCEDURE

4. (　　　)语句打开一个已声明的游标 x。

　　A. OPEN x　　　　　　　　　　　B. OPEN CURSOR x

　　C. OPEN PROCEDURE CURSOR x　D. CURSOR x

5. (　　　)不属于使用游标的步骤。

　　A. 提取数据　　　　B. 打开　　　　　C. 关闭　　　　　　D. 访问

二、填空题

1. 存储过程由声明式 SQL 语句和_____ SQL 语句组成。

2. 声明游标使用_____语句。

3. 在游标的使用过程中,使用_____语句提取数据。

4. 调用一个存储过程使用_____语句。

5. 查看数据库已有的存储过程用到的语句是_____。

三、简答题

1. 简述存储过程的优势。

2. 使用游标主要有哪几个步骤?请简述每个步骤的完成内容和具体语法。

3. 简述循环语句的种类以及区别。

4. 存储函数主要有哪些参数?作用是什么?

5. 简述存储函数和存储过程的区别。

触发器

 学习目标

(1) 理解触发器的概念。

(2) 掌握 MySQL 支持的三种触发器。

(3) 掌握创建和维护触发器的操作。

(4) 理解触发器中关键字 NEW 和 OLD 的作用及使用场景。

 匠人匠心

(1) 触发器是实现复杂数据完整性、一致性的特殊存储过程,可以在执行 SQL 语句时自动生效。通过使用触发器定义业务规则,增强学生规则意识,自觉遵守规则。

(2) 事件能方便地实现数据库的计划任务,提高工作效率,而且能精确到秒。通过事件的设计和应用,培养学生精益求精的工匠精神。

(3) 利用触发器保证数据完整性的特点,了解执行错误数据库操作的后果,培养学生严谨的工作态度,坚守良好的职业道德,防止"删库跑路"。

(4) 触发器的创建过程中会遇到很多问题,在解决问题的同时培养学生耐心、用户至上的服务精神。

视频讲解

任务 1 创建触发器

【任务描述】

触发器是一种特殊的存储过程,当表中数据发生变化时自动执行。本任务将通过 3 个实际案例,在客户端 SQLyog 软件环境下实现触发器的创建。

【任务要求】

在 stuimfo 数据库下创建 3 张表,并创建 INSERT、UPDATE、DELETE 触发器。所有命令均在客户端 SQLyog 软件环境下实现。

具体操作要求如下:

(1) 创建 author、discuss 和 operate_logs 表。

(2) 创建 BEFORE INSERT 和 AFTER INSERT 触发器。

(3) 创建 BEFORE UPDATE 触发器。

（4）创建 BEFORE DELETE 触发器。

【相关知识】

1. 触发器的概念

触发器（Trigger）是一种特殊的存储过程，是和表关联的命名数据库对象，在表发生特定事件时激活该对象，用于响应关联表中发生的事件（如 INSERT、DELETE、UPDATE），和存储过程类似。MySQL 触发器也是存储在系统内部的一段程序代码，而和存储过程不同的是，触发器的执行不需要调用 CALL 语句，也不需要手工启动，只要程序满足触发器所定义的条件就会被 MySQL 自动调用。

触发器一般被用作确保数据的完整性。当对一个数据表进行增加、删除、修改时可以激活触发器，进而执行该触发器中的语句。例如，购买商品流程中，可能需要先操作订单表添加一条订单记录，然后操作商品库存表减少库存。此时就可以创建一个触发器对象，在操作订单表添加数据成功后，由 MySQL 自动实现操作库存表减少库存。触发器就像一种对业务流程的约束或看作一种 MySQL 自动完成的事务，它减少了开发成本的同时，又在数据库层面保证了数据的完整性。

2. 创建触发器

在 MySQL 中，可以使用 CREATE TRIGGER 语句创建触发器，其具体的语法格式如下：

```
CREATE
    TRIGGER [IF NOT EXISTS] trigger_name
    trigger_time trigger_event
    ON tbl_name FOR EACH ROW
    [trigger_order]
    trigger_body
trigger_time: { BEFORE | AFTER }
trigger_event: { INSERT | UPDATE | DELETE }
trigger_order: { FOLLOWS | PRECEDES } other_trigger_name
```

上述语句用于创建一个新的触发器，触发器将和名为 tbl_name 的表相关联。

> 微课课堂
>
> 触发器：
>
> （1）触发器只能创建在永久表上，不可以对临时表创建触发器。
>
> （2）视图不允许使用触发器。

3. 关键字 NEW 和 OLD

在 MySQL 触发器中，使用 NEW 和 OLD 关键字表示触发器正在触发操作的一行记录数据。

在使用 INSERT 触发器时，NEW 表示将要（BEFORE）或已经（AFTER）插入的新数据。

在使用 UPDATE 触发器时，NEW 表示将要（BEFORE）或已经（AFTER）修改的新数据，OLD 用来表示将要（BEFORE）或已经（AFTER）修改的原数据。

在使用 DELETE 触发器时，OLD 用来表示将要（BEFORE）或已经（AFTER）删除的原数据。

 微课课堂

关键字 NEW 和 OLD：

（1）NEW 只能用在 INSERT 触发器和 UPDATE 触发器。

（2）OLD 只能用在 UPDATE 触发器和 DELETE 触发器。

【任务实现】

【例 12-1】 创建 author、discuss 和 operate_logs 表。

在 stuimfo 数据库中创建 readers、discuss 和 operate_logs 三张表，用来模拟读者评价业务流程。在 SQLyog 工作界面，右侧 Query 窗口中实现以下操作。

具体操作步骤如下：

（1）输入命令。

```
# 创建 readers 表
CREATE TABLE readers(
    id INT(11) PRIMARY KEY NOT NULL AUTO_INCREMENT,
    name VARCHAR(50) NOT NULL COLLATE 'utf8_general_ci',
    vip INT(11) NULL DEFAULT NULL
);
# 创建 discuss 表
CREATE TABLE discuss (
    id INT(11) PRIMARY KEY NOT NULL AUTO_INCREMENT,
    readerId INT(11) NOT NULL COLLATE 'utf8_general_ci',
    content VARCHAR(255) NOT NULL COLLATE 'utf8_general_ci'
);
# 创建 operate_logs 表
CREATE TABLE operate_logs (
    id INT(11) PRIMARY KEY NOT NULL AUTO_INCREMENT,
    description VARCHAR(50) NOT NULL COLLATE 'utf8_general_ci',
    insertime TIMESTAMP NOT NULL DEFAULT CURRENT_TIMESTAMP() ON UPDATE CURRENT_TIMESTAMP()
);
```

实现创建 author 表，包含 id、name 和 vip 三个字段，分别设置为 INT、VARCHAR 和 INT 类型；创建 discuss 表，包含 id、readerId（读者 ID）和 content（评论内容）三个字段，分别设置为 INT、INT 和 VARCHAR 类型；创建 operate_logs 表，包含 id、description（操作描述）和 insertime（插入时间）三个字段，其中，insertime 字段设置为 TIMESTAMP 类型，不能为空并且会根据更新时间自动插入时间，执行结果如图 12-1 所示。

（2）依次输入命令。

```
INSERT INTO readers (name,vip) VALUE ('李白',2);
INSERT INTO readers (name,vip) VALUE ('杜甫',2);
INSERT INTO readers (name,vip) VALUE ('白居易',1);
SELECT * FROM readers;
```

实现向 readers 表中初始化三条基本数据并查看，执行结果如图 12-2 所示。

【例 12-2】 创建 BEFORE INSERT 和 AFTER INSERT 触发器。

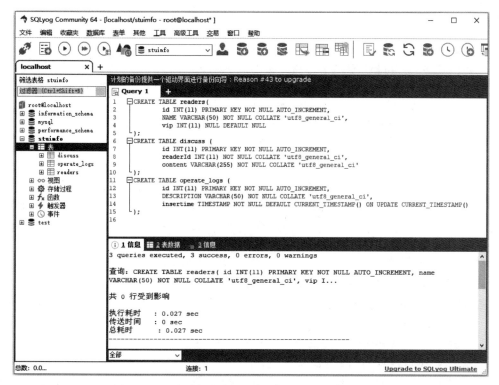

图 12-1 查询编辑器窗口,利用命令形式创建表并执行

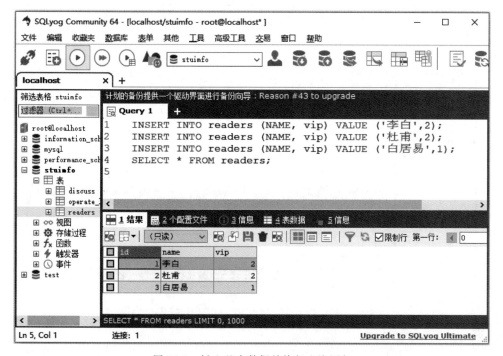

图 12-2 插入基本数据并执行查询语句

具体操作步骤如下:

(1)输入命令。

```
DELIMITER //                           ＃将结束分隔符修改为"//"
CREATE TRIGGER check_reader            ＃创建 check_reader 触发器
BEFORE INSERT                          ＃触发时机为 BEFORE INSERT
ON discuss
FOR EACH ROW
BEGIN
IF
    ＃NEW.readerId 指的是当前向 discuss 表插入的记录中 readerId 的值
    NEW.readerId NOT IN (SELECT id FROM readers)
THEN
    SIGNAL SQLSTATE '50001'
    SET MESSAGE_TEXT = '读者 ID 不存在';
END IF;
END//;
DELIMITER ;                            ＃将结束分隔符改回";"
```

实现对 discuss 表创建名为 check_reader 的 BEFORE INSERT 触发器。在插入 discuss 表之前，自动查询 readerId 是否存在，即判断读者是否存在，如果读者不存在却能添加评论则表示数据有误。利用 BEFORE INSERT 触发器在插入之前进行判断，可以有效保证数据安全。执行结果如图 12-3 所示。

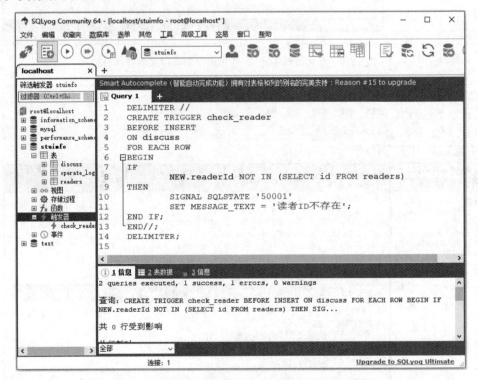

图 12-3　利用命令形式创建 BEFORE INSERT 触发器

（2）输入命令。

```
INSERT INTO
discuss(readerId,content)
```

```
VALUE
(4, '夫天地者万物之逆旅也;光阴者百代之过客也.而浮生若梦,为欢几何?');
```

实现验证触发器是否生效。向 discuss 表中插入的 authorId 为 4,在 author 中并不存在这样的数据,如果触发器生效,则应该提示读者 ID 不存在并禁止插入,执行结果如图 12-4 所示。

图 12-4　利用命令形式验证 BEFORE INSERT 触发器

可以看到 MySQL 提示的描述信息正是之前定义的错误信息,通过此例可以初步体验触发器的一种常见用法,即可以在插入数据之前对数据进行校验。

在实际开发中,如果系统对数据的严谨性要求足够高,有时候会要求将用户所有动作全部记录下来,而这些动作往往都对应着对某张表的增、删、改、查操作,程序员不可能在复杂的业务场景下再加入记录操作,此时利用 AFTER 触发器就可以很好地实现这个需求。接下来创建一个名为 action_log 的 AFTER INSERT 触发器,在用户向 discuss 表成功插入记录以后,自动补全操作日志表。

(3)输入命令。

```
DELIMITER //
CREATE TRIGGER action_log
AFTER INSERT
ON discuss
FOR EACH ROW
BEGIN
    # concat 方法作用是将前后两部分连接
    INSERT INTO operate_logs(description,insertime)
    VALUE (concat('insert into discuss author:',NEW.readerId),NOW());
```

```
END//
DELIMITER ;
```

实现对 discuss 表创建名为 action_log 的 AFTER INSERT 触发器。在触发器中将描述信息"INSERT INTO discuss author："和当前 readerId 拼接作为 description，利用 NOW 获取当前系统时间后作为 insertime，然后插入 operate_logs 表，执行结果如图 12-5 所示。

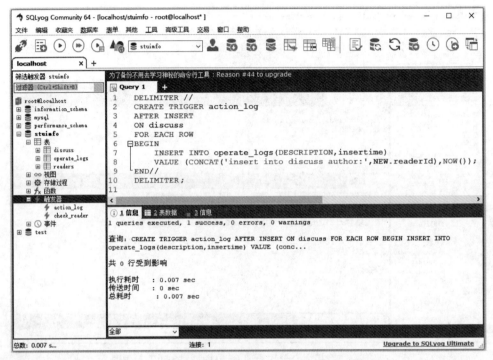

图 12-5　利用命令形式创建 AFTER INSERT 触发器

（4）输入命令。

```
INSERT INTO discuss(readerId,content)
VALUE
(3,'绿蚁新醅酒,红泥小火炉.晚来天欲雪,能饮一杯无?');
SELECT * FROM operate_logs;
```

实现向 discuss 表中插入正确的数据，并查询操作日志表功能，执行结果如图 12-6 所示。

【例 12-3】　创建 BEFORE UPDATE 触发器。

具体操作步骤如下：

（1）输入命令。

```
DELIMITER //
CREATE TRIGGER validate_level
BEFORE UPDATE
ON readers
FOR EACH ROW
BEGIN
IF
```

```
        NEW.vip < OLD.vip                              #判断新插入等级是否小于原等级
    THEN
        SIGNAL SQLSTATE '50002'
        SET MESSAGE_TEXT = '禁止降级行为';
    END IF;
    END//
    DELIMITER ;
```

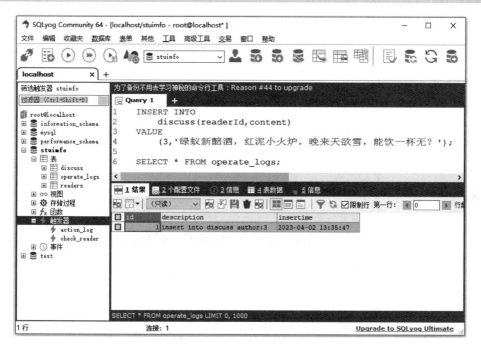

图 12-6　利用命令形式验证 AFTER INSERT 触发器

实现对 readers 表创建名为 validate_level 的 BEFORE UPDATE 触发器。目前各类软件系统的 VIP 系统都有一个最基本的需求：“用户的 VIP 等级只能升级不能降级”，针对此需求可以利用 BEFORE UPDATE 触发器来实现，这个触发器将在 UPDATE 语句执行之前，先判断是否为降级行为，如果是，则输出报错信息，执行结果如图 12-7 所示。

（2）输入命令。

```
UPDATE reader SET vip = 1 WHERE id = 1;
```

实现降低用户 VIP 等级的功能。在例 12-1 中曾将“李白”的 VIP 等级为初始化为 2。现尝试利用 UPDATE 语句将“李白”的 VIP 等级降低，以验证 validate_level 触发器是否生效，执行结果如图 12-8 所示。

可见 validate_level 触发器已经生效，守护了不许降级这一业务需求。随后尝试将“李白”的 VIP 等级提高，查看是否能够正常运行。

（3）输入命令。

```
UPDATE readers SET vip = 3 WHERE id = 1;
SELECT * FROM readers;
```

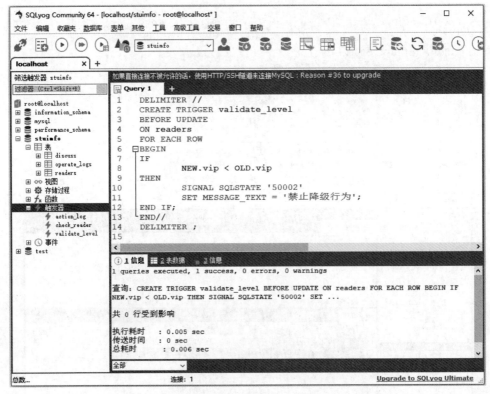

图 12-7　利用命令形式创建 BEFORE UPDATE 触发器

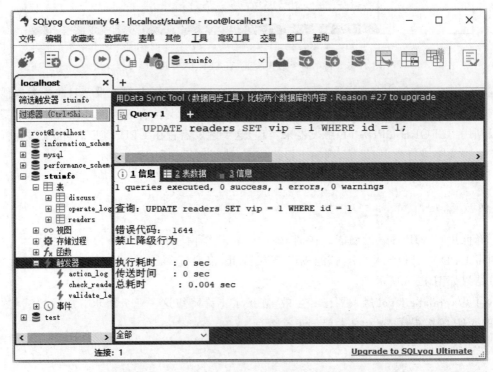

图 12-8　利用命令形式验证 BEFORE UPDATE 触发器

实现将"李白"的 VIP 等级升级为 3 并查看更新后的结果。BEFORE UPDATE 触发器在更新数据前进行了检查,很好地守护了系统的业务规则,执行结果如图 12-9 所示。

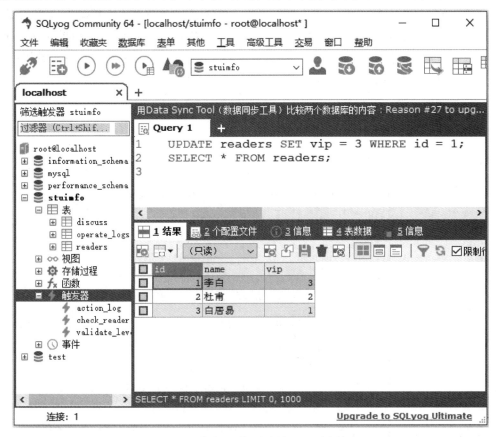

图 12-9　执行正确更新语句和查询语句

【例 12-4】 创建 BEFORE DELETE 触发器。

具体操作步骤如下:

(1) 输入命令。

```
DELIMETER //
CREATE TRIGGER validate_reader_delete
BEFORE DELETE
ON readers
FOR EACH ROW
BEGIN
IF
    #判断当前删除的 id 是否当前在 discuss 表中存在记录
    OLD.id IN (SELECT readerId FROM discuss)
THEN
    SIGNAL SQLSTATE '50003'
    SET MESSAGE_TEXT = '当前用户存在评论,禁止删除';
END IF;
END//
DELIMETER;
```

实现对 readers 表创建名为 validate_reader_delete 的 BEFORE DELETE 触发器。BEFORE DELETE 触发器在删除一条记录之前被触发,同样可以用于保持数据完整性。discuss 表中记录着 readerId,readers 表和 discuss 表存在主外键关联。在删除 readers 表中记录时,需要先查看当前 readers 表中的 Id 在 discuss 表中是否存在记录,如果存在记录却还将当前 readers 表删除,那么就会导致后期查询 discuss 表时,无法确定当前记录的读者,从而导致数据不完整或异常的情况发生,此时可以利用触发器 BEFORE DELETE 自动判断是否符合删除条件。执行结果如图 12-10 所示。

图 12-10 利用命令形式创建 BEFORE DELETE 触发器

(2)输入命令。

```
DELETE FROM readers WHERE id = 3;
```

在例 12-2 中,曾在 discuss 表中插入 readerId 为 3 的一条记录。接下来尝试删除该记录所对应的 readers 表中的记录,由于 readers 表中 id 为 3 的读者在 discuss 表中存在评论记录,因此无法将其删除,执行结果如图 12-11 所示。

可以看出无法删除 author 表中 ID 为 3 的"白居易",触发器在删除之前成功拦截,数据完整性已经得到保证。

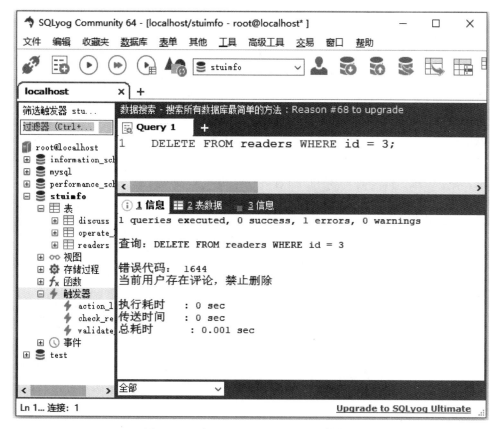

图 12-11　验证 BEFORE DELETE 触发器

任务2　维护触发器

视频讲解

【任务描述】

MySQL 创建触发器后,经常需要对创建的触发器的名称、逻辑框架进行维护。本任务主要学习如何查看、修改和删除触发器。

【任务要求】

对触发器进行管理和维护,所有命令均在客户端 SQLyog 工具软件环境下实现。

具体操作要求如下:

(1) 查看全部触发器。

(2) 查看特定触发器。

(3) 删除特定触发器。

【相关知识】

1. 触发器的优点

(1) 只要满足触发条件,触发器将会自动执行。

（2）触发器效率高，减少了网络冲突和网络通信时间，把数据完整性的规则放在数据库中要比利用业务逻辑保证完整性更高效。

（3）触发器可以强制限制，这些限制比约束更灵活、更精细，也更强大。

2．触发器的缺点

（1）可读性差。由于触发器存储在数据库中，并且由事件驱动，这就意味着触发器本质上不是由业务层控制。在程序维护时，开发人员不仅需要熟悉业务本身的逻辑，还需要熟悉触发器的逻辑，而一旦发生触发器设计问题，修改触发器逻辑将对线上系统产生极大的影响，会使后期维护变得非常困难。

（2）变更困难。由于触发器可以通过数据库中相关表进行层叠修改，那么一旦产生表结构变更就有可能会影响到触发器的正常运行。因此，需要和表结构进行同步修改，这样无疑增大了耦合性，使灵活性大大降低。

3．删除触发器

和其他 MySQL 数据库对象一样，可以使用 DROP 语句将触发器从数据库中删除，其具体的语法格式如下：

```
DROP TRIGGER [ IF EXISTS ] [database] < trigger_name >
```

说明：

- IF EXISTS 可选项，避免在没有触发器的情况下删除触发器。
- database 可选项，表示要删除的数据库名。如果没有指定，则删除的是当前数据库。
- trigger_name 是要删除的触发器名称。

【任务实现】

【例 12-5】　查看全部触发器。

具体操作步骤如下：

在客户端 SQLyog 工作界面中，右侧 Query 窗口中输入命令。

```
SHOW TRIGGERS;
```

实现查看全部触发器，执行结果如图 12-12 所示。

【例 12-6】　查看特定触发器。

具体操作步骤如下：

在客户端 SQLyog 工作界面中，右侧 Query 窗口中输入命令。

```
SELECT * FROM information_schema.triggers
WHERE trigger_name = 'action_log';
```

在 MySQL 中，所有触发器的信息都存在 information_schema 数据库的 triggers 表中，可以通过 SELECT 命令查看 action_log 触发器，执行结果如图 12-13 所示。

【例 12-7】　删除特定触发器。

具体操作步骤如下：

在客户端 SQLyog 工作界面中，右侧 Query 窗口中输入命令。

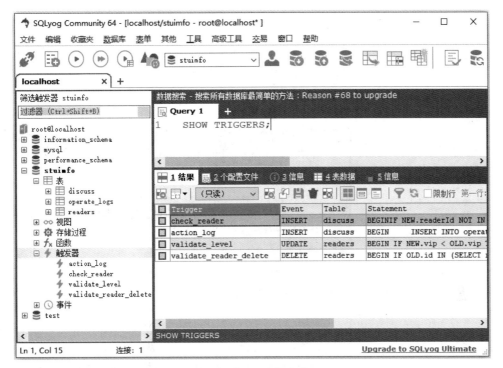

图 12-12 查询触发器

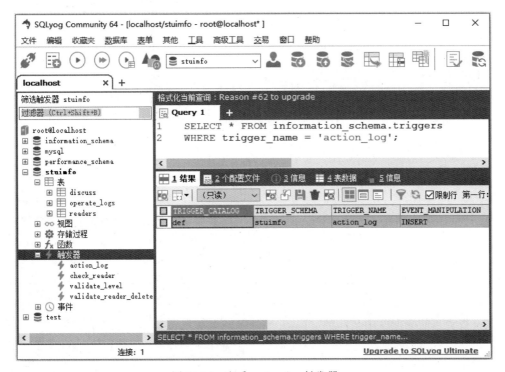

图 12-13 查看 action_log 触发器

```
DROP TRIGGER action_log;
```

实现删除 action_log 触发器，执行结果如图 12-14 所示。

图 12-14　删除 action_log 触发器

实训巩固

1. 为 score 表创建 AFTER UPDATE 触发器，并验证该触发器是否执行成功。

2. 为 score 表创建 AFTER DELETE 触发器，并验证该触发器是否执行成功。

3. 查看当前数据库中全部触发器，并删除第一个触发器。

知识拓展

1．触发器的分类

触发器本质上分为行级触发器和语句级触发器。行级触发器是指一条 SQL 语句影响的每一行都触发一次，语句级触发器指的是一条 SQL 语句触发一次。而 MySQL 只支持行级触发器。

2．触发器的数量

在 MySQL 8.0 以后，可以为表定义多个具有相同触发事件和开始时间的触发器。例如，可以为 author 表创建两个触发器 BEFORE UPDATE。默认情况下，具有相同触发事件和操作时间的触发器按创建顺序激活。

课后习题

一、选择题

1．MySQL（　　）是特殊的存储过程。

A．触发器　　　　　B．存储过程　　　　C．函数　　　　　　D．表

2．在实际使用中，MySQL 所支持的触发器不包括（　　）。

A．CREATE 触发器　　　　　　　B．INSERT 触发器

C．DELETE 触发器　　　　　　　D．UPDATE 触发器

3．（　　）触发动作时间可以在执行命令前触发。

A．BEFORE　　　　B．AFTER　　　　C．LEFT　　　　D．RIGHT

4．触发器动作的主体，包含触发器激活时将要执行的 SQL 语句，多个语句可以使用（　　）语句包裹。

A．FOR…EACH　　B．IF…THEN　　C．IF…ELSE　　D．BEGIN…END

5．（　　）是查看触发器语句。

A．USE TRIGGERS　　　　　　　B．SHOW TRIGGER

C．SHOW TRIGGERS　　　　　　D．USE TRIGGERS

二、填空题

1．MySQL 触发器的触发动作时间只有 BEFORE 和_____两种。

2．在 DELETE 触发器中，可以引用一个名为_____的虚拟表，访问被删除行的数据。

3．在 INSERT 触发器中，可以引用一个名为_____的虚拟表，访问插入的新数据。

4．利用_____命令可以删除一个触发器。

5．触发器不能更新或覆盖，为了修改一个触发器，必须先_____它，再重新创建。

三、简答题

1．什么是触发器？

2．MySQL 中有哪些触发器？

3．触发器和存储过程有什么区别？

4．简述触发器的优缺点。

5．触发器的使用场景有哪些？

项目 13

综合案例——图书管理系统数据库设计和实现

 学习目标

(1) 运用 E-R 图设计图书管理系统表结构。

(2) 运用运算符解决图书管理系统中的实际问题。

(3) 运用连接查询解决复杂查询问题。

(4) 运用外键索引优化查询问题。

(5) 运用存储过程解决图书管理系统判断图书超期问题。

(6) 运用触发器优化图书管理系统借书流程。

 匠人匠心

(1) 通过实践练习能够让学生看到自身知识和能力上存在的差异,比较客观地去重新认识和评价自我,以便更好地成长。

(2) 增强实践环节,提高学生动手实践能力以及团结合作精神。

(3) 掌握数据库设计,培养学生知识整合和运用的能力,提高分析问题和解决问题的能力。

(4) 灵活运用 SQL 语句解决复杂问题,提高学生思辨能力。

【任务描述】

图书管理系统基本需求如下:

(1) 用户登录后可以借书。

(2) 任何一种书可以被多个人借。

(3) 借书和还书时,要登记相应的借书日期和还书日期。

(4) 每个人都可以在不同时间重复借同一本书。

(5) 一个出版社可以出版多种书籍。

(6) 同一本书仅由一个出版社出版。

(7) 管理员登录后可以实现管理书籍。

(8) 用户可以预约图书。

(9) 预约到期后如果用户未借书则自动取消预约。

(10) 处于预约状态的图书无法被其他人借出。

根据以上任务需求,完成图书管理系统的设计。

【任务要求】

（1）登录功能：登录系统为身份验证登录，分为读者登录，管理员登录。不具备注册功能。

（2）读者功能：显示该用户的基本信息。可以修改密码，修改个人信息，查看图书并且预约图书，查看当前借阅图书、还书等情况。

（3）管理员功能：显示该用户的基本信息。可以修改密码、查看图书信息并且修改图书信息、添加图书，还可以查看读者的借还情况。

（4）借还书功能。

（5）预约图书功能：读者可以实现对一本书进行预约，预约有效期为 3 天，期间处于无法被他人借出状态，如果 3 天内该读者未前往图书馆借书，则自动取消预约。

（6）评论功能：读者在还书后可以对某本图书进行评论和推荐。

（7）统计分析功能：方便图书系统的日常统计工作，例如统计"十大热门图书""十佳阅读之星""热门图书类型"等常规操作。

（8）其他功能：例如，可以定时统计超期读者。

【任务实现】

【例 13-1】 根据图书管理系统的需求分析，设计 bookmanage 数据库中数据表全局 E-R 图并转化为表间关联关系。

根据任务要求，在 bookmanage 数据库中需要有图书表（book）、预约表（booking）、图书类型表（book_type）、借阅记录表（borrow_record）、评论表（comments）和读者表（reader）。设计 book 表、book_type 表、booking 表、reader 表、borrow_record 表和 comments 表的全局 E-R 图并转化为表间的关联关系，如图 13-1 所示。

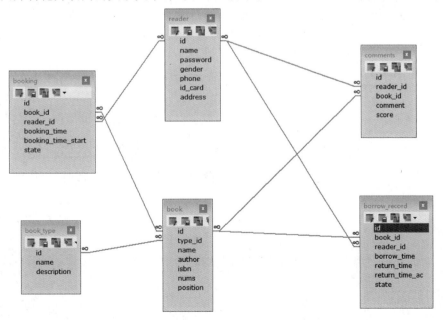

图 13-1　bookmanage 数据库的数据表的关联关系

　　图 13-1 实现了包含 6 张表的 bookmanage 数据库。book 表和 reader 表是两张基本信息表，存储图书信息和读者信息；reader 表中 type_id 的字段作为外键与 book_type 表主键字段 id 进行连接，book_type 表主要存放图书类型；booking 表是预约记录表，主要包含预约图书 id、预约读者 id 等基本信息，与 book 表之间通过 book_id 字段关联，与 reader 表通过 reader_id 字段关联；comments 表是用户评论表，用来存储用户对图书的评价以及评分；borrow_record 表是系统最核心的流水记录表，主要存放图书借阅记录信息，同样与 reader 表和 book 表之间存在主外键关联。

　　【例 13-2】　在 bookmanage 数据库中建表，随后初始化基本实验数据。

　　具体操作步骤如下：

　　在 bookmanage 数据库中创建 book、booking、book_type、borrow_record、comments 和 reader 表。在 SQLyog 工作界面，右侧 Query 窗口中实现以下操作。

　　（1）输入命令。

```
# 创建 book 表
CREATE TABLE IF NOT EXISTS book (
  id int(11) NOT NULL AUTO_INCREMENT,
  type_id int(11) DEFAULT NULL COMMENT '类别 id',
  name varchar(255) CHARACTER SET utf8 COLLATE utf8_unicode_ci DEFAULT NULL COMMENT '书名',
  author varchar(40) CHARACTER SET utf8 COLLATE utf8_unicode_ci DEFAULT NULL COMMENT '作者',
  isbn varchar(60) CHARACTER SET utf8 COLLATE utf8_unicode_ci DEFAULT NULL COMMENT 'ISBN 号',
  nums int(11) DEFAULT NULL COMMENT '数量',
  position varchar(60) CHARACTER SET utf8 COLLATE utf8_unicode_ci DEFAULT NULL COMMENT '位置',
  KEY id (id),
  KEY FK_booktype_book (type_id),
  CONSTRAINT FK_booktype_book FOREIGN KEY (type_id) REFERENCES book_type (id) ON DELETE NO
ACTION ON UPDATE NO ACTION
) ENGINE = InnoDB AUTO_INCREMENT = 2 DEFAULT CHARSET = UTF8;
# 创建 booking 表
CREATE TABLE IF NOT EXISTS booking (
  id int(11) NOT NULL AUTO_INCREMENT,
  book_id int(11) DEFAULT NULL COMMENT '图书 id',
  reader_id int(11) DEFAULT NULL COMMENT '读者 id',
  booking_time date DEFAULT NULL COMMENT '预约时间',
  booking_time_start date DEFAULT NULL COMMENT '预约开始计算时间',
  state bit(1) DEFAULT NULL COMMENT '预约状态',
  KEY id (id),
  KEY FK_book_booking (book_id),
  KEY FK_reader_booking (reader_id),
  CONSTRAINT FK_book_booking FOREIGN KEY (book_id) REFERENCES book (id) ON DELETE NO ACTION ON
UPDATE NO ACTION,
  CONSTRAINT FK_reader_booking FOREIGN KEY (reader_id) REFERENCES reader (id) ON DELETE NO
ACTION ON UPDATE NO ACTION
) ENGINE = InnoDB DEFAULT CHARSET = UTF8;
# 创建 book_type 表
CREATE TABLE IF NOT EXISTS book_type (
  id int(11) NOT NULL AUTO_INCREMENT,
  name varchar(20) DEFAULT NULL COMMENT '类别名称',
  description varchar(60) DEFAULT NULL COMMENT '类别描述',
  KEY id (id)
) ENGINE = InnoDB AUTO_INCREMENT = 2 DEFAULT CHARSET = UTF8;
```

```
# 创建 borrow_record 表
CREATE TABLE IF NOT EXISTS borrow_record (
  id int(11) NOT NULL AUTO_INCREMENT,
  book_id int(11) DEFAULT NULL COMMENT '图书 id',
  reader_id int(11) DEFAULT NULL COMMENT '读者 id',
  borrow_time date DEFAULT NULL COMMENT '借出时间',
  return_time date DEFAULT NULL COMMENT '预计归还时间',
  return_time_ac date DEFAULT NULL COMMENT '实际归还时间',
  state tinyint(4) DEFAULT NULL COMMENT '状态(1-已归还;2-在阅)',
  KEY id (id),
  KEY FK_reader_borrow (reader_id),
  CONSTRAINT FK_reader_borrow FOREIGN KEY (reader_id) REFERENCES reader (id) ON DELETE NO
ACTION ON UPDATE NO ACTION
) ENGINE = InnoDB AUTO_INCREMENT = 2 DEFAULT CHARSET = utf8;
# 创建 comments 表
CREATE TABLE IF NOT EXISTS comments (
  id int(11) NOT NULL AUTO_INCREMENT,
  reader_id int(11) DEFAULT NULL COMMENT '读者 id',
  book_id int(11) DEFAULT NULL COMMENT '图书 id',
  comment varchar(255) CHARACTER SET utf8 COLLATE utf8_unicode_ci DEFAULT NULL COMMENT '评论',
  score float DEFAULT NULL COMMENT '评分',
  KEY id (id)
) ENGINE = InnoDB DEFAULT CHARSET = utf8;
# 创建 reader 表
CREATE TABLE IF NOT EXISTS reader (
  id int(11) NOT NULL AUTO_INCREMENT,
  name varchar(40) CHARACTER SET utf8 COLLATE utf8_unicode_ci DEFAULT NULL COMMENT '姓名',
  password varchar(504) CHARACTER SET utf8 COLLATE utf8_unicode_ci DEFAULT NULL COMMENT '密码',
  sex tinyint(4) DEFAULT NULL COMMENT '性别(1-男;2-女)',
  phone varchar(11) CHARACTER SET utf8 COLLATE utf8_unicode_ci DEFAULT NULL COMMENT '手机号',
  id_card varchar(22) CHARACTER SET utf8 COLLATE utf8_unicode_ci DEFAULT NULL COMMENT '身份证',
  address varchar(255) CHARACTER SET utf8 COLLATE utf8_unicode_ci DEFAULT NULL COMMENT '地址',
  KEY id (id)
) ENGINE = InnoDB AUTO_INCREMENT = 3 DEFAULT CHARSET = UTF8;
```

实现创建 book 表,包含 id、类别 id、书名、作者、ISBN 号、数量、位置字段;创建 booking 表,包含 id、图书 id、读者 id、预约时间、预约开始时间、预约状态字段;创建 book_type 表,包含 id、类别名称、类别描述字段;创建 borrow_record 表,包含 id、图书 id、读者 id、预约时间、预约开始计算时间、预约状态字段;创建 comments 表,包含 id、读者 id、图书 id、评论、评分字段;创建 reader 表,包含 id、姓名、密码、性别、手机号、身份证号、地址字段。执行结果如图 13-2 所示。

(2) 依次输入命令。

```
INSERT INTO book_type (id, NAME, DESCRIPTION) VALUES (1, '历史', '历史类书籍');
INSERT INTO book (id, type_id, NAME, author, isbn, nums, POSITION) VALUES
    (1, 1, '明朝那些事儿', '当年明月', 'ISBN-123n-vsg3-dgt3-gh', 1, 'GM1633');
INSERT INTO reader (id, NAME, PASSWORD, sex, phone, id_card, address) VALUES
    (1, '王小明', '123', 2, '11112341234', '500230199040400100', '重庆市大渡口区 XX 路 XX 号'),
    (2, '张乐', '123', 1, '00006092134', '500230199050500201', '重庆市南岸区 XX 路 XX 号');
INSERT INTO borrow_record (id, book_id, reader_id, borrow_time, return_time, return_time_ac,
state) VALUES(1, 1, 1, '2023-04-07', '2023-04-24', NULL, 2);
```

实现向 book、reader、book_type 表初始化基本数据。需要注意的是,由于建立了主外键关

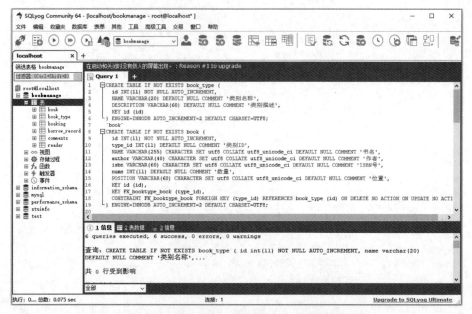

图 13-2　查询编辑器窗口，利用命令形式创建表并执行

联，因此要按照一定顺序执行初始化语句。执行并查看结果如图 13-3 所示。

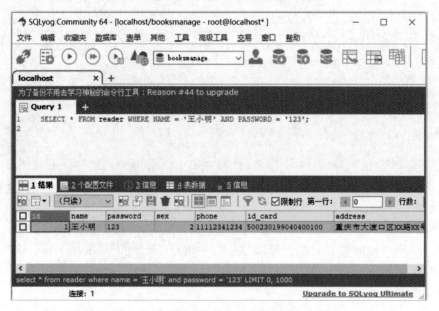

图 13-3　插入基本数据并执行查询语句

【例 13-3】　登录功能。

具体操作步骤如下：

输入命令。

```
SELECT * FROM reader WHERE NAME = '王小明' AND PASSWORD = '123';
```

实现通过用户名"王小明"和密码"123"在 reader 表中查询记录是否存在的功能。登录功能是所有系统都需要具备的基本功能。登录这项业务有多种多样的实现方式，本案例采用一

种比较基础的方式做登录校验,设计思路为前端系统将用户名和密码以明文形式传递到后台,后台不解析直接将用户名和密码作为条件查询数据库,如果存在则表示用户状态有效,允许登录,执行结果如图 13-4 所示。

图 13-4 利用用户名和密码进行登录判断

【例 13-4】 读者相关功能。

具体操作步骤如下:

(1)输入命令。

```
UPDATE reader SET phone = 11112341234 , sex = 2, name = '王大明'
WHERE id = 1;
```

实现利用 id 发送 UPDATE 语句修改个人信息。读者是使用图书管理系统的主要角色,读者功能主要体现在修改个人信息、查看当前借阅书籍。修改个人信息模块主要利用 UPDATE 语句,根据主键修改,将修改内容按格式填入 UPDATE 语句即可。查看当前借阅功能,顾名思义就是查询当前用户正在借阅的全部书籍。用户的借阅记录信息存储在 borrow_record 表中,用户的个人信息存储在 reader 表,并且这两张表之间存在关联关系,关联字段为 borrow_record 表中 reader_id 字段和 reader 表中的 id 字段,执行结果如图 13-5 所示。

(2)输入命令。

```
SELECT r.name, br.borrow_time, br.return_time, b.name
FROMreader r
LEFT JOINborrow_record br
ON r.id = br.reader_id
LEFT JOIN book b
ONb.id = br.book_id
WHERE r.id = 1 AND br.state = 2;
```

实现将三张表按照 r.id = br.reader_id 和 b.id = br.book_id 关联条件连接查询,同时查询条件为"id 为 1 的用户并且借阅状态处于 2(在阅)状态",查询内容为读者名、借出时间、应归还时间和书籍名,执行结果如图 13-6 所示。

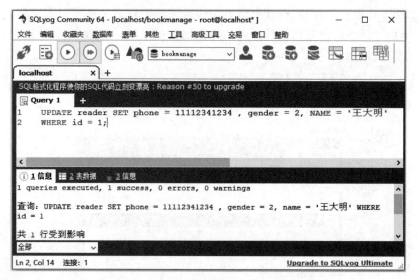

图 13-5　利用 id 修改手机号、性别、用户名

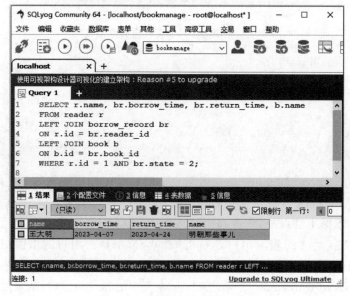

图 13-6　查询用户当前借阅书籍

【例 13-5】 借还书功能。

具体操作步骤如下：

（1）输入命令。

```
DELIMITER $$
CREATE TRIGGER btri_insert_borrow_record BEFORE INSERT
ON borrow_record FOR EACH ROW
BEGIN
SET @flag =
   (select nums from book where id = NEW.book_id)
```

```
  <=
  (SELECT COUNT( * ) FROM borrow_record WHERE book_id = NEW.book_id AND state = 2);
IF @flag > 0
THEN SIGNAL SQLSTATE '45000' SET MESSAGE_TEXT = '借阅量大于库存';
END IF;
END $$
DELIMITER ;
```

实现利用 BEFORE INSERT 触发器做插入前判断。借还书功能是图书管理系统最常用的功能,读者借书主要逻辑为向借阅记录表 borrow_record 中插入记录,但要注意的是图书馆中每种图书的数量有限的,不可能出现同一种图书当前借阅量大于库存的情况,即在向 borrow_record 表中插入记录实现借书操作之前,判断该图书当前借阅量是否小于库存,如果小于库存则允许插入,否则提示异常或错误。因此,可以利用 BEFORE INSERT 触发器避免库存小于借阅情况的问题。

利用 BEFORE INSERT 触发器主要业务逻辑为"@flag = (select nums from book where id = NEW.book_id) <= (SELECT COUNT(*) FROM borrow_record WHERE book_id = NEW.book_id AND state = 2)",即利用新插入 borrow_record 表的 book_id 在 book 表中查询当前图书的总数量,同时在 borrow_record 表中查询当前图书处于在阅状态(state=2)的数量,如果库存"="在阅则代表库存不足。代码中实际使用"<="做判断,可以降低数据击穿后的影响。执行结果如图 13-7 所示。

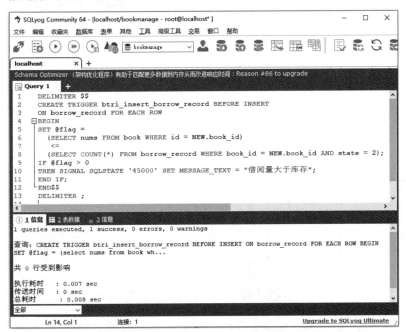

图 13-7 BEFORE INSERT 触发器进行插入前判断

(2) 输入命令。

```
INSERT INTO borrow_record
    (book_id, reader_id, borrow_time, return_time, return_time_ac, state)
```

```
VALUE
    (1,2,'2023 - 04 - 07','2023 - 04 - 23',null,2);
SELECT * FROM borrow_record;
```

实现向 borrow_record 表中初始化 1 条基本数据,业务逻辑为读者借阅 book_id 为"1"的书籍,而此时该书籍在数据库中处于全部借出在阅的状态。因此,无法实现借出操作,执行结果如图 13-8 所示。

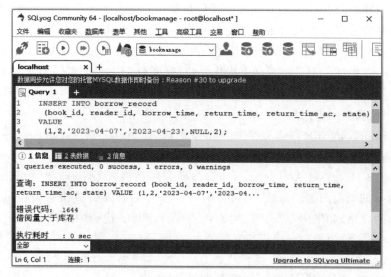

图 13-8　BEFORE INSERT 触发器进行插入前判断

【例 13-6】 统计分析功能。

具体操作步骤如下:

依次输入命令。

```
#统计查询"N 大热门图书"
SELECT br.book_id, b.name FROM borrow_record br
LEFT JOIN book b
ON br.book_id = b.id
GROUP BY br.book_id DESC;
#统计查询"N 佳阅读之星"
SELECT r.name AS '读者姓名', br.reader_id, COUNT( * ) AS '累计次数' FROM borrow_record br
LEFT JOIN reader r
ON br.reader_id = r.id
GROUP BY br.reader_id DESC;
#统计查询"热门图书类型"
SELECT br.book_id, bt.name AS '图书类型', b.name AS '书名' FROM borrow_record br
LEFT JOIN book b
ON br.book_id = b.id
LEFT JOIN book_type bt
ON b.type_id = bt.id
GROUP BY br.book_id DESC;
```

实现查询读者累计借阅次数功能。统计分析功能是图书管理系统非功能需求中常见的功能,利用统计分析可以实现简单的数据统计和分析操作。该部分以统计"N 大热门图书""N

佳阅读之星""热门图书类型"为例进行简要介绍。其中,"N 大热门图书"功能业务逻辑为统计出借阅量最大的 N 种图书,实现方式是在 borrow_record 表中根据 book_id 进行分组后降序选择出前十的数据;"N 佳阅读之星"指的是一定时间段借阅数量最多的读者排名,是一个相对复杂的连接查询,借助 borrow_record 表中 reader_id 和 reader 表中 id 即可;"热门图书类型"则需要和 book_type 表连接,但难点在于 borrow_record 表中无 book_type,想实现连接还需要借助 book 表中的 type_id 字段,这种"实体-关系-实体"结构也是实际开发过程中十分常见的关系数据库表结构。执行结果如图 13-9 所示。

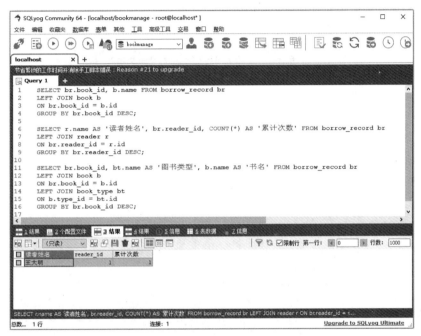

图 13-9　统计分析功能查询结果

【例 13-7】　编写存储过程,定时统计超期读者。

在图书管理系统中,每天都需要统计超期读者信息。因此,查询超期读者是一项经常需要触发的操作。面对大量的重复性 SQL 语句,通常可以通过编写存储过程来实现。

具体操作步骤如下:

(1) 输入命令。

```
DELIMITER $$
CREATE PROCEDURE delay_reader()
  BEGIN
    SELECT r.name, br. * FROM borrow_record br
    LEFT JOIN reader r ON br.reader_id = r.id
    WHERE (return_time - CURDATE()) < 0;
  END $$
DELIMITER;
```

实现利用存储过程优化查询操作。在超期判断上借助了 MySQL 内置函数 CURDATE。CURDATE 函数可以返回系统当前日期,用应还日期减去当前日期如果小于零则说明已超期。执行结果如图 13-10 所示。

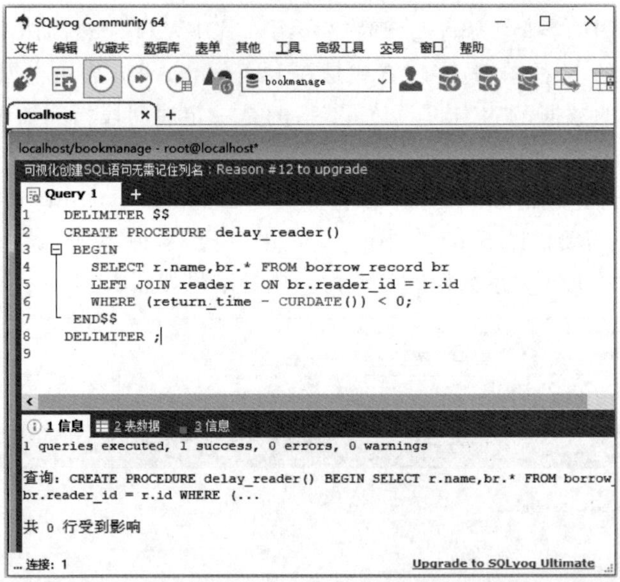

图 13-10　创建统计超期读者信息存储过程

为了展示实验结果，接下来将 borrow_record 表中还书日期提前，调用存储过程查看超期读者信息。

（2）输入命令。

```
UPDATE borrow_record SET
    return_time = '2022 - 4 - 7'
WHERE id = 1;


CALL delay_reader();
```

实现根据 id 更新记录同时调用存储过程。执行结果如图 13-11 所示。

图 13-11　更新 borrow_record 表中记录并调用存储过程

参 考 文 献

［1］ 钱冬云，潘益婷，吴刚，等. MySQL 数据库应用项目教程［M］. 北京：清华大学出版社，2019.

［2］ 郑阿奇. MySQL 实用教程［M］. 北京：电子工业出版社，2009.

［3］ 瞿英，裴祥喜，王玉恒. 数据库原理及应用［M］. 北京：中国水利水电出版社，2020.

［4］ 何小苑，陈惠影. MySQL 数据库应用与管理项目化教程（微课版）西安：西安电子科技大学出版社，2021.

［5］ 刘凯立，张巧英. MySQL 数据库教程［M］. 西安：西安电子科技大学出版社，2020.

［6］ 赵明渊. MySQL 数据库技术与应用［M］. 北京：清华大学出版社，2021.

［7］ 康文杰，王勇，俸皓. 云平台中 MySQL 数据库高可用性的设计与实现［J］. 计算机工程与设计，2018，39（01）：296-301.

［8］ 肖睿，程宁，田崇峰，等. MySQL 数据库应用技术及实战［M］. 北京：人民邮电出版社，2018.

［9］ 肖睿，李锟程，范效亮，等. MySQL 数据库应用技术及实战［M］. 2 版. 北京：人民邮电出版社，2022.

［10］ 赵明渊. MySQL 数据库技术与应用［M］. 北京：清华大学出版社，2021.

［11］ 石坤泉，汤双霞. MySQL 数据库任务驱动式教程［M］. 北京：人民邮电出版社，2021.

［12］ 赵明渊，唐明伟. MySQL 数据库实用教程［M］. 北京：人民邮电出版社，2021.

［13］ 周德伟. MySQL 数据库基础实例教程［M］. 北京：人民邮电出版社，2021.

［14］ 付森，石亮，吴起立，等. MySQL 开发与实践［M］. 北京：人民邮电出版社，2014.

图书资源支持

感谢您一直以来对清华版图书的支持和爱护。为了配合本书的使用，本书提供配套的资源，有需求的读者请扫描下方的"书圈"微信公众号二维码，在图书专区下载，也可以拨打电话或发送电子邮件咨询。

如果您在使用本书的过程中遇到了什么问题，或者有相关图书出版计划，也请您发邮件告诉我们，以便我们更好地为您服务。

我们的联系方式：

清华大学出版社计算机与信息分社网站：https://www.shuimushuhui.com/

地　　址：北京市海淀区双清路学研大厦 A 座 714

邮　　编：100084

电　　话：010-83470236　010-83470237

客服邮箱：2301891038@qq.com

QQ：2301891038（请写明您的单位和姓名）

资源下载： 关注公众号"书圈"下载配套资源。

资源下载、样书申请

书 圈

图书案例

清华计算机学堂

观看课程直播